大数据应用人才能力培养
新形态系列

大数据技术原理与应用

从入门到实战

蒋亚平◎主编

韩萍 范娇娇◎副主编

人民邮电出版社

北　京

图书在版编目（CIP）数据

大数据技术原理与应用：从入门到实战 / 蒋亚平主编. -- 北京：人民邮电出版社，2024.2
（大数据应用人才能力培养新形态系列）
ISBN 978-7-115-63385-9

Ⅰ. ①大… Ⅱ. ①蒋… Ⅲ. ①数据处理 Ⅳ. ①TP274

中国国家版本馆CIP数据核字(2023)第249301号

内 容 提 要

本书全面、系统地介绍了大数据的相关技术原理与应用方法。本书从理论知识入手，在介绍大数据相关理论知识的基础上，逐步深入地讲解大数据技术，将理论与实践完美结合。全书分为 5 篇，共 15 章，内容包括大数据概述、Linux 集群、分布式文件系统 HDFS、HDFS 的安装与基本应用、分布式数据库系统 HBase、HBase 的安装与基本应用、Sqoop 和 Flume、数据分发工具 Kafka、MapReduce 计算框架与应用、基于内存的计算框架 Spark、Spark 的安装与应用、机器学习、基于 Hive 的交互式数据处理、数据同步工具与数据可视化和推荐算法与应用。本书在介绍 Hadoop、HBase、Sqoop 和 Flume、MapReduce、Spark 和 Hive 等相关技术时安排了入门级实验，且以电子资源的形式提供给读者，以便读者更好地学习和掌握大数据的关键技术。

本书可作为高等院校计算机类专业和信息管理与信息系统等相关专业的大数据课程教材，也可供从事大数据技术开发、研究与应用的研究人员和工程技术人员参考。

◆ 主　　编　蒋亚平
　　副 主 编　韩　萍　范娇娇
　　责任编辑　刘　博
　　责任印制　胡　南

◆ 人民邮电出版社出版发行　　北京市丰台区成寿寺路 11 号
　　邮编　100164　　电子邮件　315@ptpress.com.cn
　　网址　https://www.ptpress.com.cn
　　北京市艺辉印刷有限公司印刷

◆ 开本：787×1092　1/16
　　印张：17.25　　　　　　　　2024 年 2 月第 1 版
　　字数：454 千字　　　　　　　2024 年 12 月北京第 3 次印刷

定价：59.80 元

读者服务热线：(010)81055256　印装质量热线：(010)81055316
反盗版热线：(010)81055315
广告经营许可证：京东市监广登字 20170147 号

前　言

"大数据技术"是众多高校计算机类专业的重要课程。本书是一本理论和应用结合、融合创新的教材，以高校对大数据技术人才的培养目标和定位要求为标准，以企业需求为导向，紧紧抓住"详述基本理论、巧用应用案例"这一宗旨，对大数据知识体系进行系统梳理，精准提炼知识重点，并配以精心设计的案例，力争做到由浅入深、由易到难、循循诱导、渐次展示，从理论到实践。

本书主要内容

大数据技术涉及的软件较多，相关的软件版本更新迭代较快。本书案例使用的软件环境为 Hadoop 3.3.4、HBase 2.4.1、ZooKeeper 3.6.3、Sqoop 1.4.7、Flume 1.9.0、Kafka 3.5.0、Spark 3.3.2、Hive 4.0.0 和 ideaIC 2023.2 等。

本书共分为 5 篇，包括大数据基础篇、大数据存储篇、大数据采集篇、大数据计算篇和大数据应用篇。

在大数据基础篇中，第 1 章介绍大数据的概念和特性，并阐述大数据生态系统及应用；第 2 章介绍集群的概念、种类、特点和 Linux 操作系统，并详细阐述 Linux 集群搭建和 Linux 命令。

在大数据存储篇中，第 3 章介绍分布式文件系统 HDFS，并阐述 YARN 的基本架构和工作流程；第 4 章详细介绍 HDFS 的安装与基本应用；第 5 章介绍分布式数据库系统 HBase；第 6 章介绍 HBase 的安装与基本应用。

在大数据采集篇中，第 7 章介绍 ETL 工具 Sqoop、日志采集工具 Flume 的安装、配置和基本应用；第 8 章介绍数据分发工具 Kafka 的系统架构、使用场景、工作原理、安装、配置和基本应用。

在大数据计算篇中，第 9 章介绍 MapReduce 计算框架主要组件、计算过程，并展示实战案例；第 10 章介绍基于内存的计算框架 Spark 的架构、主要组件和工作流程，以及 RDD 的概念、特性、依赖关系和 DAG；第 11 章介绍 Spark 的安装与基本应用等。

在大数据应用篇中，第 12 章介绍机器学习算法、基于 Spark 的机器学习库，并展示应用示例；第 13 章介绍如何利用 Hive 进行大数据的处理和分析；第 14 章介绍数据同步工具 DataX 的使用，并阐述数据可视化技术；第 15 章介绍推荐算法的基本概念和应用，展示基于 Spark 的机器学习库 MLlib 实现的协同推荐应用。

编者根据多年教学实践，建议本课程安排 32 学时的理论课，16 个教学周，每周 2 学时。每章的具体学时分配如下：除第 3 章安排 4 学时，其余章节每章安排 2 学时。已经建设大数据实验环境的高校，建议增加 16 学时的上机实践课，8 个教学周，每周 2 学时，第 2、4、6、7、9、11、12、13 章每章安排 2 学时的上机实践课。

本书特点

本书将基本原理与实际应用融合，帮助读者夯实理论基础、强化动手能力，由浅入深，理实结合，而不是纯粹地分析原理。

本书高度重视读者实践能力的培养，对系统安装、配置、应用的过程给出了十分详细的阐述，所有实验都是基于实际操作进行介绍，并配有截图，为读者展示了真实、详尽、可重现的场景，方便读者自学和钻研。本书覆盖了大数据生态圈中的完整技术体系，包括大数据存储、大数据采集、大数据计算和大数据应用等方面的内容，并且配有丰富的电子资源；此外，每章配有大量的练习题，并以电子资源的形式提供参考答案。

与很多大数据技术书籍不同，本书突出数据处理本身，深入介绍了如何运用大数据技术进行实际的数据分析，所展示的项目具有实际的参考价值。在本书的基础上，感兴趣的读者可以继续深入学习和实践大数据相关技术。

本书的读者群体

本书适合初学者入门和进阶学习，也可供那些已经学习过 Hadoop 组件技术但希望全面、系统地理解并掌握实际应用方法的读者参考。

本书适合自学，读者可以利用本书给出的资源和示例，一步一步地完成各项操作和应用，体验一种成就感。

配套资源

为便于教师开展教学，本书配有源代码、教学课件、教学大纲、实验课程大纲、安装程序、题库，读者可在人邮教育社区（www.ryjiaoyu.com）免费下载。

致谢

本书由蒋亚平担任主编，韩萍、范娇娇担任副主编，在近一年的编写过程中编者付出了辛勤的汗水。

本书的编写得到了中南林业科技大学涉外学院信息与工程学院各位同人的支持，以及中南大学黄东军教授的指导，编者在此表示衷心的感谢。

大数据技术发展迅速，我们会紧随大数据技术发展趋势，努力保持本书的新颖性，同时不断提供最新、最实用的电子资料发布到配套资源平台。编者在编写过程中，参考了大量国内外教材、专著、论文和其他资料，但限于编者水平和时间，书中难免存在不足之处，欢迎读者批评指正，特别希望使用本书的教师和学生能够提出宝贵意见。

编　者
2023 年 11 月

目 录

第 1 篇 大数据基础

第 1 章 大数据概述 ·············2

1.1 大数据简介 ·············2
  1.1.1 数据及大数据分类 ·····2
  1.1.2 大数据的基本定义 ·····3
1.2 大数据的特性 ·············3
  1.2.1 大数据时代 ·········3
  1.2.2 大数据的 "4V" 特性 ···4
1.3 大数据生态系统 ·········6
  1.3.1 大数据主要平台 ·····6
  1.3.2 大数据生态架构 ·····6
1.4 大数据的应用 ·············9
  1.4.1 应用案例 ·········9
  1.4.2 大数据应用的特点 ····11
1.5 本章小结 ···············11
思考与练习 ···············11

第 2 章 Linux 集群 ·············13

2.1 计算机集群 ·············13
  2.1.1 集群的概念 ·······13
  2.1.2 集群的种类与特点 ····13
2.2 Linux 操作系统 ·········15
  2.2.1 Linux 特点与主要组成 ·15
  2.2.2 Linux 目录结构 ·····17
2.3 Linux 集群搭建 ·········19
  2.3.1 安装 VMware 虚拟机 ··19
  2.3.2 安装 CentOS ·······21
  2.3.3 集群的配置 ·······28
2.4 Linux 命令 ·············36
2.5 本章小结 ···············41
思考与练习 ···············42

第 2 篇 大数据存储

第 3 章 分布式文件系统 HDFS ···44

3.1 Hadoop 与 HDFS 概述 ·····44
  3.1.1 Hadoop ···········44
  3.1.2 HDFS ············46
3.2 HDFS 系统架构 ·········47
  3.2.1 系统架构概览 ·····47
  3.2.2 组件功能 ·········48
3.3 数据存储 ···············50
  3.3.1 数据分块 ·········50
  3.3.2 机架感知 ·········51
  3.3.3 存储策略 ·········51
3.4 文件操作过程 ···········52
  3.4.1 读文件 ···········52

3.4.2 写文件 ···········53
3.5 YARN 概述 ·············54
  3.5.1 YARN ············54
  3.5.2 工作流程 ·········57
3.6 本章小结 ···············57
思考与练习 ···············58

第 4 章 HDFS 的安装与基本应用 ···59

4.1 HDFS 的安装与配置 ·····59
  4.1.1 安装 ············59
  4.1.2 配置 ············60
4.2 用户配置 ···············67
  4.2.1 编辑环境变量 ·····67

4.2.2　创建数据目录 ·················· 67
4.2.3　格式化 ·························· 68
4.3　基本应用 ······························ 69
4.3.1　启动与关闭 ·················· 69
4.3.2　监控页面 ···················· 70
4.3.3　文件上传与下载 ·········· 71
4.3.4　运行示例程序 ·············· 73
4.3.5　应用案例 ···················· 75
4.4　本章小结 ···························· 79
思考与练习 ······························· 79

第 5 章　分布式数据库系统 HBase ·································· 81

5.1　新型结构化存储模式 ·········· 81
5.1.1　列存储 ························ 81
5.1.2　Key-Value 存储 ··········· 82
5.1.3　图存储 ························ 82
5.1.4　其他存储 ···················· 82
5.1.5　NoSQL 和 NewSQL ······ 83
5.2　HBase 系统架构 ················· 83
5.2.1　基本架构 ···················· 83
5.2.2　主要组件 ···················· 83
5.3　HBase 的数据模型 ············· 84
5.3.1　HBase 的列存储模型 ···· 84
5.3.2　从逻辑表到物理存储 ···· 86

5.4　检索机制 ···························· 86
5.4.1　分区检索 ···················· 86
5.4.2　物理存储文件检索 ········ 87
5.5　读写过程分析 ····················· 87
5.5.1　读取数据 ···················· 87
5.5.2　写入数据 ···················· 88
5.6　本章小结 ···························· 89
思考与练习 ······························· 90

第 6 章　HBase 的安装与基本 应用 ································ 91

6.1　HBase 的安装与配置 ·········· 91
6.1.1　解压并安装 HBase ········ 91
6.1.2　系统配置 ···················· 92
6.2　HBase 基本应用 ················· 93
6.2.1　启动与关闭 ················· 93
6.2.2　监控页面 ···················· 94
6.2.3　Shell 的基本应用 ········· 95
6.3　ZooKeeper 的安装与应用 ···· 97
6.3.1　ZooKeeper 简介 ··········· 97
6.3.2　安装与基本应用 ··········· 98
6.3.3　基于独立安装的 ZooKeeper 运行 HBase ························ 100
6.4　本章小结 ·························· 101
思考与练习 ····························· 101

第 3 篇　大数据采集

第 7 章　Sqoop 和 Flume ········· 104

7.1　数据采集概述 ··················· 104
7.1.1　内部数据采集 ············· 104
7.1.2　外部数据采集 ············· 105
7.2　MySQL 的安装与应用 ········ 105
7.2.1　MySQL 的安装 ··········· 105
7.2.2　MySQL 的基本应用 ······ 107
7.3　ETL 工具 Sqoop ··············· 109
7.3.1　Sqoop 简介 ··············· 109
7.3.2　Sqoop 的安装与配置 ···· 110
7.3.3　Sqoop 的基本应用 ······· 112
7.4　日志采集工具 Flume ·········· 116

7.4.1　Flume 的系统架构 ······· 116
7.4.2　Flume 的安装与配置 ···· 117
7.4.3　Flume 的基本应用 ······· 118
7.5　本章小结 ·························· 119
思考与练习 ····························· 120

第 8 章　数据分发工具 Kafka ······ 121

8.1　Kafka 简介 ······················ 121
8.1.1　Kafka 架构 ················ 121
8.1.2　发布与订阅 ················ 122
8.2　典型使用场景 ··················· 122
8.2.1　消息系统 ··················· 122

8.2.2 网站活性跟踪 ·············· 123
8.2.3 日志收集 ·················· 123
8.3 工作原理分析 ················· 123
8.3.1 工作流程 ·················· 123
8.3.2 发送消息 ·················· 124
8.3.3 消费消息 ·················· 124

8.4 Kafka 的安装与基本应用 ········ 125
8.4.1 Kafka 的安装与配置 ········ 125
8.4.2 Kafka 的基本应用 ·········· 126
8.4.3 Kafka 集成 Flume ·········· 129
8.5 本章小结 ···················· 132
思考与练习 ······················ 132

第 4 篇 大数据计算

第 9 章 MapReduce 计算框架与 应用 ·················· 134

9.1 MapReduce 计算框架 ·········· 134
9.1.1 计算框架概览 ·············· 134
9.1.2 主要组件分析 ·············· 135
9.2 计算过程分析 ················· 136
9.2.1 Map 阶段 ················· 137
9.2.2 Reduce 阶段 ·············· 137
9.2.3 Shuffle 阶段 ·············· 138
9.3 编程实践 ···················· 139
9.3.1 第一个 MapReduce 程序：
WordCount ·············· 139
9.3.2 第二个 MapReduce 程序 ···· 146
9.4 本章小结 ···················· 152
思考与练习 ······················ 153

第 10 章 基于内存的计算框架 Spark ················· 154

10.1 Spark 系统架构 ·············· 154
10.1.1 架构概览 ················· 154
10.1.2 主要组件 ················· 155
10.1.3 Spark 和 HDFS 的配合关系 ·· 156

10.2 Spark 的核心概念 ············ 157
10.2.1 RDD 及其特性 ············ 157
10.2.2 RDD 的依赖关系 ·········· 159
10.2.3 DAG 与 Stage 划分 ········ 160
10.3 Spark 工作流程 ·············· 162
10.3.1 流程分析 ················· 162
10.3.2 流程特点 ················· 164
10.4 本章小结 ··················· 164
思考与练习 ······················ 165

第 11 章 Spark 的安装与应用 ······ 166

11.1 Scala 编程语言 ·············· 166
11.1.1 安装编程环境 ············· 166
11.1.2 Scala 语言的特点 ·········· 169
11.2 Spark 的安装、配置与基本应用 ···· 169
11.2.1 Spark 的安装与配置 ········ 169
11.2.2 Spark 的基本应用 ········· 173
11.3 应用程序设计 ··············· 177
11.3.1 安装集成开发环境 IDEA ···· 177
11.3.2 第一个 Spark 程序：分布式估算
圆周率 ················· 182
11.4 本章小结 ··················· 195
思考与练习 ······················ 195

第 5 篇 大数据应用

第 12 章 机器学习 ············· 198

12.1 机器学习概述 ··············· 198
12.1.1 机器学习算法 ············· 198
12.1.2 大数据与机器学习 ········· 199
12.2 基于 Spark 的机器学习库 ······ 201
12.2.1 Spark MLlib ·············· 201

12.2.2 TensorFlowOnSpark ········ 203
12.3 机器学习应用示例 ··········· 204
12.3.1 决策树与随机森林模型 ······ 204
12.3.2 基于 Spark MLlib 的贷款风险
预测 ··················· 205
12.4 本章小结 ··················· 218
思考与练习 ······················ 218

第 13 章　基于 Hive 的交互式数据处理 ·········· 220

13.1　Hive 系统架构与安装 ·········· 220
13.1.1　Hive 系统架构 ·········· 220
13.1.2　Hive 的安装与配置 ·········· 221
13.2　数据预处理 ·········· 226
13.2.1　数据查看与扩展 ·········· 226
13.2.2　数据过滤 ·········· 228
13.2.3　数据上传 ·········· 228
13.3　创建数据仓库 ·········· 229
13.3.1　基本命令 ·········· 229
13.3.2　创建 Hive 分区表 ·········· 230
13.3.3　创建 Hive 分桶表 ·········· 233
13.3.4　Hive 内置函数 ·········· 234
13.4　数据分析 ·········· 235
13.4.1　数据仓库分层 ·········· 236
13.4.2　准备数据 ·········· 237
13.4.3　用户行为分析 ·········· 240
13.4.4　实时数据 ·········· 245
13.5　本章小结 ·········· 245
思考与练习 ·········· 245

第 14 章　数据同步工具与数据可视化 ·········· 247

14.1　数据同步工具 DataX ·········· 247

14.1.1　DataX 的原理 ·········· 247
14.1.2　DataX 的基本安装和使用 ·········· 248
14.2　数据可视化 ·········· 250
14.2.1　数据可视化概述 ·········· 250
14.2.2　搭建数据库 ·········· 251
14.2.3　数据可视化分析 ·········· 252
14.3　本章小结 ·········· 253
思考与练习 ·········· 254

第 15 章　推荐算法与应用 ·········· 255

15.1　推荐算法概述 ·········· 255
15.1.1　基于人口统计学的推荐算法 ·········· 255
15.1.2　基于内容的推荐算法 ·········· 256
15.1.3　协同过滤推荐算法 ·········· 256
15.2　协同过滤推荐算法分析 ·········· 257
15.2.1　基于用户的协同过滤推荐算法 ·········· 257
15.2.2　基于物品的协同过滤推荐算法 ·········· 258
15.2.3　基于模型的协同过滤推荐算法 ·········· 259
15.3　Spark MLlib 推荐算法应用 ·········· 260
15.3.1　ALS 算法原理 ·········· 260
15.3.2　ALS 算法应用设计 ·········· 262
15.4　本章小结 ·········· 267
思考与练习 ·········· 267

第 1 篇
大数据基础

- 第 1 章　大数据概述
- 第 2 章　Linux 集群

第1章
大数据概述

我们正处于大数据时代，数据时刻影响着我们的工作和生活，经济建设和社会发展都需要大数据技术的支撑。大数据具有数据量大、数据类型多样、价值密度低和处理速度快的特点，大数据技术为我们解决问题提供了新的思路和方法。

本章首先介绍大数据的概念，阐述大数据的"4V"特性，然后概述大数据生态系统中的主要组件，最后分析大数据应用的特点，并给出若干大数据应用实例。

1.1 大数据简介

大数据是当前的热门话题，人人都在谈论它，我们需要从纷繁的议论中看到事物的本质。究竟什么是大数据？它的本质特征是什么？大数据在技术上包含哪些内容？怎样让大数据应用落地？本节介绍大数据的基本概念，探讨大数据的特征，阐述大数据的生态架构及其应用。

1.1.1 数据及大数据分类

数据是对客观事实的描述或是我们通过观察、实验、计算得出的结果。数据有很多类型，最简单的是数字，也可以是文字、图像、音视频、程序等。计算机只能识别 0 和 1，所以在计算机系统底层，数据以二进制信息单元 0 和 1 的形式表示。计算机中的数据按照其基本用途可以分为数值型数据和非数值型数据两类。数值型数据表示数据具体的数量，有正负大小之分；非数值型数据主要包括文字、声音、图像、视频等，这类数据在计算机中存储和处理前以特定的编码方式转换为二进制表示形式。

大数据包括结构化数据、非结构化数据和半结构化数据三个类型。

（1）结构化数据是以固定格式存储、访问和处理的数据。结构化数据通常使用二维逻辑表结构来表达，严格地遵循数据格式与长度规范，主要通过关系型数据库进行存储和管理。数据以行为单位，一行数据表示一个实体的信息，每一行数据的属性是相同的。这种结构在数据库中很常见，例如高校综合管理平台、企业 ERP、医疗 HIS 数据库。

（2）非结构化数据是指数据结构不规则或不完整，没有预定义的数据模型，不方便用二维逻辑表来表达的数据。因为非结构化数据来自不同类别，所以处理非结构化数据并对其进行分析以获取数据驱动的答案是一项艰巨的任务。相比于结构化数据，非结构化数据更难以让计算机理解，包括文本、图片、HTML、图像和音频/视频信息等组合的异构数据源是非结构化数据的示例。

（3）半结构化数据同时具有结构化和非结构化数据的特点。它是结构化的数据，但是结构变化很大，因此不能够简单地建立一个与它对应的表，同时我们需要了解数据的细节，所以不能将数据简单地组织成一个文件按照非结构化数据处理。常见的半结构化数据包括 XML、JSON 等。

1.1.2　大数据的基本定义

大数据（Big Data），或称巨量资料，指的是所涉及的资料量规模巨大到无法通过主流软件工具，在合理时间内达到撷取、管理、处理并整理成为帮助企业经营决策的有效数据。大数据也可以定义为有多种来源的大量非结构化或结构化数据。从学术角度而言，大数据的出现促进了各种主题的新颖研究，这样也加速了各种大数据统计方法的发展。大数据并没有统计学的抽样方法，它只是观察和追踪已发生的事情，其包含的数据大小通常超出传统软件在可接受的时间内处理的能力。随着技术进步，发布新数据的便捷性以及全球大多数政府对数据高透明度的要求，大数据分析在现代研究中越来越重要。

1.2　大数据的特性

1.2.1　大数据时代

为什么最近几年大数据如此引人注目？大数据到底有多大？

一组名为"互联网上一天"的数据告诉我们，一天之中，互联网产生的全部内容可以刻满 1.68 亿张 DVD；发出 2940 亿封之多的邮件；发出 200 万个社区帖子（相当于 770 年《时代》杂志的文字量）；卖出 37.8 万台手机，高于全球每天出生的婴儿数量。

目前，全球数据量已经从 TB 级别跃升到 PB、EB 乃至 ZB 级别。国际数据公司（International Data Corporation，IDC）的研究结果表明，2008 年全球产生的数据量为 0.49ZB，2009 年的数据量为 0.8ZB，2010 年增长到 1.2ZB，2011 年的数据量更是高达 1.82ZB，即全球每人产生 200GB 以上的数据。到 2016 年，人类生产的所有印刷材料的数据量是 300PB，全人类历史上说过的所有话的数据量大约是 5EB。IBM 公司的研究称，整个人类文明所产生的全部数据中，有 90%是过去两年内产生的。这样的趋势将会持续下去。我们现在还处于大数据的初级阶段，随着技术的进步，我们的设备、交通工具和迅速发展的"可穿戴"科技将互联互通，产生更多数据。

正如《纽约时报》2012 年 2 月的一篇专栏文章所称，"大数据"时代已经降临，在商业、经济及其他领域中，决策将日益基于数据和分析而做出，而并非基于经验和直觉。哈佛大学社会学教授加里金说："这是一场革命，庞大的数据资源使得各个领域开始了量化进程，无论是学术界、商界还是政府，所有领域都将开始这种进程。"

越来越多的政府、企业等机构开始意识到数据正在成为组织中最重要的资产，数据分析能力正在成为组织的核心竞争力。

2012 年 3 月 22 日，美国政府宣布投资 2 亿美元拉动大数据相关产业发展，将"大数据战略"上升为国家意志。美国政府将数据定义为"未来的新石油"，并表示一个国家所拥有的数据规模、活性及对数据运用的能力将成为综合国力的重要组成部分，未来，对数据的占有和控制甚至将成为陆权、海权、空权之外的另一种国家核心资产。2014 年 5 月美国总统办公室提交了《大数据：把握机遇，维护价值》政策报告，强调利用大数据促进增长，降低风险；2016 年 5 月白宫又发布了《联邦大数据研发战略计划》，谋划大数据战略的下一步行动方针。

欧盟方面，最近几年主要在四方面持续发力：一是资助大数据领域的研究和创新活动，二是实施开放数据政策，三是促进科研实验成果和数据的使用及再利用，四是整合数据价值链的各个战略要素。

联合国也在 2012 年发布了大数据政务白皮书，并指出大数据时代对于联合国和各国政府来说是一个历史性的机遇，相关人员可以使用极为丰富的数据资源来对社会经济进行前所未有的实时分析，帮助政府更好地响应社会和经济运行。

拥抱大数据最为积极的还是众多的 IT 企业。麦肯锡在一份名为《大数据：下一轮创新、竞争和生产力的前沿》的专题研究报告中提出"对于企业来说，海量数据的运用将成为未来竞争和增长的基础"。麦肯锡的报告发布后，大数据迅速成为了计算机行业的热门概念，也引起了包括金融界在内的各行各业的高度关注。随着互联网技术的不断发展，数据本身就是资产，这一点在业界已经形成共识。如果说云计算为数据资产提供了保管、访问的场所和渠道，那么如何盘活数据资产，使其为个人生活、企业决策乃至国家治理服务，则是大数据的核心议题，也是云计算内在的灵魂和必然的升级方向。事实上，全球互联网巨头都已意识到了"大数据"时代下数据的重要意义，包括谷歌、苹果、惠普、IBM、微软在内的全球 IT 巨头纷纷通过收购"大数据"相关厂商来实现技术整合，可见其对"大数据"的重视程度。

例如，IBM 公司提出，多年前，他们抛弃了 PC，转向了软件和服务，而这次他们将远离服务与咨询，更多地专注于因大数据分析软件而带来的全新业务增长点。前 IBM 执行总裁罗睿兰认为，"数据将成为一切行业当中决定胜负的根本因素，最终数据将成为人类至关重要的自然资源。"

在国内，阿里巴巴公司在大数据应用和开发上投入巨资，已经取得了令人瞩目的成绩；百度公司也致力于开发自己的大数据处理和存储系统；腾讯公司则提出要开创数据化运营的黄金时期，把整合数据看成未来的关键任务。

总体上，从 SGI 的首席科学家约翰马西（John R. Masey）在 1998 年提出大数据的概念，到大数据分析技术广泛应用于社会的各个领域，已经过了 20 多年。现在，再也没有人怀疑大数据分析的力量，并且都在竞相利用大数据来增强自己企业的业务竞争力。但是，即使已经过去 20 多年，大数据分析行业仍然处于快速发展的初期，每时每刻都在产生新的变化，特别是随着移动互联网的快速发展，大数据从概念到实用、从结构化数据分析到非结构化数据分析，正处于新的进化阶段。

1.2.2 大数据的"4V"特性

大数据的"4V"特性，包含 4 个层面：数据量大（Volume）、处理速度快（Velocity）、数据类型多样（Variety）、价值密度低（Value）。

1. 数据量大

大数据第一个显著特征就是数据量大。随着互联网、物联网、移动互联网等技术的发展，数据的产生和积累速度越来越快，数据量呈现爆炸式的增长，达到 TB 甚至 PB 级别。例如，淘宝网每天的商品交易数据约 20TB，Facebook 的用户每天产生的日志数据超过 300TB。这种大规模的数据超出了传统数据库和软件工具的处理能力。根据知名咨询机构 IDC 做出的估测，人类社会产生的数据一直都是以每年 50% 的速度增长，也就是说，大约每两年数据量就增加一倍，这被称为大数据的摩尔定律。

数据存储单位是用来衡量计算机存储容量大小的单位，常见的有比特（bit）、字节（Byte）、千字节（Kilobyte）、兆字节（Megabyte）、吉字节（Gigabyte）等。这些单位之间的换算关系对于计算机存储容量的理解和应用非常重要。这些单位之间的换算关系如表 1-1 所示。

表 1-1	数据存储单位之间的换算关系
单位	换算关系
Byte（字节）	1Byte = 8bit
KB（千字节）	1KB = 1024Byte
MB（兆字节）	1MB = 1024KB
GB（吉字节）	1GB = 1024MB
TB（太字节）	1TB = 1024GB
PB（拍字节）	1PB = 1024TB
EB（艾字节）	1EB = 1024PB
ZB（泽字节）	1ZB = 1024EB
YB（尧字节）	1YB = 1024ZB

2．处理速度快

"1 秒定律"是互联网进入大数据时代对数据处理速度的要求，即秒级的时间内给出响应结果。这是大数据技术区别于传统数据技术的重要一点。大数据时代比传统数据时代处理速度更快的原因就是采用了分布式的运行方式。大数据时代的数据产生非常迅速，数据流以前所未有的速度流入（例如点击广告，以每秒数百万个事件的速度捕获用户的行为。在线游戏系统支持数百万乃至千万用户一起使用，用户每秒会产生海量数据），必须及时处理。为了达到快速分析海量数据的目的，新兴的大数据分析技术通常采用集群处理的方式和独特的内部设计。

3．数据类型多样

由 1.1.1 小节可知，具有多样性的大数据可被分为结构化数据、非结构化数据、半结构化数据三种数据结构。结构化数据是指由二维表结构来表达的数据。非结构化数据是数据结构不规则或不完整，没有预定义的数据模型，包括网络日志、音频、视频、图片、地理位置信息、传感器数据等。半结构化数据介于两者之间。多样的数据类型如表 1-2 所示。这些多类型的数据对数据的处理能力提出了更高要求。

表 1-2	多样的数据类型
类型	描述
结构化数据	具有固定的结构、属性划分和类型等信息，通常以二维表结构的形式存储在关系型数据库里
非结构化数据	不遵循统一的数据结构或模型，不方便用二维逻辑表来表现（如文本、音频、视频等）。非结构化数据在企业数据中占比达 90%
半结构化数据	具有一定的结构，但又灵活可变，介于完全结构化数据与完全非结构化数据之间

4．价值密度低

价值密度的高低与数据总量的大小成反比。如何快速地对有价值数据"提纯"成为目前大数据背景下亟待解决的难题。大数据具有价值密度低、商业价值高的特点。挖掘大数据价值的难度不亚于沙里淘金，需要从海量数据中挖掘稀疏但珍贵的信息。以监控视频为例，连续不间断监控过程中，可能有用的数据仅仅有一两秒，大量的数据是无效或者低价值的。

1.3 大数据生态系统

1.3.1 大数据主要平台

大数据平台可以根据应用场景和功能需求，分为多种类型。目前，主要有以下 6 种大数据平台。

（1）分布式计算平台。分布式计算平台提供分布式存储和计算能力，支持处理和分析海量数据。例如，Apache Hadoop、Apache Spark、Apache Flink 等。

（2）实时数据处理平台。实时数据处理平台专注于实时数据处理和流计算，适用于流媒体、监控和物联网等场景。例如，Apache Kafka、Apache Storm 等。

（3）数据仓库平台。数据仓库平台提供基于云的数据仓库解决方案，支持大规模、高速的数据查询和分析。例如，Amazon Redshift、Google BigQuery 等。

（4）海量数据存储平台。海量数据存储平台提供海量数据的分布式存储能力，支持多种数据格式和存储方案。例如，Hadoop 分布式文件系统（HDFS）、Amazon S3 等。

（5）数据可视化平台。数据可视化平台提供数据可视化和报表制作工具，可以帮助用户更直观地理解数据和呈现数据分析结果。例如，Tableau、QuickBI、PowerBI 等。

（6）移动端分析平台。移动端分析平台提供移动端的数据可视化和报表制作工具，帮助用户随时随地更直观地理解数据和呈现数据分析结果。例如，Google Firebase、Leanplum 等。

1.3.2 大数据生态架构

1. 架构的基本理论

（1）概念

架构（Architecture）一词最初来源于建筑业，用于表示建筑物的整体结构模式和风格。它把整个建筑物看成一个系统，强调系统整体空间结构的合理性和有效性。架构实际上是一个广泛应用的概念，通常指系统的整体结构及其组成部分的原则关系。

随着计算机、网络和软件技术的不断发展，信息系统变得日益复杂，因而架构一词在信息领域变得越来越重要。IEEE 给出的架构定义是：架构是一个系统的基础组织结构，包括系统的组件构成、组件之间的相互关系、系统和其所在环境的关系，以及指导系统设计和演化的相关准则。

必须指出，架构是用来描述系统结构的，无论系统是指软件系统还是硬件系统，也无论是指业务系统还是应用系统，甚至不论是数据系统还是存储系统。由于信息系统可以从不同的角度去划分和观察，因此就出现了各种冠以"架构"的系统描述。例如，当我们关注系统的软件构成方式时，就有软件架构的概念；如果关注的是系统的硬件构成方式，当然就有硬件架构（或物理架构）的概念；如果关注系统组件在处理数据过程的集中性与分散性时，就有所谓集中式架构和分布式架构的概念。此外，我们知道，软件是指程序、数据和文档，所以软件架构可以进一步分为程序（或软件组件）架构、数据架构或数据库架构等概念。凡此种种，可见架构一词具有广泛的适用性。但不管架构一词如何被广泛使用，其核心理念都是强调系统的组织结构及其组成部分的关系准则。

（2）系统架构的设计目标

人们之所以需要架构这个概念，是因为随着系统的复杂性提高，设计人员必须从系统的高度，对整个平台进行全局性的考量。

系统架构的设计目标主要包括可靠性、安全性、可伸缩性、可扩展性、可维护性等。

可靠性是指系统运行过程出错的概率非常小，这样用户的经营和管理完全可以依赖该系统。

安全性是指系统具有保护信息的能力，通过加密、认证、访问控制等手段确保系统的数据处于完整、可控的状态。

可伸缩性是指系统必须能够在用户的使用频率、用户的数量增加很快的情况下，保持良好的性能，从而适应用户市场扩展的可能性。

可扩展性是指在新技术出现的时候，一个系统应当允许导入新技术，从而对现有系统进行功能和性能的扩展。

可维护性包括两方面：一是排除现有的错误；二是将新的需求反映到现有系统中去。一个易于维护的系统，意味着可以有效降低技术支持的费用。

（3）技术架构

技术架构是指信息系统中技术组件的组织结构。由于技术包括软件和硬件两个方面，因此技术架构也可以分为软件架构和硬件架构两个方面。

研究大数据的技术架构，有三个基本观点需要确立。

第一，对于大数据部署和应用来说，技术总是具体的，抽象地讨论技术没有太多意义。例如，商业银行中传统信息系统基本上采用了 IOE 技术，即以 IBM、Oracle 和 EMC 为代表的商业软件与相关硬件技术。大数据时代，银行业则普遍在探讨去 IOE 技术，也就是采用像 Hadoop 和 NoSQL（Not only SQL，非传统关系型数据库）这样的开源技术。因此，分析和讨论大数据技术架构必须以目前最重要的开源技术为对象展开。

第二，从应用的角度看，技术架构也是具体的，不同规模与性质的企业可能会有不同的系统架构，但既然是研究架构，则必然需要提取并理解各种架构的共同点，以便揭示大数据系统设计的内在规律和演化趋势，从而指明正确的系统架构建设方向。

第三，大数据系统的最高抽象模式实际上就是大数据的基本系统架构。对这个顶层架构进行初次分解，就得到数据采集、数据存储、数据分析和数据应用四个方面，因此，技术架构也需要从这四个方面描述。在涉及这些方面的时候，可能会出现各种角度的架构概念，如软件架构、总体架构、数据库架构、分布式架构、部署架构等，读者应当区分并理解它们的差异和核心。

2. 主要组件及其关系

目前，以 Hadoop 为核心，大数据应用与研发已经形成了一个基本完善的生态系统。HDFS 源自 Google 公司的 GFS 论文，发表于 2003 年 10 月。HDFS 是 GFS 的实现版。HDFS 是 Hadoop 体系中数据存储管理的基础，它是一个高度容错的系统，能检测和应对硬件故障，在低成本的通用硬件上运行。HDFS 简化了文件的一致性模型，通过流式数据访问，提供高吞吐量的应用程序数据访问功能，适合用于带有大型数据集的应用程序。HDFS 拥有一次写入多次读取的机制，数据以块的形式，同时分布存储在集群的不同物理机器上。

MapReduce（分布式计算框架）是一种分布式计算模型，基于该框架能够便捷地编写应用程序，它可以用一种可靠的，具有容错能力的方式并行地处理大规模数据集。MapReduce 的思想是"分而治之"，即把复杂的任务分解为若干个"简单的任务"来处理。它将计算抽象成 Map 和 Reduce 两个部分，其中 Map 对数据集上的独立元素进行指定的操作，生成键值对形式中间结果。Reduce 则对中间结果中相同"键"的所有"值"进行整理和规约，以得到最终结果。MapReduce 非常适合在分布式并行环境里进行数据处理。

HBase（分布式列存储数据库）是一个构建在 Hadoop 文件系统之上的面向列的可伸缩、高可靠、高性能、分布式和动态模式数据库。HBase 底层数据存储依赖于 HDFS，HDFS 可以通过简单地增加 DataNode 实现系统的扩展，HBase 读写服务节点也一样，HBase 可以通过简单地增加 RegionServer 节点实现计算层的扩展。HBase 中保存的数据可以使用 MapReduce 来处理，它将数据存储和并行计算完美地结合在一起。

ZooKeeper（分布式协调服务）是一个开放源码的分布式应用程序协调服务，是 Hadoop 和 HBase 的重要组件。ZooKeeper 的主要目标是封装好复杂、易出错的关键服务，提供简单易用的接口和性能高效、功能稳定的系统给用户。它是一个为分布式应用提供一致性服务的软件，提供配置维护、分布式同步、组服务等功能。

Hive（数据仓库）是一个数据仓库工具，能将结构化的数据文件映射为一张数据库表。Hive 定义了一种类似 SQL 的查询语言（HQL），能将 SQL 语句转变成 MapReduce 任务来执行，通常用于离线分析。HQL 用于运行存储在 Hadoop 上的查询语句，Hive 使不熟悉 MapReduce 的开发人员也能编写数据查询语句，十分适合对数据仓库进行统计与分析。

Pig（ad-hoc 脚本）是一种面向过程的数据流语言和运行环境。Pig 定义了一种数据流语言——Pig Latin，它用于简化 MapReduce 编程的复杂性。Pig 平台包括运行环境和用于分析 Hadoop 数据集的脚本语言（Pig Latin），可以简化 Hadoop 任务，并对 MapReduce 进行更高层次的封装，能将 Pig Latin 转变成 MapReduce 任务在 Hadoop 上执行，通常用于离线分析。

Sqoop（数据 ETL/同步工具）是 SQL-to-Hadoop 的缩写，主要用于传统数据库（如 MySQL、Oracle、Postgres 等）与 Hadoop 之间进行数据的传递，它可以将一个关系型数据库中的数据导入 Hadoop 的 HDFS 中，也可以将 HDFS 的数据导入关系型数据库中。数据的导入和导出本质上是通过 MapReduce 程序进行，充分利用了 MapReduce 的并行化和容错性。

Flume（日志收集工具）是 Cloudera 提供的一个高可靠、高容错、易于定制的海量日志采集、聚合和传输的日志收集系统。它将数据从产生、传输、处理并最终写入目标路径的过程抽象为数据流。在具体的数据流中，数据源支持在 Flume 中定制数据发送方，从而支持收集各种协议的数据。

Mahout（数据挖掘算法库）起源于 2008 年，最初是 Apache Lucent 的子项目，它在极短的时间内取得了长足的发展，现在是 Apache 的优先级项目。Mahout 的主要目标是创建一些可扩展的机器学习领域经典算法，旨在帮助开发人员更加方便、快捷地创建智能应用程序。

YARN（分布式资源管理器）是下一代的 MapReduce，即"MRv2"，是在第一代 MapReduce 基础上演变而来的，主要是为了解决原始 Hadoop 扩展性较差，不支持多计算框架等问题。YARN 的基本思想是将 JobTracker 的两个主要功能（资源管理和作业调度、监控）分离，主要方法是创建一个全局的 ResourceManager 和若干个针对应用程序的应用程序管理器（Application）。

Mesos（分布式资源管理器）是一个诞生于加利福尼亚大学伯克利分校（UC Berkeley）的研究项目，是 Apache 下的开源分布式资源管理框架，对外提供简单的 API，同时隐藏内部的很多复杂架构。

Tachyon（意为超光速粒子）是以内存为中心的分布式文件系统，拥有高性能和高容错能力，能够为集群框架（如 Spark、MapReduce）提供可靠的内存级速度的文件共享服务。Tachyon 诞生于 UC Berkeley 的 AMPLab。

Spark（内存 DAG 计算模型）是一种快速、通用、可扩展的大数据计算框架，被标榜为"快如闪电的集群计算"，它拥有一个繁荣的开源社区，并且是目前最活跃的 Apache 项目。Spark 有基于内存计算的大数据并行计算框架，除了扩展了广泛使用的 MapReduce 计算模型，还可以高效地支持更多计算模式，包括交互式查询和流处理。与 Hadoop 相比，Spark 可以让你的程序在内存中运行时速度提升 100 倍，或者在磁盘上运行时速度提升 10 倍。

Spark GraphX 是 Apache Spark 中的一个图计算库，用于处理大规模图数据。它提供了一套用于创建、操作和分析图的 API，具有高效的并行计算能力和分布式图计算的优势。GraphX 可以与 Apache Spark 的其他组件无缝集成，如 Spark、SQL、DataFrame 等，使得用户可以方便地利用已有的 Apache Spark 生态系统进行图计算。

Spark MLlib 是 Apache Spark 的机器学习库，旨在简化机器学习的工程实践工作，并方便扩展到更大规模。它由一些通用的学习算法和工具组成，包括分类、回归、聚类、协同过滤、降维等。MLlib 的主要目标是支持更多可扩展的学习算法，以高效地进行大规模数据集处理。

Kafka 是由 Apache 软件基金会开发的一个开源流处理平台。它是一个高吞吐量的分布式发布、订阅消息系统，可以处理消费者在网站中的所有动作流数据。这种动作是现代网络上许多社会功能的关键因素。活跃的流式数据在 Web 网站应用中非常常见，这些数据包括网站的页面浏览量（Page View，PV），如用户访问了什么内容、搜索了什么内容等。这些数据通常以日志的形式记录下来，然后每隔一段时间进行一次统计处理。

Apache Phoenix 是一个构建在 HBase 之上的开源 SQL 引擎，它让我们能够使用标准的 JDBC API 去建表，插入和查询 HBase 中的数据，从而避免使用 HBase 的客户端接口。

Apache Ambari 是安装部署配置管理工具，其作用就是创建、管理、监视 Hadoop 的集群，是为了让 Hadoop 以及相关的大数据软件更容易使用的一个 Web 工具。

在大数据的发展历程中，有大量不同类型和用途的组件相继产生。但是，在激烈的竞争浪潮中，最终为业界和学术界认可并得到广泛应用的组件或框架只有大概二十多种。

1.4 大数据的应用

1.4.1 应用案例

大数据已经在社会生产和日常生活中得到了广泛的应用，对人类社会的发展进步起着重要的推动作用。本节主要介绍大数据在互联网、生物医学、物流领域等方面的应用。

1. 大数据在互联网领域的应用

（1）电子商务。国内外的电子商务巨头（如淘宝、京东、亚马逊等）不断地利用大数据技术在电子商务领域大展身手。Hadoop 是在电子商务领域中应用非常广泛的大数据技术。各电子商务平台利用大数据技术深度挖掘和分析网络购物、网上支付等数据，从而发现大量有价值的信息与统计规律。

随着互联网技术的不断发展，用户面临着信息过载的问题。借助百度、谷歌等搜索引擎，用户可以从海量信息中查找自己所需的信息。通过搜索引擎查找内容的前提是用户有明确的需求，从而可以将需求转换为相关的关键词进行搜索。例如，用户准备在网上查看当地天气情况时，只要在搜索框输入"天气预报"，系统便会默认显示最近 15 天的天气信息。然而，当用户没有明确需求时，便无法向搜索引擎提交明确的关键词。例如，用户准备出游，想知道哪些城市适合出游，用户可能显得茫然无措。推荐系统是可以解决上述问题的一个非常有潜力的办法，它通过分析天气的历史数据来了解各个城市等的当前季节或月份的天气情况，从而将适合出游的景点或城市推荐给用户。

（2）社交网络。近年来，随着科技的不断发展，社交网络成为互联网时代民众新的通信、社交和发表见解的手段，其中大数据的应用更是随处可见。大数据技术通过对社交网络数据的收集、存储、处理和分析，精准地预测用户的行为和需要，不仅可以提高用户的满意度，还可以为商家有效地吸引用户并提高销售额。

① 社交网络中用户行为分析。

借助大数据技术，对社交网络用户数据进行挖掘和分析，对用户的兴趣、行为进行深入了解，进而实现对用户的精准推荐服务。例如，根据用户在社交网络上发布的文字、图片等内容，挖掘分析用户的兴趣点，进而实现更精准地推荐。

② 社交网络中商务数据分析。

商家通过分析社交网络中用户上传的照片、发布的内容，了解用户的喜好和需求，然后对用户进行更加个性化的产品推荐和服务。商家可以通过对用户的反馈信息进行分析，了解用户的意见和需求，以便更好地提供产品和服务。

③ 社交网络数据挖掘与应用。

在社交网络中，利用情感分析技术分析用户发布心情、情感相关的信息，可以判断用户的情感倾向，进而更好地为用户提供服务和支持。借助大数据技术，企业可以迅速获取社交网络上关于品牌和产品的舆论信息，并针对不同的情况采取适当的措施。在社交网络中，商品推荐不仅需要对用户的个人信息进行分析，还需要通过对用户的社交关系进行分析，挖掘出用户隐藏的需求和心理。

总之，社交网络数据挖掘和分析可以更好地了解用户的需求和情感，为企业或商家提供更加精准的服务和推荐。

2. 大数据在生物医学领域的应用

大数据在生物医学领域得到了广泛的应用。在流行病预测方面，大数据彻底颠覆了传统的流行疾病预测方式，使人类在公共卫生管理领域迈上了一个全新的台阶。医疗行业的大数据应用使得看病变得更简单、方便。通过大数据平台，医生可以更系统、更全面地搜集疾病的基本特点、患者病历和医治方案等，建立针对不同疾病特点的数据库，帮助医生进行疾病诊断。医疗行业拥有大量的病例、病理报告、治愈方案、药物报告等，对这些数据进行有效的整理和分析，将会极大地辅助医生提出适宜的治疗方案，帮助患者早日康复。未来，借助大数据平台，医疗行业可以更系统、更全面地搜集疾病的基本特点、患者病历和医治方案等，为人类健康造福。

生物信息学在生物医学领域的典型应用。生物信息学（Bioinformatics）是研究生物信息的采集、处理、存储、传播、分析和解释等方面的学科，是把计算机技术、数学、物理学、生物学等多种学科知识应用到生物信息的处理与分析领域的学科。随着科技的不断发展，生物信息学分析技术已经成为了现代生命科学的重要组成部分。通过运用生物信息学技术，可以实现对生物大数据中的基因、蛋白质、细胞等信息的挖掘和分析，为生物学研究提供更加精确、全面的方法和手段。

3. 大数据在物流领域的应用

物流大数据就是通过海量的物流数据，即运输、仓储、搬运、装卸、包装及流通加工等物流环节中涉及的数据、信息等，挖掘出新的增值价值，通过大数据分析提高运输与配送效率，降低物流成本，更有效地满足客户服务要求。

　　智能物流是大数据在物流领域的典型应用。智能物流是利用智能化技术，使物流系统能模仿人的智能，具有思维、感知、学习、推理判断和自行解决物流中某些问题的能力，从而实现物流资源化调度和有效配置、物流系统效率提升的现代化物流管理模式。

1.4.2　大数据应用的特点

　　大数据时代，数据的应用已经渗透到各行各业，但是传统的数据挖掘和分析已经不能满足行业发展的需求，大数据技术为企业业务分析和行业发展带来了新的思维角度，充分激发了数据对社会发展的影响和推动。大数据应用有以下 3 个特点。

　　（1）海量多源异构数据源的封装注册与统一管理。应用大数据技术需要部署依赖中间件 ZooKeeper。大数据基础架构技术有 Hadoop、HDFS、YARN，大数据计算框架技术有 MapReduce、Spark，大数据日志采集工具有 Flume、Sqoop、Kafka。大数据存储技术有分布式文件系统 HDFS、列式 HBase、KV 式 Redis、文档型 MongoDB。对创新型异构数据库的统一访问方式开展研究和分析，有助于开展控制管理工作，基于数据将各个系统进行统一接入，从而有效提高对系统的综合管理和应用。

　　（2）虚拟环境下应用与云中间件的数据交互可靠性保证。在设计建设过程中，要保证当云平台中的资源监控失效时虚拟机中正在运行的应用能够正常运行，所以一定要保证 Web 应用和中间件之间是松散耦合的，在终端上浏览器发起 Web 访问请求时，云平台中的服务器要获取用户访问信息，并且通过负载均衡原则来将其分发给云平台中的应用服务器。应用服务器需要具备自检查功能，当发现应用压力比配置压力小时需对资源进行及时回收，从而能够合理修改虚拟机的最小运行量。

　　（3）存储驱动集合细粒度分区与重映射。对于实现智慧城市来说，大量的租户/用户数据可以采用将一个大数据集合中的数据切分到多个复制组中,以达到快速并行计算的水平分区切分方法；针对租户/用户数据与流行大数据工具结合时存在的问题，可以通过研究关系型数据与非关系型数据之间的统一处理方法来解决；将一个集合全局关系的属性分为若干子集，并在这些子集上做投影运算，将这些子集映射到另外的集合上，从而实现集合关系的垂直切分；水平分区在子集合之间可以通过垂直切分操作进行重映射。

1.5　本章小结

　　大数据具有数据量大、数据类型繁多、处理速度快、价值密度低等特点，统称为"4V"。本章介绍了大数据的基本定义、数据分类，并阐述了大数据生态系统主要平台和生态架构，最后介绍了大数据在互联网、生物医学、物流领域的应用和大数据应用的特点。

思考与练习

1. 填空题

（1）大数据结构分为＿＿＿＿、＿＿＿＿和非结构化数据。

（2）大数据的"4V"特性分别是＿＿＿＿、＿＿＿＿、＿＿＿＿和＿＿＿＿。

（3）1GB = _____ MB。

2. 选择题

（1）以下哪一项不属于大数据的典型特征?（　　　）

    A. 数据量大   B. 数据缺失值少

    C. 数据类型多   D. 处理速度快

（2）下列关于数据的说法，正确的是（　　　）。

    A. 数据的产生是以人的意志为转移

    B. 数据的价值因为不断重组而产生更小的价值

    C. 数据的价值不会因为不断使用而削减

    D. 未经处理的历史数据都有价值

3. 简答题

（1）试述大数据的关键技术。

（2）简述大数据应用的领域。

第2章
Linux 集群

大数据往往采用集群的方式来存储和处理。集群是指一组计算机系统，是一种并行或分布式系统，它包括一个互连的计算机集合，其作为一种单一、统一的计算资源使用，可简单理解为一组协同工作的服务器，对外表现为一个整体。通过集群技术，可以在付出较低成本的情况下获得在可靠性、灵活性方面的相对较高收益，更好地利用现有资源实现服务的高度可用。

本章首先介绍计算机集群和 Linux 操作系统的基础知识，然后重点介绍 Linux 集群的安装和搭建、Java 开发包（JDK）等常用软件的安装，以及集群的基本配置方法，最后介绍 Linux 命令。

2.1 计算机集群

2.1.1 集群的概念

计算机集群是一组相互独立的、通过高速计算机网络互联的计算机，它们构成一个组，并以单一系统的模式加以管理。与网格计算机不同，计算机集群将每个节点设置为执行相同的任务，并由软件控制和调度。用户与集群相互作用时，集群像是一个独立的服务器。计算机集群把多台计算机连接在一起使用，平分资源。集群中的每台计算机都被称为一个节点，在这些节点之上虚拟出一台计算机供用户使用，从用户的角度看是使用一台计算机。集群的组件通常通过局域网相互连接，每个节点运行自己的操作系统实例。在大多数情况下，所有节点都使用相同的硬件和操作系统。

2.1.2 集群的种类与特点

1. 种类

（1）高可用集群。高可用集群（High Availability Cluster，HAC）主要用于高可用方案的实现，节点间以主从形式，实现容灾；在大型故障（宕机、服务器故障）的情况下可实现快速恢复，快速提供服务。例如，当前节点在 master，则当前所有业务在 master 上运行，若发生故障，服务和资源会转移到 slave0 上。高可用集群的另外一个特点是共享资源，多个节点服务器共享一个存储资源，该存储可在不同节点之间转移。

高可用集群有以下三种实现方式。

① 主从方式：主机工作，备机监控。此方式不能有效地利用服务器资源。

② 互为主从：两服务器同时在线，一台服务器出现故障可切换到另一台上。此方式可有效地利用服务器资源，但当服务器出现故障时，将导致另一台服务器要运行多个业务。

③ 多台服务器主从：大部分服务器在线使用，小部分监控；若有部分服务器出现故障，则可切换到到指定的小部分服务器上。此方式为前两种方式的综合。多台服务器群集也增加了管理的复杂度。

（2）负载均衡集群。负载均衡集群（Load Balancing Cluster）的不同节点之间相互独立，不共享任何资源；通过一定算法将客户端的访问请求平分到群集的各个节点上，从而充分利用每个节点的资源。负载均衡集群扩展了网络设备和服务器带宽，增加了吞吐量，加强了网络数据处理能力。每个节点的性能和配置不同，根据算法，可以分配不同的权重到不同节点上，以实现不同节点的资源利用。

（3）高性能集群。高性能计算集群（HPC Cluster）通过将计算任务分配到集群的不同计算节点提高计算能力，因而主要应用在科学计算领域。比较流行的高性能计算（HPC）采用 Linux 操作系统和其他一些免费软件来完成并行运算。这一集群配置通常被称为 Beowulf 集群，这类集群通常运行特定的程序以发挥高性能计算集群的并行能力。这类程序一般应用特定的运行库，比如专为科学计算设计的 MPI 库。高性能计算集群特别适合于计算中各计算节点之间发生大量数据通信的计算作业，比如一个节点的中间结果会影响到其他节点计算结果的情况。并行计算或称平行计算是相对于串行计算来说的，并行计算的目的是提高计算速度。并行计算分为时间计算和空间计算。

① 时间计算是指流水线技术，一个处理器分为多个单元，每个单元负责不同任务，这些单元可并行计算。

② 空间计算是指利用多个处理器并发地执行计算。目前 PC 的计算能力越来越强，将大量低廉的 PC 互连起来，组成一个"大型计算机"可以解决复杂的计算任务。Beowulf computers 为典型的空间并行计算。

2. 特点

（1）高性能。一些国家重要的计算密集型应用（如天气预报、核试验模拟等）需要计算机有很强的运算处理能力。

（2）高性价比。通常一套系统集群架构只需要几台或数十台计算机即可实现，与动辄上百万的专用超级计算机相比具有更高的性价比。

（3）可扩展性。集群的性能不限于单一的服务实体，新的服务实体可以动态地加入集群，从而增强集群的性能。

（4）高可用性。当一台节点服务器出现故障的时候，这台服务器上所运行的应用程序将在另一节点服务器上被自动接管。整个系统的服务是 7×24h 可用的。消除单点故障对于增强数据可用性、可达性和可靠性非常重要。

（5）负载均衡。负载均衡能把任务比较均匀地分布到集群环境下的计算和网络资源，以便提高数据吞吐量。

（6）错误恢复。如果集群中的某一台服务器由于故障或者维护需要而无法使用时，资源和应用程序将转移到可用的集群节点上。

（7）透明性。多台独立计算机组成的松耦合集群系统构成一台虚拟服务器。用户或客户端程序访问集群系统时，就像访问一台高性能、高可用的服务器一样，集群中一部分服务器的上线、下线不会中断整个系统服务，对用户也是透明的。

（8）可管理性。在物理空间上整个系统可能很大，但是集群系统易管理，就像管理一个单一映像系统一样。在理想状况下，软硬件模块的插入能做到即插即用。

（9）可编程性。在集群系统上，各类应用程序容易开发及修改。

2.2　Linux 操作系统

2.2.1　Linux 特点与主要组成

Linux 最早出现在 20 世纪 90 年代初，一位名叫莱纳斯·托瓦兹（Linus Torvalds）的计算机业余爱好者开发了该系统，当时他是芬兰赫尔辛基大学的学生。他的目的是想设计一个代替 Minix（是由一位名叫安德鲁·坦纳鲍姆（Andrew Tannebaum）的计算机教授编写的一个操作系统示教程序）的操作系统，这个操作系统可用于 386、486 或奔腾处理器的个人计算机上，并且具有 UNIX 操作系统的全部功能。

1. 特点

Linux 操作系统在短时间内得到了非常迅猛的发展，这与 Linux 具有的良好特性是分不开的。Linux 包含了 UNIX 的全部功能和特性。归纳起来，Linux 具有以下主要特性。

（1）开放性。开放性是指系统遵循世界标准规范，特别是遵循开放系统互连（OSI）国际标准。凡遵循国际标准所开发的硬件和软件，都能彼此兼容，可方便地实现互连。

（2）多用户。多用户是指系统资源可以被不同用户拥有、使用，即每个用户对自己的资源（如文件、设备）有特定的权限，互不影响。Linux 和 UNIX 都具有多用户的特性。

（3）多任务。多任务是现代计算机最主要的一个特点，它是指计算机同时执行多个程序，而且各个程序的运行互相独立。Linux 操作系统可以调度每一个进程平等地访问微处理器。事实上，从处理器执行一个应用程序中的一组指令到 Linux 调度微处理器再次运行这个程序之间存在很短的时间延迟，而由于 CPU 的处理速度非常快，用户感觉不到延迟，其结果是启动的应用程序看起来好像在并行运行。

（4）良好的用户界面。Linux 向用户提供了两种界面——用户界面和系统调用界面。Linux 的传统用户界面是基于文本的命令行界面，即 Shell，它既可以联机使用，又可以存在文件上脱机使用。Shell 有很强的程序设计能力，用户可以方便地用它编写程序，从而为扩充系统功能提供了更高级的手段。可编程 Shell 是指将多条命令组合在一起，形成一个 Shell 程序。这个程序可以单独运行，也可以与其他程序同时运行。

系统调用界面是给用户提供编程时使用的界面，用户可以在编程时直接使用系统提供的系统调用命令，系统通过这个界面为用户程序提供低级、高效率的服务。

Linux 还为用户提供了图形用户界面，它利用鼠标、菜单、窗口、滚动条等，给用户呈现一个直观、易操作、交互性强的友好图形化界面。

（5）设备独立性。设备独立性是指操作系统把所有外部设备统一当作文件来看待。只要安装它们的驱动程序，任何用户都可以像使用文件一样使用这些设备，而不必知道它们的具体存在形式。

具有设备独立性的操作系统可以把每一个外围设备看作一个独立文件的形式来简化增加新设备的工作。当需要增加新设备时，系统管理员就在内核中增加必要的连接。这种连接（也称作设备驱动程序）保证每次调用设备提供服务时，内核以相同的方式来处理它们。当新的外设被开发并交付给用户时，操作系统允许这些设备连接到内核后，就能不受限制地立即访问。设备独立性的关键在于内核的适应能力，其他操作系统只允许一定数量或一定种类的外部设备连接，而设备独立性的操作系统能够容纳任意种类及任意数量的设备，因为每一个设备都是通过其与内核的专用连接独立进行访问的。

Linux 是具有设备独立性的操作系统，它的内核具有高度适应能力。随着更多的程序员加入Linux 编程，会有更多硬件设备加入各种 Linux 内核和发行版本中。另外，由于用户可以免费得到Linux 的内核源代码，因此，用户可以修改内核源代码，以适应新增加的外部设备。

（6）丰富的网络功能。完善的内置网络是 Linux 的一大特点，Linux 在通信和网络功能方面优于其他操作系统。其他操作系统没有如此紧密地与内核结合在一起的连接网络的能力，也没有内置这些联网特性的灵活性。而 Linux 为用户提供了完善的、强大的网络功能。

支持 Internet 是其网络功能之一。Linux 免费提供了大量支持 Internet 的软件，Internet 是在UNIX 领域中建立并繁荣起来的，因此在这方面使用 Linux 是相当方便的，第一，用户能用 Linux与世界上的其他人通过 Internet 网络进行通信。第二，用户也能通过一些 Linux 命令完成内部信息或文件的传输。第三，Linux 不仅允许用户进行文件和程序的传输，同时它还为系统管理员和技术人员提供了访问其他系统的窗口，通过这种远程访问的功能，一位技术人员能够有效地为多个系统服务，即使那些系统位于相距很远的地方。

（7）可靠的系统安全。Linux 采取了许多安全技术措施，包括对读/写进行权限控制、带保护的子系统、审计跟踪、核心授权等，从而为网络多用户环境中的用户提供了必要的安全保障。

（8）良好的可移植性。可移植性是指将操作系统从一个平台转移到另一个平台时仍然能按其自身的方式运行的能力。Linux 是一种可移植的操作系统，能够从微型计算机到大型计算机的任何环境中和任何平台上运行。可移植性为运行 Linux 的不同计算机平台与其他任何机器进行准确而有效的通信提供了手段，不需要另外增加特殊且昂贵的通信接口。

2. 主要组成

操作系统是一台计算机必不可少的系统软件，是整个计算机系统的灵魂。操作系统是一种复杂的计算机程序集，它遵循操作过程的协议或行为准则。没有操作系统，计算机就无法工作，就不能解释和执行用户输入的命令或运行简单的程序。

Linux 包括四个组成部分：内核、Shell、文件系统和实用工具。

（1）内核

Linux 是一个整体化内核（Monolithic Kernel）系统。"内核"指的是提供硬件抽象层、磁盘及文件系统控制、多任务等功能的系统软件；在 Linux 的术语中被称为"内核"，也可以称为"核心"。

一个内核不是一套完整的操作系统。Linux 内核的主要模块（或组件）分为以下几个部分：存储管理、CPU 和进程管理、文件系统、设备管理和驱动、网络通信，以及系统的初始化（引导）、系统调用等。一套基于 Linux 内核的完整操作系统称为 Linux 操作系统，或者 GNU/Linux。Linux 内的设备驱动程序可以方便地以模块化（Modularize）的形式设置，并在系统运行期间可直接装载或卸载。

（2）Shell

Shell 是系统的用户界面，提供了用户与内核进行交互操作的接口，它接收用户输入的命令并把它送入内核去执行。实际上 Shell 是一个命令解释器，它解释由用户输入的命令并且把它们送到内核。不仅如此，对于命令的编辑 Shell 有自己的编程语言，它允许用户编写由 Shell 命令组成的程序。Shell 编程语言具有其他普通编程语言的很多特点，比如它也有循环结构和分支控制结构等。

Linux 提供了像 Microsoft Windows 可视的命令输入界面，被称为 X Window 的图形用户界面

（GUI）。它提供了很多窗口管理器，其操作就像 Windows 一样，有窗口、图标和菜单，所有的管理都是通过鼠标控制的。Linux 也提供了许多窗口管理器，现在比较流行的窗口管理器是 KDE 和 GNOME。

每个 Linux 操作系统的用户可以拥有自己的用户界面或 Shell，用以满足他们自己独特的 Shell 需要。

同 Linux 本身一样，Shell 也有多种版本。目前主要有下列版本的 Shell：Bourne Shell，由贝尔实验室开发；BASH，是 GNU 的 Bourne Again Shell，是 GNU 操作系统上默认的 Shell；Korn Shell，是在 Bourne Shell 基础上发展而来的，在大部分内容上与 Bourne Shell 兼容；C Shell，是 Sun 公司 Shell 的 BSD 版本。

（3）文件系统

文件系统是操作系统的重要组成部分，主要负责管理磁盘文件的输入输出。

文件通过目录的方式进行组织，目录结构是文件存放在磁盘等存储设备上的组织方式，目录提供了管理文件的一个方便而有效的途径。用户可以设置目录和文件的权限，以便允许或拒绝其他人对其进行访问，也可以设置文件的共享程度，使文件能够从一个目录切换到另一个目录。

（4）实用工具

Linux 实用工具可分三类：编辑器（用于编辑文件）、过滤器（用于接收数据并过滤数据）、交互程序（允许用户发送信息或接收来自其他用户的信息）。

① Linux 的编辑器主要有 gedit、Ex、vi 和 Emacs。gedit 和 Ex 是行编辑器，vi 和 Emacs 是全屏幕编辑器。

② Linux 的过滤器从用户文件或其他地方读取数据，检查和处理数据后，输出结果。从这个意义上说，过滤器过滤了经过它们的数据。Linux 有不同类型的过滤器，一些过滤器可以用行编辑命令输出一个被编辑的文件。另外一些过滤器按模式寻找文件并以这种模式输出部分数据。还有一些过滤器执行字处理操作，检测一个文件中的格式，输出一个格式化的文件。过滤器的输入可以是一个文件，也可以是用户从键盘输入的数据，还可以是另一个过滤器的输出。过滤器可以相互连接，因此，一个过滤器的输出可能是另一个过滤器的输入。在有些情况下，用户可以编写自己的过滤器程序。

③ 交互程序是用户与机器的信息接口。Linux 是一款多用户系统，它必须与所有的用户保持联系。信息可以由系统上的不同用户发送或接收，信息的发送有两种方式，一种方式是与其他用户一对一地连接进行对话；另一种是一个用户对多个用户同时连接进行对话，即所谓广播式通信。

2.2.2　Linux 目录结构

Linux 目录采用多级树状结构，图 2-1 展示了这种树状结构。用户可以浏览整个系统，也可以进入任何一个已授权进入的目录，访问那里的文件。

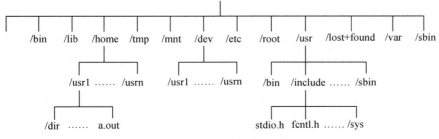

图 2-1　Linux 的树状目录结构

表 2-1 给出了 Linux 操作系统目录的具体内容。

表 2-1 Linux 操作系统目录

目录	存放的文件与内容
/bin	系统有很多放置执行文件的目录，但/bin 比较特殊。/bin 下放置的是在单用户模式下也能够被操作的指令。/bin 下的指令可以被 root 用户和一般用户所使用，例如 cat、chmod、chown、date、mv、mkdir、cp、bash 等常用的命令
/boot	主要存放开机使用到的文件，包括 Linux 核心文件、开机选择、开机所需设定文件等
/dev	Linux 操作系统上，任何装置与周边设备都以文件形式存放于这个目录当中，只要通过存取这个目录下的某个文件，就等于存取某个设备。 比较重要的文件有/dev/null、/dev/zero、/dev/tty、/dev/lp*、/dev/hd*、/dev/sd*等
/etc	系统主要的配置文件几乎都放置在这个目录内，例如人员账号密码文件、各种服务的起始文件等。一般来说，这个目录下的各文件属性是可以让一般使用者读取的，但只有 root 用户有权修改。 比较重要的文件有/etc/inittab、/etc/init.d/、/etc/modprobe.conf、/etc/X11/、/etc/fstab、/etc/sysconfig/等。另外，其下重要的子目录还有/etc/init.d/，所有服务的预设启动 script 都放在这里，例如要启动或者关闭 iptables，可以执行/etc/init.d/iptables start、/etc/init.d/iptables stop
/home	这是系统预设的用户家目录（Home Directory）。在新增一个一般用户账号时，预设的用户家目录都会建立在这里。家目录有两种符号，~代表当前使用者的家目录，~guest 则代表用户名为 guest 的家目录
/usr	/usr 是 Linux 操作系统中最重要的目录之一，涵盖了二进制文件、各种文档、各种头文件、库文件，以及诸多程序，如 ftp、telnet 等。/usr 目录较大，要用到的应用程序和文件几乎都在这个目录中，其中包含以下几种目录。 /usr/x11R6：存放 X Window 的目录。 /usr/bin：存放众多的应用程序。 /usr/sbin：存放超级用户的一些管理程序。 /usr/doc：存放 Linux 文档。 /usr/include：存放 Linux 下开发和编译应用程序所需要的头文件。 /usr/lib：存放常用的动态链接库和软件包的配置文件。 /usr/man：存放帮助文档。 /usr/src：源代码，Linux 内核的源代码就放在/usr/src/linux 里。 /usr/local/bin：存放本地增加的命令。 /usr/local/lib：存放本地增加的库文件系统
/tmp	这是允许一般用户或者正在执行的程序暂时放置文件的地方，该目录是任何用户都能够访问的目录，所以需要定期清理。重要文件不要放置在此目录下
/lib	系统的函数库非常多，/lib 下放置的则是在开机时会用到的函数库，以及在/bin 或/sbin 下面的指令调用的函数库
/media	/media 操作下放置的就是可移除的设备，包括软盘、光盘、DVD 等装置，都挂载于此。常见的文件名有/media/floppy、/media/cdrom 等
/mnt	如果想要临时挂载某些额外的设备，一般建议放置到这个目录中。以前这个目录的用途与/media 相同，但有了/media 之后，这个目录就用来临时挂载设备了
/opt	存放第三方软件的目录
/root	系统管理员（root）的家目录。之所以放在这里，是因为如果进入单用户模式而仅挂载根目录时，该用户就能够拥有 root 的家目录。root 的家目录与根目录放置在同一个分区中
/sbin	Linux 有很多指令是用来设置系统环境的，这些指令只有 root 用户才能够使用，其他用户只能查询。放在/sbin 下面的命令是启动过程中所需要的，包括开机、修复、还原系统所需要的指令

续表

目录	存放的文件与内容
/srv	/srv 是一些网路服务启动之后，这些服务所需要使用的文件的目录。常见的服务有 WWW、FTP 等。例如，WWW 服务器需要的网页文件就可以放置在/srv/www/里面
/lost+found	该目录是使用标准的 ext2/ext3 文件系统格式才会产生的目录，用于文件系统发生错误时，将一些遗留的文件片段存放到该目录下
/var	/var 主要用于存放经常变动的文件，包括缓存文件（Cache）、日志文件（Log File）及某些软件运行产生的文件等

2.3　Linux 集群搭建

本节介绍在 Windows 平台上，通过 VMware Workstation Pro 虚拟机安装 Linux 集群。需要指出的是，在同一台计算机上安装虚拟 Linux 集群有很多优点，首先，其使用方法与真实集群基本一致；其次，操作人员不必到实际的计算节点检查结果，可以节省大量时间。实际上，将工作站和服务器安装在虚拟机环境，可使系统管理简化、缩减实际的机房面积，并减少对硬件的需求。

2.3.1　安装 VMware 虚拟机

VMware（中文名"威睿"）是一家总部设在美国加利福尼亚州帕洛阿托市（Palo Alto）的软件公司，是全球桌面到数据中心虚拟化解决方案的领导厂商。全球不同规模的客户依靠 VMware 来降低建设和运营成本，同时确保业务持续性、加强安全性并走向绿色。VMware 是云计算时代规模增长最快的上市软件公司之一。

VMware 是该公司开发的一套 PC 虚拟化软件的总称。VMware Workstation Pro 是 VMware 系列软件产品之一，用于在英特尔 x86 兼容计算机上创建虚拟机工作站，它允许用户同时创建和运行多个 x86 虚拟机。每个虚拟机可以运行自己的客户机操作系统，如 Windows、Linux、BSD 变生版本等。简而言之，VMware Workstation Pro 允许一台真实的计算机在一个操作系统中同时安装并运行多个操作系统，并帮助用户在多个宿主计算机之间管理或移植 VMware 虚拟机。

下面开始安装。

首先，请读者从网络下载免费的 VMware Workstation Pro，也可以在本书第 2 章软件资源中找到 VMware 目录，进入该目录，单击"VMware-workstation-full-17.0.0-20800274.exe"开始安装。

安装程序首先检测系统并解压文件，完成后出现"欢迎使用"界面，如图 2-2（a）所示。

接着直接单击"下一步"按钮，显示"最终用户许可协议"界面，如图 2-2（b）所示，框选"我接受许可协议中的条款"，再单击"下一步"按钮即可。

接着出现图 2-3 所示的"自定义安装"界面。在图 2-3(a)中，用户可以修改 VMware Workstation Pro 的安装位置，这里选择"D:\VMware Workstation\"。而图 2-3（b）中的用户体验设置可以自行选择，通常不建议选择。单击"下一步"按钮，进入图 2-4 所示的界面。

在图 2-4（a）中，用户可以根据自己的使用习惯，选择安装 VMware Workstation Pro 的"桌面"快捷图标和"开始菜单程序文件夹"。一般需要选择"开始菜单程序文件夹"。

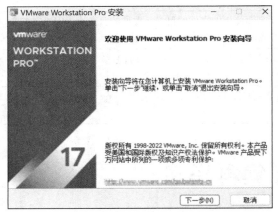

（a）"欢迎使用"界面　　　　　　　　　　　　　　　（b）接受许可协议

图 2-2　VMware Workstation Pro 安装向导

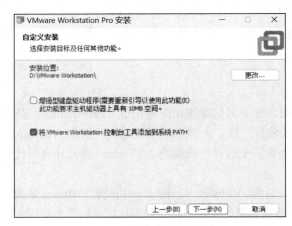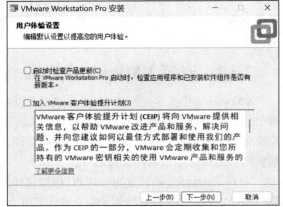

（a）用于修改安装位置　　　　　　　　　　　　　　（b）用于用户体验设置

图 2-3　"自定义安装"界面

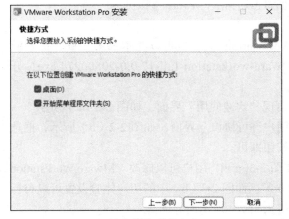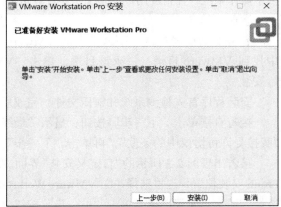

（a）用于选择"快捷方式"　　　　　　　　　　　　（b）提示安装准备就绪

图 2-4　VMware Workstation Pro 安装界面

单击图 2-4（b）中的"安装"按钮后，开始正式安装，如图 2-5（a）所示。安装过程一般需要几分钟，安装成功后显示如图 2-5（b）所示的界面。

在图 2-5（b）中，用户可以直接单击"完成"按钮以结束安装。

首次启动 VMware Workstation Pro 时，需要输入许可证密钥。所以我们可以现在就立即单击图 2-5（b）中的"许可证"按钮，输入许可证密钥。如果不在这一步输入许可证密钥，在后面第一次启动 VMware Workstation Pro 时，仍然需要完成许可证密钥的验证。用户可以输入给定的永久许可证密钥（本书在软件资源文件夹中提供了一个名为密钥.txt 的文件，里面有永久许可证密钥）。

完成上述许可证密钥输入步骤，就可以进入 VMware Workstation Pro 运行主界面了，如图 2-6 所示。

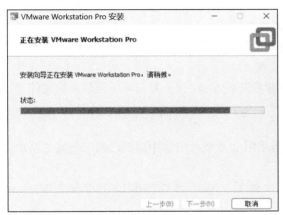
（a）正在安装

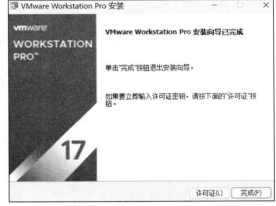
（b）安装成功提示

图 2-5　正在安装和安装成功提示

图 2-6　VMware Workstation 的运行主界面

2.3.2　安装 CentOS

成功安装了 VMware Workstation Pro 以后，就可以开始在该虚拟机平台上安装 Linux 操作系统了。

Linux 是开源操作系统，因此版本众多。严格来讲，Linux 这个词本身只表示 Linux 内核，各种发行版为许多不同的目标而制作，包括对不同计算机结构的支持，具体区域或语言的本地化，实时应用，嵌入式系统，等等。业界已经有超过 300 个发行版被积极地开发，最普遍被使用的发行版有大约 10 来个。Linux 的发行版本可以大体分为两类：一类是商业公司维护的发行版本；另一类是社区组织维护的发行版本。前者以知名的 Red Hat（RHEL）为代表，后者以 Debian 为代表。

Red Hat 实际上称为 Red Hat 系列，包括 RHEL（Red Hat Enterprise Linux，也就是所谓的 Red Hat Advance Server，收费）、FedoraCore（由原来的 Red Hat 桌面版本发展而来，免费）、CentOS（RHEL 社区的克隆版本，免费）。Red Hat 是国内使用人数最多的 Linux 版本，所以这个版本资料非常多，甚至有人将 Red Hat 等同于 Linux。稳定性方面，RHEL 和 CentOS 最为出色，适合于服务器使用。

Debian，或者称 Debian 系列，包括 Debian 和 Ubuntu 等。Debian 是社区类 Linux 的典范，是迄今为止最遵循 GNU 规范的 Linux 操作系统。严格来说，Ubuntu 不能算一个独立的发行版本，它是基于 Debian 的 unstable 版本加强而来的。Ubuntu 的特点是界面非常友好，容易上手，对硬件的支持全面，是最适合做桌面系统的 Linux 发行版本。

本书选择 CentOS 7 进行安装。下面我们介绍两种安装方法：第一种是从下载的系统文件进行安装；第二种是从本机上克隆安装。

1. 从下载的系统文件进行安装

读者可以访问 CentOS 官方网站，也可以从本书第 2 章软件资源中得到已经下载好的系统文件"CentOS-7-x86_64-Minimal-1810.iso"。

有了"CentOS-7-x86_64-Minimal-1810.iso"文件后，读者可以参照以下步骤在 VMware Workstation Pro 虚拟机上进行安装。

首先启动 VMware Workstation Pro，进入其主界面，如图 2-6 所示，单击"创建新的虚拟机"，出现图 2-7（a）所示的新建虚拟机向导。

在图 2-7（a）中，选择"典型（推荐）"单选按钮后，单击"下一步"按钮，进入图 2-7（b）所示的选择"安装客户机操作系统"对话框。

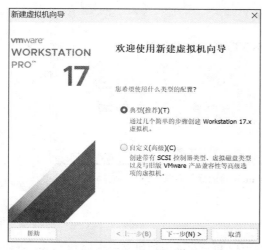

（a）新建虚拟机向导首页　　　　　　（b）安装来源选择

图 2-7　新建虚拟机向导首页和安装来源选择

在图 2-7（b）中，请选择第二个选项，即"安装程序光盘映像文件（iso）"，并通过右边的"浏览"按钮选取自己的"CentOS-7-x86_64-Minimal-1810.iso"文件，或者直接在文本框中输入文件路径和名称。单击"下一步"按钮，出现图 2-8 所示的虚拟机命名与安装位置选择对话框。

在图 2-8 中，我们修改了默认的虚拟机名称，将虚拟机命名为 master，安装位置也修改为"D:\master"。实际上，用户可以根据自己的需要进行任意修改。单击"下一步"按钮，进入图 2-9 所示的对话框。

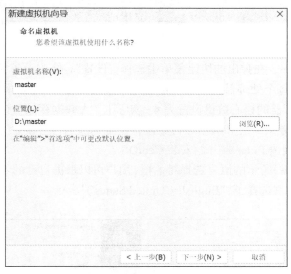

图 2-8　虚拟机命名与安装位置选择

在图 2-9（a）中，建议读者调大该值，不要直接采用默认的磁盘容量值（20 GB），例如设置为 30GB。如果计算机硬件配置好，可以设置得更大，我们这里设置为 40 GB。单击"下一步"按钮，安装向导显示用户设置的所有信息，如图 2-9（b）所示。单击图 2-9（b）中的"完成"按钮，进入图 2-10 所示的界面。

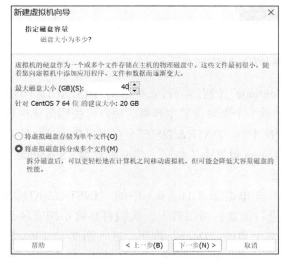

（a）指定虚拟机磁盘容量　　　　　　　　（b）安装信息界面

图 2-9　指定虚拟机磁盘容量和安装信息界面

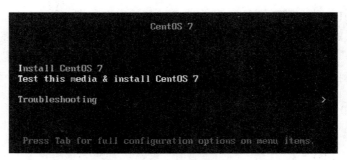

图 2-10　虚拟机设置完成后准备安装 CentOS 7

用户可以右击 master，在弹出的快捷菜单中选择"设置"，修改设备参数，例如，将内存调大到 4GB；处理器数量和每个处理器的核心数量也可以根据自己计算机的配置进行调整，如处理器数量设置为 1，每个处理器的核心数量设置为 4。实际上，大数据存储与计算平台往往需要较大内存的支持，内存太小会导致系统和应用运行缓慢，甚至无法运行。设置完毕，选中图 2-10 中的"Install CentOS 7"，直接按 Enter 键开始安装 CentOS 7。

随后，出现图 2-11（a）所示的语言选择对话框，用户可以根据自己的习惯选择"English（United States）"或"中文"，本书选择了"English（United States）"。

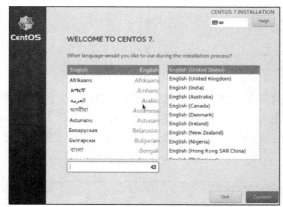

（a）系统语言选择

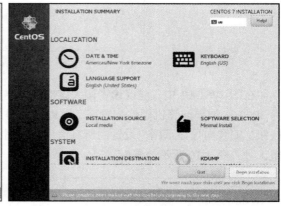

（b）安装设置主界面

图 2-11　系统语言选择与安装设置主界面

选择语言完毕，单击图 2-11（a）中右下角的"Continue"按钮。接着，系统给出"INSTALLATION SUMMARY"界面，如图 2-11（b）所示，该页面是一个安装设置主界面，用户可根据需要进行必要的安装设置。例如，单击选择 LOCALIZATION 中的"DATE &TIME"，可以设置虚拟机的系统时间，显然，我们需要设置为中国时间，这里 Region 设置为"Asia"，City 设置为"Shanghai"。当然，系统时间的设置也可以放在安装结束后再做。

但是，"安装目标"是需要设置的。读者可先单击图 2-11（b）中的"INSTALLATION DESTINATION"，然后按照图 2-12（a）所示的进行设置；可以看出，我们打算将系统安装在本地硬盘上。完成设置后，单击图 2-12（a）中左上角的"Done"按钮，进入图 2-12（b）界面，单击"Click here to create them automatically"，再单击"Done"按钮，进入新界面，单击"Accept Changes"回到主界面。

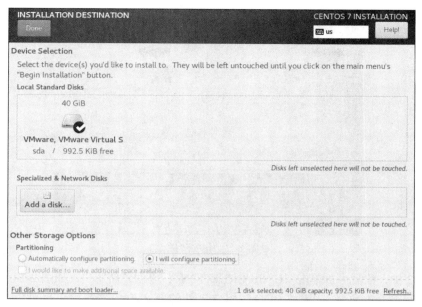

（a）将系统安装在本地硬盘上

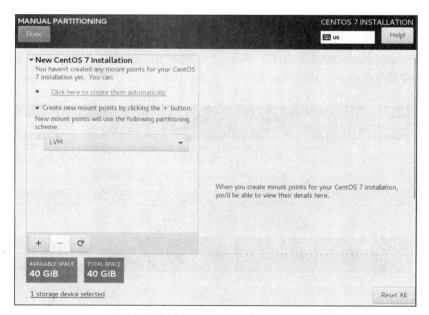

（b）选择"Click here to create them automatically"

图 2-12　安装设置

　　完成上述设置后，单击图 2-11（b）右下角的"Begin Installation"按钮，正式开始包安装进程，其进程提示如图 2-13 所示。

　　在图 2-13 所示的安装进程界面中，会看到最下面有文字条提示用户进行必要的设置。用户可在当前界面中进行"根用户密码设置"和"用户创建"操作。单击图 2-13 中的"ROOT PASSWORD"，在出现的图 2-14（a）所示的对话框中设置密码，注意密码需要达到一定的安全强度。设置完毕，单击"Done"按钮，回到上一级界面（见图 2-13）。

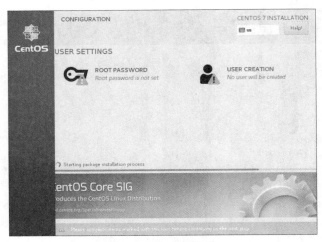

图 2-13　包安装进程

在图 2-13 中，读者可再单击 "USER CREATION"，以创建新用户，如图 2-14（b）所示。这里，读者实际上是在创建一个除 ROOT 用户之外的新用户，该新用户也可以是管理员用户（Administrator）。由于这是一个新用户，因此，需要设置它的用户名和密码。读者可以根据自己的需要进行设置，例如，我们这里把用户名设置为 "swxy"，密码设置为 "swxy"。用户创建完成后，单击左上角的 "Done" 按钮，返回上一级界面，此时，我们看到包安装过程已经完成了。单击右下角的 "Finish configuration" 按钮，安装进入最后的配置过程，稍候片刻即可完成。接着单击 "Reboot" 按钮重启系统，从而完成安装。

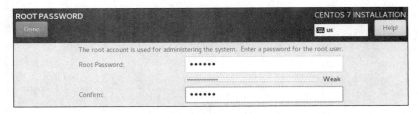

（a）设置根用户密码

（b）创建新用户

图 2-14　用户设置

2. 从本机上克隆安装

接下来，我们再介绍一种从本机上克隆虚拟机的方法。在 VMware Workstation Pro 主界面中，先关闭 master（注意，克隆前一定要先关闭被克隆虚拟机），选择"我的计算机"下的"master"，单击鼠标右键，在弹出的快捷菜单中选择"管理→克隆"，如图 2-15 所示。

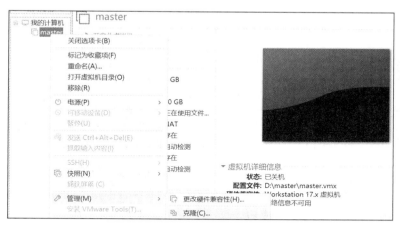

图 2-15　从 master 直接克隆安装新的虚拟机

单击图 2-15 中的"克隆"后，显示"克隆虚拟机向导"对话框，如图 2-16（a）所示。单击"下一页"按钮，选择克隆源，如图 2-16（b）所示。

（a）克隆虚拟机向导欢迎界面

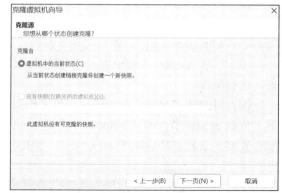

（b）选择克隆源

图 2-16　克隆虚拟机向导

单击图 2-16（b）的"下一页"按钮，进入"克隆类型"对话框，一般选择"创建完整克隆"，如图 2-17（a）所示。

单击图 2-17（a）"下一页"按钮，进入"新虚拟机名称"对话框，建议将默认的名称和安装位置修改为合适的内容，我们这里给新虚拟机取名为 slave0，安装位置改为 D:\slave0，如图 2-17（b）所示，单击"完成"按钮。

单击图 2-17（b）中的"完成"按钮后，系统即开始自动安装，这时，只要耐心等待安装完成即可。安装完成，单击"关闭"按钮。用户可以发现"我的计算机"列表栏中增加了新安装的"slave0"。

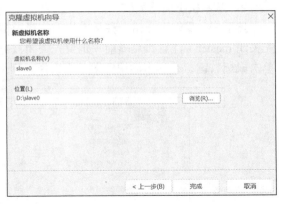

（a）选择克隆类型　　　　　　　　　　　　　　（b）虚拟机名称

图 2-17　选择克隆类型、命名新虚拟机并修改安装位置

显然，如果计算机配置好，还可以继续克隆更多的虚拟机（建议都从 master 克隆），使用上述步骤继续克隆名为 slave1 的虚拟机。作为学习环境，有 3 台虚拟机就行了。到此为止，三台虚拟机 master、slave0、slave1 已安装成功。

3. 安装 Xftp 和 Xshell

（1）安装 Xftp。Xftp 是一个用于 Windows 操作系统平台上的 FTP、STFP 协议文件传输程序，它能帮助用户安全地在 UNIX 操作系统和 Windows 操作系统上快速完成文件传输任务，并且它可以将文件列表进行可视化展示，这样更符合 Windows 用户的使用习惯。

读者可以在本书第 2 章软件资源中找到"xftp5.0.543.zip"文件，将其上传到 master 节点的"/home/swxy"下（执行命令 cd/home/swxy 进入目录，再执行命令 rz 上传文件）。执行解压缩命令"tar -zxvf xftp5.0.543.zip"，即可实现安装。

（2）安装 Xshell。Xshell 是基于 SSH 协议的登录工具，可以通过命令行接口登录到服务器上面，远程操控。

读者可以从本书第 2 章的软件资源文件夹中得到已经下载好的文件"xshell_5.0.0553.zip"，将其上传到 master 节点的"/home/swxy"下。执行解压缩命令"tar -zxvf xshell_5.0.0553.zip"，即可实现安装。安装成功后如图 2-18 所示。本书后面内容都使用 Xshell 操作虚拟机。

图 2-18　Xshell 启动界面

2.3.3　集群的配置

1. 网络设置

通常，在虚拟机上安装好 CentOS 7，系统会自动完成网络设置。这里需要读者自己进行配置，如图 2-19 所示，单击"编辑→虚拟网络编辑器"。

然后，单击右下角"更改设置"按钮后，如图 2-20 所示，选中"NAT 模式（与虚拟机共享主机的 IP 地址）"单选按钮，设置子网 IP 为"192.168.88.0"，接着单击"确定"按钮。

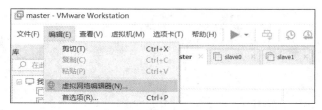

图 2-19　打开虚拟网络编辑器

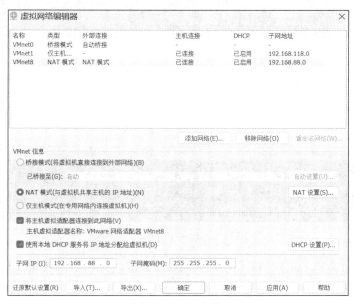

图 2-20　配置网络

以"root"身份登录到 master，执行命令"vi /etc/sysconfig/network-scripts/ifcfg-ens33"修改网络信息，如图 2-21 所示。修改内容如下，BOOTPROTO 设置为 static 表示静态网络 IP。

```
UUID    --删除
ONBOOT=yes --修改
BOOTPROTO=static
IPADDR=192.168.88.101   --添加
NETMASK=255.255.255.0
GATEWAY=192.168.88.2
DNS1=114.114.114.114
```

图 2-21　配置网络信息

执行命令"systemctl restart network.service"重启网卡重新加载配置文件，执行命令"ip addr"或者"ifconfig"查看 IP 地址，如图 2-22 所示。执行命令"ping www.*****.com"测试网络，按 Ctrl+C 组合键终止命令的执行。

注意：上述设置也必须在 slave0 和 slave1 同步进行，并确保集群的每一台虚拟机都在同一个网段内，例如 slave0 的 IP 地址可以是 192.168.88.102，slave1 的 IP 地址可以是 192.168.88.103。

```
1 master   2 slave0   3 slave1   +
[root@master ~]# ip addr
1: lo: <LOOPBACK,UP,LOWER_UP> mtu 65536 qdisc noqueue state UNKNOWN group default
qlen 1000
    link/loopback 00:00:00:00:00:00 brd 00:00:00:00:00:00
    inet 127.0.0.1/8 scope host lo
       valid_lft forever preferred_lft forever
    inet6 ::1/128 scope host
       valid_lft forever preferred_lft forever
2: ens33: <BROADCAST,MULTICAST,UP,LOWER_UP> mtu 1500 qdisc pfifo_fast state UP gro
up default qlen 1000
    link/ether 00:0c:29:bc:44:a4 brd ff:ff:ff:ff:ff:ff
    inet 192.168.88.101/24 brd 192.168.88.255 scope global noprefixroute ens33
       valid_lft forever preferred_lft forever
```

图 2-22　终端显示 master 的 IP 地址配置信息

这样，我们就可以在终端中用 ping 命令测试集群是否能够连通。图 2-23 是在 master 上用 ping 命令测试 slave0 的显示信息，如果看到有返回值，说明两台虚拟机是连通的。注意，要终止 ping 命令，请按 Ctrl+C 组合键。

```
1 master   2 slave0   3 slave1   +
[root@master ~]# ping 192.168.88.102
PING 192.168.88.102 (192.168.88.102) 56(84) bytes of data.
64 bytes from 192.168.88.102: icmp_seq=1 ttl=64 time=0.800 ms
64 bytes from 192.168.88.102: icmp_seq=2 ttl=64 time=0.705 ms
64 bytes from 192.168.88.102: icmp_seq=3 ttl=64 time=0.661 ms
```

图 2-23　master 可以 ping 通 slave0

然而，为了用计算机名进行网络访问，我们还需要修改 hosts 文件中的主机名与 IP 地址对照列表。注意，仍然需要在 root 用户下进行操作。输入“vi /etc/hosts”。

输入如下代码（注意，保留文件中已有代码，在后面添加新代码）：

```
192.168.88.101 master
192.168.88.102 slave0
192.168.88.103 slave1
```

上述代码是一个主机地址与主机名的对照列表，用于主机名称与 IP 地址之间的解析。读者可以根据自己的具体设置情况编写。保存并退出后，我们就可以使用主机名代替其 IP 地址了，例如在任意主机终端中，通过“ping slave0”命令即可测试连通性，如图 2-24 所示。

```
1 master   2 slave0   3 slave1   +
[root@master ~]# ping slave0
PING slave0 (192.168.88.102) 56(84) bytes of data.
64 bytes from slave0 (192.168.88.102): icmp_seq=1 ttl=64 time=1.72 ms
64 bytes from slave0 (192.168.88.102): icmp_seq=2 ttl=64 time=0.713 ms
64 bytes from slave0 (192.168.88.102): icmp_seq=3 ttl=64 time=0.531 ms
```

图 2-24　利用主机名测试网络连通性

注意：上述修改需要在集群的所有主机上进行。

2. 设置主机名

CentOS 7 安装后系统会自动将主机名确定为 localhost，初装的主机都是这样，因此，用户一般都将这个 localhost 修改成个性化的主机名，如 master、slave0 或 HadoopMaster 等。下面我们就来修改前面安装的虚拟机的主机名。修改主机名的操作要在集群中所有虚拟机上进行，所以需要启动所有虚拟机。

特别注意，设置主机名需要 root 用户权限。按 Enter 键后输入密码（这里是 123456）。注意，这时候的提示符是"#"，这是 Linux 表示 root 用户的命令行提示符，而一般用户的提示符是"$"。

读者可以使用 gedit 编辑主机名，如果不使用 gedit 编辑器，或者由于某种故障不能使用，也可以使用 vi 编辑器。vi 编辑器有很多命令，编辑中主要使用以下这样几个。

（1）在启动 vi 编辑器后，按 i 键可以进入 INSERT 状态，用户可插入文本。

（2）按 Esc 键退出编辑状态。

（3）要放弃编辑退出 vi，在按了 Esc 键后，接着同时按 Shift 键和:键（即先按住 Shift 键不松，再按下冒号键），然后按 q 键并按 Enter 键，即可退出 vi 编辑器。

（4）要退出 vi 并保存文件，在按了 Esc 键后，接着按 Shift 键和:键，然后依次按 w 键和 q 键，最后按 Enter 键，即可保存文件并退出 vi 编辑器。

下面我们用 vi 编辑 network 文件。输入"vi /etc/sysconfig/network"命令，准备编辑 network 配置文件。按 Enter 键后，在打开的 vi 编辑器中，输入如下代码。

```
NETWORKING=yes
HOSTNAME=master
```

上述代码中，master 是用户自己取的主机名，用户可以根据需要任意命名。编辑完毕，保存并退出 vi，回到终端窗口。

输入"hostname master"，确认修改生效。按 Enter 键后，关闭当前终端，重新打开一个终端（要立即查看修改结果，必须重新开一个终端），并输入"hostname"命令，以检测主机名是否修改成功，如图 2-25 所示。

图 2-25　用 hostname 命令检测修改是否成功

可以看到，不仅命令的返回值正是用户所取的 master 主机名，而且提示符内的主机名称也由 localhost 改为 master 了。

但是，如果只修改 network 文件，下次重启虚拟机时，会发现修改后的名字又回到原来的 localhost 去了。原来上面只修改了瞬态（Transient）主机名，并没有修改静态（Static）主机名。

因此，仍然要使用 root 用户进行修改，但这一次输入"vi /etc/hostname"命令。在编辑器中输入如下代码：

```
master
```

上述代码中，master 是输入的新主机名。注意，原来文件里有一个 localhost.localdomain 的主机名，应当将其删除，保存后退出。这样，重启虚拟机后，主机名就永久修改了。

请读者重复上述操作方法，将其他虚拟机的主机名也从默认的 localhost 修改为对应的 slave0 和 slave1。

3. 安装 JDK、Tomcat 常用工具

安装 wget、JDK 等工具，禁用防火墙、同步系统时间，这些都是搭建集群必备条件，因此采用编写脚本进行初始化的方式实现。

（1）配置 Xshell 连接集群主机

启动虚拟机 master，启动 Xshell，首页新建会话，单击工具栏图标"⬚"，弹出对话框如图 2-26 所示，设置名称为 master、主机为"192.168.88.101"，单击"确定"按钮，在弹出的对话框单击"连接"按钮，第一次连接会弹出 SSH 安全警告对话框，如图 2-27 所示，单击"接受并保存"按钮。在弹出的对话框中输入用户名"root"，选中"记住用户名"，设置密码"123456"，选中"记住密码"。以后使用时，只需要单击"⬚"图标，并选中 master 就可以连接上 master。集群中 slave0 和 slave1 配置同上。

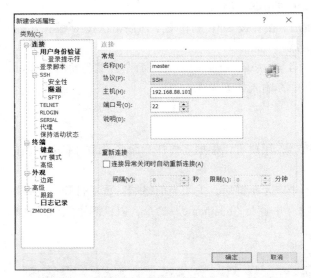
图 2-26　新建会话

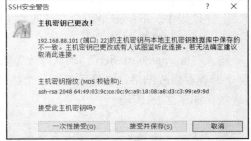
图 2-27　SSH 安全警告

（2）上传文件

读者可以从本书第 2 章的软件资源文件夹中得到已经下载好的文件："jdk-8u231-linux-x64.rpm""apache-tomcat-8.5.47.tar.gz"，执行命令"cd /home/swxy"，单击工具栏图标"⬚"，上传两个文件到 master 目录"/home/swxy"。

（3）编写脚本

编写脚本文件 init.sh，内容如下。

```
#!/bin/bash
##-bash: ./jyp.sh: /bin/bash^M: bad interpreter: No such file or directory
##方法1: vim 或者 vi 的命令模式下，输入命令 set fileformat=unix 即可解决换行问题
##方法2: sed -i "s/\r//" init.sh
echo -e "\e[1;31m【--------------------在opt和var创建jyp文件夹--------------------】\e[0m"
sleep 2
mkdir -p /opt/jyp
mkdir -p /var/jyp
mkdir -p /usr/local/scripts

echo -e "\e[1;31m【--------------------禁用防火墙--------------------】\e[0m"
sleep 2
systemctl stop firewalld
systemctl disable firewalld
systemctl status firewalld
```

```
echo -e "\e[1;32m【-------------------修改 selinux-------------------】\e[0m"
sleep 2
sed -i '/^SELINUX=/c SELINUX=disabled' /etc/selinux/config


echo -e "\e[1;32m【-------------------安装 wget-------------------】\e[0m"
sleep 2
yum install wget -y


echo -e "\e[1;33m【-------------------修改 yum 源-------------------】\e[0m"
sleep 2
mv /etc/yum.repos.d/CentOS-Base.repo /etc/yum.repos.d/CentOS-Base.repo.backup
wget -O /etc/yum.repos.d/CentOS-Base.repo http://mirrors.******.com/repo/Centos-7.repo
yum clean all
yum makecache


echo -e "\e[1;33m【-------------------安装常用软件-------------------】\e[0m"
yum install man man-pages ntp vim lrzsz zip unzip telnet perl net-tools -y


echo -e "\e[1;34m【-------------------同步系统时间-------------------】\e[0m"
yum info ntp &&  ntpdate cn.ntp.org.cn
echo -e "\e[1;34m【-------------------安装 JDK-------------------】\e[0m"
sleep 2
rpm -ivh jdk-8u231-linux-x64.rpm
echo 'export JAVA_HOME=/usr/java/jdk1.8.0_231-amd64' >> /etc/profile
echo 'export PATH=$JAVA_HOME/bin:$PATH' >> /etc/profile
source /etc/profile


echo -e "\e[1;35m【-------------------安装 Tomcat-------------------】\e[0m"
sleep 2
tar -zxf apache-tomcat-8.5.47.tar.gz
mv apache-tomcat-8.5.47 /home/swxy/


echo -e "\e[1;36m【-------------------设置开机启动项-------------------】\e[0m"
sleep 2
touch /usr/local/scripts/auto_ntpdate.sh
echo '#!/bin/bash' >> /usr/local/scripts/auto_ntpdate.sh
echo 'yum info ntp &&  ntpdate cn.ntp.org.cn' >> /usr/local/scripts/auto_ntpdate.sh
chmod u+x /usr/local/scripts/auto_ntpdate.sh

echo '/usr/local/scripts/auto_ntpdate.sh' >> /etc/rc.local
chmod u+x /etc/rc.local


echo -e "\e[1;36m【-------------------删除文件-------------------】\e[0m"
sleep 2
rm -rf apache-tomcat-8.5.47.tar.gz
rm -rf jdk-8u231-linux-x64.rpm
rm -rf *.sh


echo -e "\e[1;36m【-------------------关闭计算器, 拍快照-------------------】\e[0m"
sleep 2
shutdown -h now
```

首先上传 init.sh 脚本到 master 目录"/home/swxy"。执行命令"chmod 744 init.sh"修改权限，

然后执行命令"sed-i"s/\r//"init.sh"修改格式（空格代替换行符），最后执行命令"./init.sh"。

（4）测试

脚本初始化执行命令"systemctl stop firewalld.service"关闭防火墙（下次启动默认是开启的）和"systemctl disable firewalld.service"禁用防火墙（下次启动计算机时取消防火墙服务），接下来使用命令"systemctl status firewalld.service"查看系统防火墙的当前运行状态。

在图 2-28 中我们看到 master 计算机上的防火墙服务处于关闭状态（inactive），表示防火墙已关闭。

```
1 master    2 slave0    3 slave1   +
[root@master ~]# systemctl status firewalld.service
  firewalld.service - firewalld - dynamic firewall daemon
   Loaded: loaded (/usr/lib/systemd/system/firewalld.service; disabled; vendor p
reset: enabled)
   Active: inactive (dead)
     Docs: man:firewalld(1)
[root@master ~]#
```

图 2-28　查看系统的防火墙状态

输入命令"shutdown -h now"关闭主机，拍摄快照，命名为"init"。

读者注意，上述各项操作需要在所有计算机上进行。这样，我们就完成了关闭集群防火墙、JDK、Tomcat 等常用工具，从而为后面安装 Hadoop 并运行 MapReduce 程序创造了条件。

上述安装和配置还需要在集群的其他计算机上进行。这里读者可能会提出一个问题，就是如果集群有成千上万台计算机，难道也要这样一台一台地去安装和配置吗？当然不需要这样重复安装。实际上，只要先安装好一台计算机，其他的计算机可以复制这些安装和配置。

4. 免密钥登录配置

大数据集群中的计算机之间需要频繁的通信，但是 Linux 操作系统在相互通信中需要进行用户身份认证，也就是输入登录密码。在集群规模不大的情况下，每次登录少量计算机进行输入密码认证，所需要的操作时间尚且不多。但是，如果集群是几十台、上百台甚至上千台计算机，频繁的认证操作会大大降低工作效率，这是不切实际的，因此，生产中的集群都需要进行免密钥登录配置。

免密钥登录是指两台 Linux 计算机之间使用 SSH（Secure Shell Protocol，安全外壳协议）连接时不需要用户名和密码。SSH 是一种在不安全网络上提供安全远程登录及其他安全网络服务的协议。默认状态下，SSH 连接是需要密码认证的，但是可以通过修改系统认证，使系统通信免除密码输入和 SSH 认证。

（1）第一种配置方式

下面的配置是在 master 节点的操作。

首先，我们在终端生成密钥，命令是"ssh-keygen -t rsa -P " -f ～/.ssh/id_rsa"，如图 2-29 所示。

图 2-29　生成密钥的命令

按 Enter 键后，系统会出现一系列提示，这时候只要简单按 Enter 键即可。

ssh-keygen 是用来生成 private 和 public 密钥对的命令，将 public 密钥复制到远程机器后，就可以使 SSH 到另外一台计算机的登录不用密码了。ssh-keygen 通过参数-t 指定加密算法，这里是 rsa。RSA 加密算法是一种典型的非对称加密算法，它基于大数的因式分解数学难题，是应用最广泛的非对称加密算法。

生成的密钥在.ssh 目录下，我们可以切换到该目录用“ls -l”命令查看，如图 2-30 所示。

```
1 master  2 slave0  3 slave1
[root@master ~]# cd ./.ssh
[root@master .ssh]# ls -l
total 8
-rw------- 1 root root 1675 Jul 27 00:51 id_rsa
-rw-r--r-- 1 root root  393 Jul 27 00:51 id_rsa.pub
[root@master .ssh]#
```

图 2-30　查看生成的密钥文件

执行命令“vi /etc/ssh/ssh_config”，添加下面内容。

```
StrictHostKeyChecking no
UserKnownHostsFile /dev/null
```

将 id_rsa.pub 文件复制到所有的 slave 节点。我们这里需要分别复制到 slave0 和 slave1 节点上，命令是“ssh-copy-id -i ～/.ssh/id_rsa.pub root@slave0”和“ssh-copy-id -i ～/.ssh/id_rsa.pub root@slave1”，如图 2-31 所示。

```
1 master  2 slave0  3 slave1
[root@master ~]# ssh-copy-id -i ~/.ssh/id_rsa.pub root@slave0
/usr/bin/ssh-copy-id: INFO: Source of key(s) to be installed: "/root/.ssh/id_rsa
.pub"
The authenticity of host 'slave0 (192.168.88.102)' can't be established.
ECDSA key fingerprint is SHA256:kY0/HuLsi9FWIPnvQnMG3Ta2ccrPDJX5VtrxuOUTDnM.
ECDSA key fingerprint is MD5:c7:60:a5:08:1f:85:f8:17:ca:18:80:91:5b:69:95:a8.
Are you sure you want to continue connecting (yes/no)? yes
/usr/bin/ssh-copy-id: INFO: attempting to log in with the new key(s), to filter
out any that are already installed
/usr/bin/ssh-copy-id: INFO: 1 key(s) remain to be installed -- if you are prompt
ed now it is to install the new keys
root@slave0's password:
```

图 2-31　将 id_rsa.pub 文件复制到 slave0 节点

如果出现图 2-31 所示的提示，输入“yes”后按 Enter 键，然后输入密码（这里是 123456）。执行命令“ssh 'root@slave0'”或“ssh slave0”检测配置，如图 2-32 所示，表示配置成功。输入“exit”可以退出 slave0，回到 master。至此，就完成了在 master 节点上的配置。

```
1 master  2 slave0  3 slave1
[root@master ~]# ssh 'root@slave0'
Last login: Thu Jul 27 00:50:00 2023 from 192.168.88.1
[root@slave0 ~]#
```

图 2-32　检测配置

（2）第二种配置方式

第一种方式需要在集群的所有主机上进行修改，接下来的方式则将一次性配置好三台主机。下面命令前的[123]表示三台主机同时操作（单击菜单“工具→发送键输入到所有会话”）。

```
【123】ssh-keygen -t rsa -P '' -f ～/.ssh/id_rsa
【123】vi /etc/ssh/ssh_config  #在最后添加
StrictHostKeyChecking no
UserKnownHostsFile /dev/null
#将密钥分别复制给自己和别人
【123】ssh-copy-id -i ～/.ssh/id_rsa.pub root@master
【123】ssh-copy-id -i ～/.ssh/id_rsa.pub root@slave0
【123】ssh-copy-id -i ～/.ssh/id_rsa.pub root@slave1
```

```
#上面三条命令都需要输入密码: 123456
```

输入命令"shutdown -h now"关闭主机,拍摄快照,命名为"freekey"。

2.4 Linux 命令

实际上,我们在上面已经使用了一些常见的 Linux 命令,如 ls、cd、mkdir、cat、mv、su、ifconfig、ping、tar、source 等。Linux 命令分为两大类:一类是内部命令,即指由 Linux Shell 实现的命令;另一类是外部命令,即指通过外部程序提供的命令,如 java、javac 等。

掌握各种命令的用法是熟练使用 Linux 操作系统的基本要求。这里列出一些常见的 Linux 命令,供读者练习。

1. cd 命令

该命令是一个非常基本,也是大家经常用于改变文件目录的命令,它的参数是要切换到的目录的路径。该路径可以是绝对路径,也可以是相对路径,例如:

```
cd /root/Docements    #切换到目录/root/Docements
cd ./path       #切换到当前目录下的 path 目录中,"."表示当前目录
cd ../path      #切换到上层目录中的 path 目录中,".."表示上一层目录
```

2. ls 命令

ls 即 list 之意,该命令也是一个经常用于查看文件与目录的命令,它的参数非常多,如下所示。

-l:列出长数据串,包含文件的属性与权限数据等。

-a:列出全部的文件,连同隐藏文件(开头为.的文件)一起列出来(常用)。

-d:仅列出目录本身,而不是列出目录的文件数据。

-h:将文件容量以较易读的方式(GB、KB 等)列出来。

-R:连同子目录的内容一起列出(递归列出),等于该目录下的所有文件都会显示出来。

注意:这些参数可以组合使用。

例如:

```
ls -l       #以长数据串的形式列出当前目录下的数据文件和目录
ls -lR      #以长数据串的形式列出当前目录下的所有文件
```

3. grep 命令

该命令常用于分析一行的信息,如果当中有我们所需要的信息,就将该行显示出来。该命令通常与管道命令一起使用,用于对一些命令的输出进行筛选、加工等。

它的常用参数如下。

-a:将 binary 文件以 text 文件的方式查找数据。

-c:计算找到"查找字符串"的次数。

-i:忽略字母大小写的区别,即把字母大小写视为相同。

-v:反向选择,即显示出没有"查找字符串"内容的那一行。

例如:

```
grep --color=auto 'MANPATH' /etc/man.config
#取出文件/etc/man.config 中包含 MANPATH 的行,并把找到的关键字加上颜色
ls -l | grep -i file   #把 ls -l 的输出中包含字母 file(不区分字母大小写)的内容输出
```

4．find 命令

find 是一个基于查找功能的非常强大的命令。相对而言，它的使用也相对复杂，参数比较多。它的基本语法如下。

find [PATH] [option] [action]

（1）与时间有关的参数。

-mtime n：n 为数字，意思为在 n 天之前的"一天内"被更改过的文件。

-mtime +n：列出在 n 天之前（不含 n 天本身）被更改过的文件名。

-mtime –n：列出在 n 天之内（含 n 天本身）被更改过的文件名。

-newer file：列出比 file 还要新的文件名。

例如：

```
find /root -mtime 0  #在当前目录下查找今天之内有改动的文件
```

（2）与用户或用户组名有关的参数。

-user name：列出文件所有者为 name 的文件。

-group name：列出文件所属用户组为 name 的文件。

-uid n：列出文件所有者为用户 ID 为 n 的文件。

-gid n：列出文件所属用户组为用户组 ID 为 n 的文件。

例如：

```
find /home/csu -user ljianhui  #在目录/home/csu 中找出所有者为 ljianhui 的文件
```

（3）与文件权限及名称有关的参数。

-name filename：找出文件名为 filename 的文件。

-size[+/-]SIZE：找出比 SIZE 还要大（+）或小（-）的文件。

-type TYPE：查找文件类型为 TYPE 的文件，TYPE 的值主要有一般文件（f）、设备文件（b、c）、目录（d）、连接文件（1）、socket（s）、FIFO 管道文件（p）。

-perm mode：查找文件权限刚好等于 mode 的文件，mode 用数字表示，如 0755。

-perm –mode：查找文件权限必须要全部包括 mode 权限的文件，mode 用数字表示。

-perm +mode：查找文件权限包含任一 mode 权限的文件，mode 用数字表示。

例如：

```
find / -name passwd #查找文件名为 passwd 的文件
find . -perm 0755   #查找当前目录中文件权限为 0755 的文件
find . -size +12k   #查找当前目录中大于 12KB 的文件，注意 k 表示 Byte
```

5．cp 命令

该命令用于复制文件，它还可以把多个文件一次性地复制到一个目录下。它的常用参数如下。

-a：将文件的特性一起复制。

-p：连同文件的属性一起复制，而非使用默认方式。与-a 相似，常用于备份。

-i：若目标文件已经存在，在覆盖时会先询问操作是否进行。

-r：递归持续复制，用于目录的复制。

-u：目标文件与源文件有差异时才会复制。

例如：

```
cp -a file1 file2           #连同文件的所有特性把文件 file1 复制成文件 file2
cp file1 file2 file3 dir    #把文件 file1、file2、file3 复制到目录 dir 中
```

6. mv 命令

该命令用于移动文件、目录或更名，它的常用参数如下。

-f：f 即 force，为强制的意思。如果目标文件已经存在，不会询问而直接覆盖。

-i：若目标文件已经存在，就会询问是否覆盖。

-u：若目标文件已经存在，且比源文件新，才会更新。

注意：该命令可以把一个文件或多个文件一次移动到一个文件夹中，但是最后一个目标文件一定要是"目录"。

例如：

```
mv file1 file2 file3 dir    #把文件 file1、file2、file3 移动到目录 dir 中
mv file1 file2   #把文件 file1 重命名为 file2
```

7. rm 命令

该命令用于删除文件或目录，它的常用参数如下。

-f：f 就是"force"的意思，忽略不存在的文件，不会出现警告消息。

-i：互动模式，在删除前会询问用户是否操作。

-r：递归删除，最常用于目录删除。它是一个非常"危险"的参数，我们要慎用。

例如：

```
rm -i file   #删除文件 file，在删除之前会询问是否进行该操作
rm -fr dir   #强制删除目录 dir 中的所有文件
```

8. ps 命令

该命令用于将某个时间点的进程运行情况选取下来并输出，它的常用参数如下。

-A：所有的进程均显示出来。

-a：不与 terminal 有关的所有进程。

-u：有效用户的相关进程。

-x：一般与 a 参数一起使用，可列出较完整的信息。

-l：较长，较详细地将 PID 的信息列出。

其实我们只要记住 ps 一般使用的命令参数搭配即可，它们并不多，例如：

```
ps aux      #查看系统所有的进程数据
ps ax       #查看不与 terminal 有关的所有进程
ps -lA      #查看系统所有的进程数据
ps axjf     #查看连同一部分进程树状态
```

9. kill 命令

该命令用于向某个进程或者是某个 PID（一个数值）传送一个信号，它通常与 ps 和 jobs 命令一起使用。它的基本语法如下。

```
kill -signal PID
```

signal 的常用参数如下。

1：SIGHUP，启动被终止的进程。

2：SIGINT，相当于按 Ctrl+C 组合键，中断一个程序的进行。

9：SIGKILL，强制中断一个进程的进行。

15：SIGTERM，以正常的结束进程方式来终止进程。

17：SIGSTOP，相当于按 Ctrl+Z 组合键，暂停一个进程的进行。

注意：最前面的数字为信号的代号，使用时可以用代号代替相应的信号。

例如：

```
kill -9 2345          #强制中断 2345 号进程
kill -SIGTERM %1      #以正常结束进程方式终止第一个后台工作进程
                      #可用 jobs 命令查看后台中的第一个工作进程
kill -SIGHUP PID      #重新改动进程 ID 为 PID 的进程，PID 可用 ps 命令通过管道命令加上 grep 命令进行
                      #筛选获得
```

10．file 命令

该命令用于判断接在 file 命令后的文件的基本数据，因为在 Linux 下文件的类型并不是以后缀名区分的，所以这个命令对我们来说就很有用了。它的用法非常简单，基本语法如下。

```
file filename
```

例如：

```
file ./test
```

11．tar 命令

该命令用于对文件进行打包，默认情况下不压缩。如果指定了相应的参数，它还会调用相应的压缩程序（如 gzip 和 bzip 等）进行压缩和解压。它的常用参数如下。

-c：新建打包文件。

-t：查看打包文件的内容含有哪些文件名。

-x：解打包或解压缩的功能，可以搭配-C（大写）指定解压的目录，注意-c、-t、-x 不能同时出现在同一条命令中。

-j：通过 bzip2 的支持进行压缩/解压缩。

-z：通过 gzip 的支持进行压缩/解压缩。

-v：在压缩/解压缩过程中，将正在处理的文件名显示出来。

-f filename：filename 为要处理的文件。

-C dir：指定压缩/解压缩的目录 dir。

例如：

压缩：tar –jcv -f filename.tar.bz2，要被处理的文件或目录名称。

查询：tar –jtv -f filename.tar.bz2。

解压：tar –jxv -f filename.tar.bz2 -C，欲解压缩的目录。

注意：文件名并不一定要以后缀 tar.bz2 结尾，这里主要是为了说明使用的压缩程序为 bzip2。

12．cat 命令

该命令用于查看文本文件的内容，后接要查看的文件名，通常可用管道与 more 和 less 一起使用，从而实现一页页地查看数据。例如：

```
cat text | less   #查看 text 文件中的内容
```

注意：这条命令也可以使用 less text 来代替。

13. chgrp 命令

该命令用于改变文件所属用户组，它的使用非常简单。它的基本语法如下。

chgrp [-R] dirname/filename

-R：递归地持续对所有文件和子目录更改。

例如：

```
chgrp users -R ./dir  #递归地把 dir 目录下的所有文件和子目录下所有文件的用户组修改为 users
```

14. chmod 命令

该命令用于改变文件的权限，一般的语法如下。

```
chmod [-R] xyz 文件或目录
```

-R：递归地持续更改，即连同子目录下的所有文件都会更改。

同时，chmod 还可以使用 u（user）、g（group）、o（other）、a（all）和+（加入）、-（删除）、=（设置）与 rwx 搭配来对文件的权限进行更改。

例如：

```
chmod 0755 file    #把 file 的文件权限改变为-rxwr-xr-x
chmod g+w file     #向 file 的文件权限中加入用户组可写权限
```

15. vim 命令

该命令主要用于文本编辑，它后接一个或多个文件名作为参数。如果文件存在就打开；如果文件不存在就以该文件名创建一个文件。vim 是一个非常好用的文本编辑器，它里面有很多非常方便的命令，可以查阅 vim 常用操作的详细说明。

16. gcc 命令

对于一个用 Linux 开发 C 语言程序的人来说，这个命令就非常重要了，它用于把 C 语言的源程序文件编译成可执行程序。由于 g++的很多参数跟 gcc 的参数非常相似，因此这里只介绍 gcc 的参数。gcc 的常用参数如下。

-o：o 即 output 之意，用于指定生成一个可执行文件的文件名。

-c：用于把源文件生成目标文件（.o），并阻止编译器创建一个完整的程序。

-I：增加编译时搜索头文件的路径。

-L：增加编译时搜索静态链接库的路径。

-S：把源文件生成汇编代码文件。

-lm：表示标准库的目录中名为 libm.a 的函数库。

-lpthread：连接 NPTL 实现的线程库。

-std=：用于指定使用的 C 语言的版本。

例如：

```
gcc -o test test.c -lm -std=c99    #把源文件 test.c 按照 c99 标准编译成可执行程序 test
gcc -S test.c                      #把源文件 test.c 转换为相应的汇编程序源文件 test.s
```

17. time 命令

该命令用于测算一个命令（即程序）的执行时间。它的使用非常简单，就像平时输入命令一样，不过要在命令的前面加入一个 time。例如：

```
time ./process
time ps aux
```

在程序或命令运行结束后，在最后输出了以下三个时间。

user：用户 CPU 时间，是指命令执行结束所用的用户 CPU 时间，即命令在用户态中执行的时间总和。

system：系统 CPU 时间，是指命令执行结束所用的系统 CPU 时间，即命令在核心态中执行的时间总和。

real：实际时间，是指从 command 命令行开始执行到运行终止的消逝时间。

注意：用户 CPU 时间和系统 CPU 时间之和为 CPU 时间，即命令占用 CPU 执行的时间总和。实际时间要大于 CPU 时间，因为 Linux 是多任务操作系统，往往在执行一条命令时，系统还要处理其他任务。另一个需要注意的问题是即使每次执行相同命令，但所用的时间也是不一样的，其所用时间与系统运行相关。

18. cal 命令

该命令用于显示日历。例如：

```
cal 2023        #显示 2023 年全年的日历
cal 10 2023     #显示 2023 年 10 月的日历
```

19. shutdown 命令

该命令为关机命令。例如：

```
shutdown -r +2       #两分钟后关机并重新启动
shutdown -h 12:30    #在 12:30 关机
shutdown -h now      #立即关机
```

实际上，Linux 有三个常用的关机命令，即 shutdown、halt 和 poweroff。

shutdown 以一种安全的方式关闭系统。所有登录用户都可以看到关机信息提示，并且 login 将被阻塞，所有进程都将接收到 SIGTERM 信号。这样可以使 vi 等程序有时间将处于编辑状态的文件进行存储，邮件和新闻程序进程将所有缓冲池内的数据进行适当的清除等。shutdown 通过通知 init 进程，要求它改换运行级别来实现。运行级别 0 用来关闭系统；运行级别 6 用来重启系统；运行级别 1 用来使系统进入执行系统管理任务状态；如果没有给出-h 或-r 时，运行级别是 shutdown 命令的默认工作状态。

halt 是最简单的关机命令，其实 halt 就是调用 shutdown -h。halt 执行时会"杀死"应用进程，执行 sync 系统调用，文件系统写操作完成后就会停止内核。

poweroff 在关闭计算机操作系统之后，还会发送 ACPI 指令，通知电源，切断电源供应。当然，路由器等嵌入系统不支持 ACPI。

2.5　本章小结

本章介绍了集群的概念和 Linux 操作系统基础知识，包括 Linux 操作系统的特点和组成，文件目录结构等。本章重点介绍在 Windows 操作系统上安装 VMware Workstation Pro，以及在 VMware 平台上安装 Linux 集群的方法。本章详细描述了集群的配置方法，包括虚拟机主机名的修改方法、网络地址修改、网络连通性测试、Java 开发与运行环境 JDK 等软件的安装方法，以及集群的免密钥登录配置。最后，我们建议读者多练习一些常见的 Linux 命令，并完成本章的学习和操作，为后续的 Hadoop 安装、配置与应用打下基础。

思考与练习

1．填空题

（1）Linux 包括内核、_____、文件系统和实用工具四个组成部分。

（2）_____是基于 SSH 协议的登录工具，可以非常方便地对 Linux 主机进行远程管理。_____是一个基于 Microsoft Windows 平台的功能强大的 SFTP、FTP 文件传输软件。

（3）执行命令_____重启网卡重新加载配置文件，执行命令_____查看 IP 地址，执行命令_____查看主机名。

（4）命令_____通常与管道命令一起使用，用于对一些命令的输出进行筛选加工，命令_____用于复制文件，命令_____用于对文件进行打包、压缩和解压。

（5）最常见的三种集群类型是高性能集群、_____和高可用集群。

2．选择题

（1）Linux 操作系统的根目录是（　　）。

    A．\　　　　　　B．C:\　　　　　　C．/　　　　　　D．/root

（2）下面哪一项可以实现服务器与服务器之间的数据复制？（　　）

    A．cp　　　　　　B．mv　　　　　　C．copy　　　　　　D．scp

（3）执行命令"vi /etc/hosts"后，在文件中添加"192.168.88.102 slave0"，以下哪个命令可以远程登录 slave0？（　　）

    A．vi slave0　　　　B．rsync slave0　　　　C．ssh slave0　　　　D．cat slave0

（4）下列文件中，包含了主机名到 IP 地址的映射关系的文件是（　　）。

    A．/etc/hosts　　B．/etc/hostname　　C．/etc/networks　　D．/etc/resolv.conf

3．简答题

（1）请阐述 Linux 配置服务器网络的详细过程。

（2）试述免密钥登录配置的详细过程。

第 2 篇
大数据存储

- 第 3 章　分布式文件系统 HDFS
- 第 4 章　HDFS 的安装与基本应用
- 第 5 章　分布式数据库系统 HBase
- 第 6 章　HBase 的安装与基本应用

第3章
分布式文件系统 HDFS

Hadoop 的两个核心组件是 HDFS 和 MapReduce。HDFS（Hadoop Distributed File System，Hadoop 分布式文件系统）通过网络实现文件在多台机器上的分布式存储，用于存储和管理大规模数据集，是一个高可靠、高吞吐量的分布式文件系统，主要解决海量大数据存储的问题。分布式文件系统可以运行在多台普通商用计算机上，兼容廉价的服务器集群硬件设备，成本较低，也可以通过高容错性来保证数据的高可用性，数据自动保存多个副本，节点失效后自动恢复。

本章首先介绍 HDFS 的基本概念、系统架构，然后介绍数据存储的分块、机架感知和存储策略，详细阐述文件读写的操作过程，最后介绍 Hadoop 分布式资源管理器 YARN 的基本架构和工作流程。

3.1 Hadoop 与 HDFS 概述

3.1.1 Hadoop

1. Hadoop 简介

Hadoop 是一个由 Apache 基金会所开发的开源分布式计算平台。利用服务器集群，用户可以在不必了解分布式底层细节的情况下，对海量数据进行分布式处理。Hadoop 的三大基本组件是分布式文件系统（HDFS）、MapReduce 和 YARN（Yet Another Resource Negotiator，另一种资源协调者，即分布式资源管理器）。HDFS 是指被设计成适合运行在通用硬件上的分布式文件系统。MapReduce 用于大规模数据集（大于 1TB）的并行运算。YARN 是为上层应用提供统一的资源管理和调度的资源管理器。

2. Hadoop 的产生和发展

Hadoop 是源自 2002 年的 Apache Nutch 项目。Nutch 的设计目标是构建一个大型的全网搜索引擎，但随着网页数量的不断增加，Nutch 遇到了严重的可扩展性问题——如何解决数十亿网页的存储和索引问题。2003 年、2004 年谷歌公司发表了三篇论文解决了大规模数据存储的问题。论文主要包含以下内容。

（1）分布式文件系统（Google File System，GFS），用于存储海量网页数据。

（2）分布式计算框架（MapReduce），用于处理海量网页的索引计算问题。

（3）分布式数据存储系统（Bigtable），用来处理海量结构化数据。

Nutch 的开发人员基于谷歌公司的 GFS 和 MapReduce，完成了开源版本的 NDFS（Nutch Distributed

File System）和 MapReduce，可以说谷歌公司是 Hadoop 的思想之源。2006 年，Nutch 中的 NDFS 和 MapReduce 开始独立出来。2008 年，Hadoop 正式成为 Apache 顶级项目。2009 年，Hadoop 把 1TB 数据排序时间缩短到 62s，成为速度最快的 TB 级数据排序系统。自此以后，Hadoop 逐渐被认可，基于 Hadoop 的应用越来越多，特别在互联网领域，如 Yahoo、FaceBook、淘宝、华为、优酷、百度等公司均采用了 Hadoop。现在已经从互联网走向了房产、电子商务、金融、电信等领域。

3. Hadoop 的特性

Hadoop 是一个能够对大量数据进行分布式处理的软件框架，它以一种可靠、高效、可伸缩的方式进行数据处理。用户可以轻松地在 Hadoop 上开发和运行处理海量数据的应用程序。它具有以下几个方面的特性。

（1）高可靠性。Hadoop 采用冗余数据存储方式，牺牲空间换取更高的可靠性。一个副本出现故障，其他副本可以保证正常的对外服务。

（2）高扩展性。Hadoop 可以稳定地运行在廉价的计算机集群上，这些集群可以扩展至数以千计的节点，高效地完成存储和计算任务。

（3）高容错性。自动保存数据的多个副本，能够自动将失败的任务重新分配，具有高容错性。

（4）高效性。各个节点数据动态平衡，能够快速、高效地处理 PB 级别的数据。

（5）低成本。采用廉价的计算机搭建集群，成本低。

4. Hadoop 版本介绍

Apache Hadoop 是一个开源框架，它可以在分布式的环境下存储和处理大规模数据集。Hadoop 版本分为三代，第一代 Hadoop 称为 Hadoop 1.0，第二代 Hadoop 称为 Hadoop 2.0，第三代 Hadoop 称为 Hadoop 3.0。HDFS 和 MapReduce 是 Hadoop 1.x 的两大核心组件，默认的执行框架是 MapReduce 1，这个版本已经把数据拆分成 Block 块存储在多个计算机节点中，但没有容错机制。Hadoop 2.x 默认的执行框架更新为 MapReduce 2（MR 2），同时引入了资源管理器 YARN，Hadoop 2.x 三大核心组件分别是 HDFS、MapReduce、YARN。Hadoop 3.x 重要的改进之一是支持更先进的硬件和更大的存储容量，添加了 Erasure Coding、无界名称空间和多读写协议等新功能（这些功能有助于减少磁盘空间的使用，提高数据的可靠性，缩短数据冗余时间），同时也引入了 Ozone 和 YARN 应用程序等新的接口。本书采用的是 Hadoop 3.3.4 版本。

Hadoop 3.x 的一个公共模块和三大核心组件组成了 4 个模块。

（1）Hadoop Common：为在通用硬件上搭建云计算环境提供基本的服务，并提供了软件开发所需的接口。

（2）HDFS：具有高吞吐量、高容错性、高可靠性的分布式文件系统。

（3）MapReduce：面向大规模数据处理的并行计算框架。

（4）YARN：负责资源管理和作业调度/监控的资源管理系统。

5. Hadoop 生态系统

目前，以 Hadoop 为核心，整个大数据应用与研发已经形成了一个基本完善的生态系统。除了 Hadoop 的 HDFS、MapReduce、YARN 三大核心组件外，Hadoop 生态圈的其他组件还有 ZooKeeper、Flume、Sqoop、HBase、Hive、Spark 等。图 3-1 给出了 Hadoop 大数据应用生态中最主要的组件，该图描述了这些组件的地位，以及它们之间的相互作用关系。Hadoop 生态圈各组件的描述如表 3-1 所示。

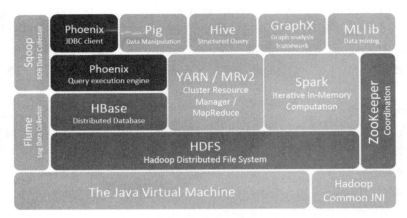

图 3-1　Hadoop 大数据应用生态中最主要的组件及其关系

表 3-1　Hadoop 生态圈各组件的描述

组件	描述	组件	描述
HDFS	分布式文件系统	Sqoop	数据传输工具
MapReduce	分布式并行计算框架	HBase	分布式数据库
YARN	分布资源管理框架	Hive	数据仓库工具
ZooKeeper	分布式协调服务	Spark	基于内存的分布式并行计算框架
Flume	数据采集工具		

3.1.2　HDFS

1. HDFS 的概念

HDFS 是一个用于存储和处理海量数据的分布式文件系统，它实现了 GFS 的基本思想。HDFS 支持读取流数据和处理超大规模文件，具有很好的容错能力，并能够运行在廉价的普通机器组成的集群上，因此可以以较低的成本使用现有机器进行大流量和大数据量的读写。

2. HDFS 的演变

文件系统经历了传统阶段、雏形阶段和成熟阶段，如图 3-2 所示。

（1）传统阶段（传统文件系统阶段）：传统的文件系统对海量数据的处理方式是将数据文件直接存储在一台服务器上，当数据量越来越大时，会遇到存储瓶颈问题；文件过大时，上传和下载也非常耗时，因此单台服务器已经不能满足基本需求。

（2）雏形阶段（分式文件系统雏形阶段）：这个阶段将大文件分成多个块，然后将这些块存储在不同的服务器上，解决了单台服务器负载量过大的问题。但是出现了其他问题，就是可靠性和易用性等方面的问题。

（3）成熟阶段（HDFS 阶段）：分布式文件系统是一种通过网络实现文件在多台主机上进行分布式存储的文件系统；这个阶段是稳定、可靠的分布式系统，出现了主从服务器，解决了 HDFS 雏形阶段的问题。

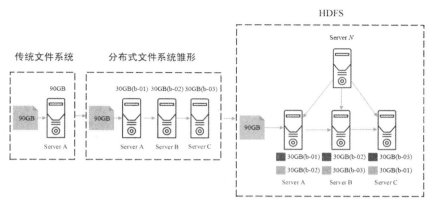

图 3-2 HDFS 的演变过程

3. HDFS 的设计目标

HDFS 的设计目标如下。

（1）专为存储超大文件而设计。HDFS 能够支持 GB 级别大小的文件；它能够提供很大的数据带宽，并且能够在集群中拓展到成百上千个节点；它的一个实例能够支持千万数量级别的文件。

（2）适用于流式的数据访问。HDFS 适用于批处理的情况而不是交互式处理；它的重点是保证高吞吐量而不是低延迟的用户响应。

（3）具有容错性。HDFS 具备容错性这一完善的冗余备份机制。

（4）支持简单的一致性模型。HDFS 支持一次写入多次读取的模型，而且写入过程文件不会经常变化。

（5）移动计算优于移动数据。HDFS 提供了使应用计算移动到离它最近数据位置的接口。

（6）兼容各种硬件和软件平台。

HDFS 不适合的场景如下。

（1）大量小文件。文件的元数据都存储在节点（NameNode）内存中，大量小文件意味着元数据的增加，这样会占用大量内存。

（2）低延迟数据访问。HDFS 是专门针对高数据吞吐量而设计的。

（3）多用户写入。多用户写入，这样会导致一致性维护的困难。

3.2 HDFS 系统架构

3.2.1 系统架构概览

HDFS 主要由 3 个组件构成，分别是名称节点（NameNode）、第二名称节点（SecondaryNameNode）和数据节点（DataNode），HDFS 是以 master/slave（主从）模式运行的，这里 NameNode、SecondaryNameNode 运行在 master、slave0 节点，DataNode 运行在 slave1 节点上。

NameNode 和 DataNode 架构如图 3-3 所示。

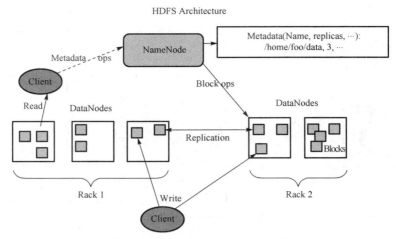

图 3-3　NameNode 和 DataNode 架构

3.2.2　组件功能

HDFS 是 Hadoop 生态系统中的一个高可靠、高吞吐量的分布式文件系统，HDFS 设计目的主要是高容错性、流式数据访问、移动计算比移动数据代价低。解决大数据存储，master/slave 架构（主从架构）的问题，物理上是分块存储（Block，块大小通过配置参数来规定，Hadoop 2.x/3.x 版本中默认 128MB，旧版本默认为 64MB）。

HDFS 主要由以下几个组件组成。

1．NameNode

NameNode，主节点，也称为 master。NameNode 存储元数据（目录结构及文件分块位置信息），负责维护整个 HDFS 的目录树结构，以及每一个文件所对应的 Block 块信息（Block 的 id，以及所在的 DataNode 服务器，一个 Block 可以在多个 DataNode 上），不存储实际数据或数据集，知道 HDFS 中任何给定文件的块列表及其位置，关闭时集群无法访问。客户端请求访问 HDFS 都是通过向 NameNode 申请来进行。

（1）NameNode 中的元信息。

Block 元信息具体如下。

① 每个 Block 块的元数据大小一般为 150Byte。

② 一个 1KB 大小的 Block 与一个 128MB 大小的 Block 的元数据基本相等。

③ 在 NameNode 内存有限的情况下，其更适合存储大文件。

④ SecondaryNameNode 协助 NameNode 进行元数据的备份。

当一个客户端请求一个文件或者存储一个文件时，它需要先知道具体到哪个 DataNode 上存取，获得这些信息后，客户端再直接与这个 DataNode 进行交互，而这些信息的维护者就是 NameNode。

NameNode 管理着文件系统的命名空间，它用于维护文件系统树及树中的所有文件和目录。NameNode 也负责维护所有这些文件或目录的打开、关闭、移动、重命名等操作。对于实际文件数据的保存与操作，都是由 DataNode 负责的。当一个客户端请求数据时，它仅仅是从 NameNode 中获取文件的元信息，而具体的数据传输不需要经过 NameNode，是由客户端直接与相应的

DataNode 进行交互的。

NameNode 保存元信息的种类有以下几种。

① 文件名、目录名及它们之间的层级关系。

② 文件目录的所有者及其权限。

③ 每个文件块的名称及文件由哪些块组成。

需要注意的是，NameNode 元信息并不包含每个块的位置信息，这些信息会在 NameNode 启动时从各个 DataNode 获取并保存在内存中，因为这些信息会在系统启动时由数据节点重建。把块位置信息放在内存中，则在读取数据时会减少查询时间，增加读取效率。NameNode 也会实时通过"心跳"机制和 DataNode 进行交互，实时检查文件系统是否运行正常。不过 NameNode 元信息会保存各个块的名称及文件由哪些块组成。

一般来说，一条元信息记录会占用 200Byte 内存空间。假设块大小为 64MB，备份数量是 3，那么一个 1GB 大小的文件将占用 16×3 = 48 个文件块。如果现有 1000 个 1MB 大小的文件，则会占用 1000×3 = 3000 个文件块（多个文件不能放到一个块中）。我们可以发现，如果文件越小，存储同等大小文件所需要的元信息就越多，所以 Hadoop 更适用于大文件。

（2）元信息的持久化。

在 NameNode 中存放元信息的文件是 fsimage。在系统运行期间所有对元信息的操作都保存在内存中并被持久化到另一个文件 edits 中，并且 edits 文件和 fsimage 文件会被 SecondaryNameNode 周期性地合并。

运行 NameNode 会占用大量内存和 I/O 资源，一般 NameNode 不会存储用户数据或执行 MapReduce 任务。

为了简化系统的设计，Hadoop 只有一个 NameNode，这也就导致了 Hadoop 集群的单点故障问题。因此，对 NameNode 节点的容错尤其重要，Hadoop 提供了如下两种机制来解决。

① 将 Hadoop 元数据写入到本地文件系统的同时再实时同步到一个远程挂载的网络文件系统。

② 运行一个 SecondaryNameNode，它的作用是与 NameNode 进行交互，定期通过编辑日志文件合并命名空间镜像。当 NameNode 发生故障时，它会通过自己合并的命名空间镜像副本来恢复。需要注意的是，SecondaryNameNode 保存的状态总是滞后于 NameNode，所以这种方式难免会丢失部分数据。

2. DataNode

DataNode，从节点，也称为 slave，是 HDFS 中的 Worker 节点，它负责存储数据。启动时发布到 NameNode 并汇报自己负责持有的块列表，关闭时不影响数据或集群的可用性，NameNode 将安排由其他 DataNode 管理块进行副本复制，配置大量的硬盘空间。DataNode 定期向 NameNode 发送"心跳"（dfs.heartbeat.interval 配置项配置，默认值是 3s），如果 NameNode 长时间没有接收到 DataNode 发送的"心跳"，NameNode 就会认为该 DataNode 失效。DataNode 会被存储多个副本（通过参数设置 dfs.replication，默认值是 3），Block 大小和副本数由 Client 上传文件的时候设置，文件上传后，副本数可以变更，但 Block 大小不可变。Block 汇报时间间隔取参数 dfs.blockreport. intervalmsec，默认值为 6h。

3. SecondaryNameNode

SecondaryNameNode，第二名称节点，是 NameNode 的辅助节点，它定期从 NameNode 中获取元数据信息，并将其合并成一个新的镜像文件。这个镜像文件可以用来恢复 NameNode 的元数据，以防止元数据的损坏或丢失。

需要注意的是，SecondaryNameNode 并不是 NameNode 的备份。前面的介绍已经提到，所有 HDFS 文件的元信息都保存在 NameNode 的内存中。在 NameNode 启动时，它首先会加载 fsimage 到内存中，在系统运行期间，所有对 NameNode 的操作也都保存在内存中，同时为了防止数据丢失，这些操作又会不断被持久化到本地 edits 文件中。

edits 文件存在的目的是提高系统的操作效率，NameNode 在更新内存中的元信息之前都会先将操作写入 edits 文件。在 NameNode 重启的过程中，edits 会与 fsimage 合并到一起，但是合并的过程会影响到 Hadoop 重启的速度，SecondaryNameNode 就是为了解决这个问题而诞生的。

SecondaryNameNode 的角色就是定期合并 edits 和 fsimage 文件，我们来看一下合并的步骤。

（1）合并之前告知 NameNode 把所有的操作写到新的 edites 文件并将其命名为 edits.new。

（2）SecondaryNameNode 从 NameNode 请求 fsimage 和 edits 文件。

（3）SecondaryNameNode 把 fsimage 和 edits 文件合并成新的 fsimage 文件。

（4）NameNode 从 SecondaryNameNode 获取合并好的新的 fsimage 并将旧的替换掉，且把 edits 用（1）创建的 edits.new 文件替换掉。

（5）更新 fstime 文件中的检查点。

最后再总结一下整个过程中涉及的 NameNode 中的相关文件。

fsimage：保存的是上个检查点的 HDFS 的元信息。

edits：保存的是从上个检查点开始发生的 HDFS 元信息状态改变信息。

fstime：保存了最后一个检查点的时间戳。

4．Client

Client 是 HDFS 的客户端，它负责向 HDFS 发送读写请求。客户端可以通过 HDFS API 或命令行工具与 HDFS 进行交互，还可以通过 HDFS 的 Web 界面查看文件系统的状态和信息。

3.3　数据存储

3.3.1　数据分块

磁盘数据块是磁盘读写的基本单位。与普通文件系统类似，HDFS 也会把文件分块来存储。Hadoop 1.x 默认数据块大小为 64MB，而磁盘块一般为 512Byte。Hadoop 2.x/3.x 默认数据块大小为 128MB。HDFS 块为何如此之大呢？块增大可以减少寻址时间与文件传输时间的比例，若寻址时间为 10ms，磁盘传输速率为 100MB/s，那么寻址与传输比仅为 1%。当然，磁盘块太大也不好，因为一个 MapReduce 通常以一个块作为输入，块过大会导致整体任务数量过小，降低作业处理速度。

数据块是存储在 DataNode 中的。为了能够容错，数据块以多个副本的形式分布在集群中，副本数量默认为 3，后面会详细介绍数据块的复制机制。

HDFS 按块存储还有如下优势。

（1）文件可以任意大，也不用担心单个节点磁盘容量小于文件的情况。

（2）简化了文件子系统的设计，子系统只存储文件块数据，而文件元数据则交由其他系统管理。

（3）有利于备份和提高系统可用性，这得益于以块为单位进行备份的设计，HDFS 默认备份数量为 3。

（4）有利于负载均衡。

3.3.2　机架感知

分布式的集群由多台计算机组成。由于受到机架槽位和交换机网口的限制，通常大型的分布式集群都会跨好几个机架，由多个机架上的机器共同组成一个分布式集群。机架内的机器之间的网络速度通常都会高于跨机架机器之间的网络速度，并且机架之间机器的网络通信通常受到上层交换机间网络带宽的限制，因此，要解决以下两个问题。

（1）提高容错性。数据块的副本存放在多个机架上，一台出故障，副本还存有数据。

（2）提高通信效率。最好使用同一个机架的不同节点进行通信，而不是跨机架。

机架感知是一种计算不同任务执行节点（TaskTracker，TT）间距离的技术，用以在任务调度过程中减少网络带宽资源的消耗。当一个 TT 申请不到本地化任务时，作业服务器（JobTracker，JT）会尽量调度一个机架的任务给他，因为不同机架的网络带宽资源比同一个机架的网络带宽资源更可贵。

HDFS 运行于一个具有树状网络拓扑结构的集群上。一个集群由多个数据中心组成，每个数据中心由多个机架组成，每个机架有多台计算机，如图 3-4 所示。

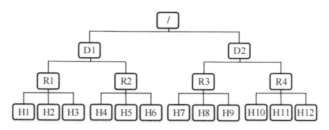

图 3-4　树状网络拓扑结构的集群

Hadoop 中节点类似于图 3-4 最下层的计算机（H1 到 H12）。H1 的位置可以表示为/D1/R1/H1。启动数据节点时需要明确它在集群中的位置，从而构建完整的网络拓扑图，因此需要先确认它的上级节点（即机架）的位置。我们可以使用脚本输出上级节点信息到标准输出（stdout）。数据节点发送自己的位置给名称节点，名称节点接收到信息后，加入新的节点位置信息（网络拓扑中存在这个数据节点的记录需先删除）。

3.3.3　存储策略

HDFS 采用机架感知策略来改进数据的容错性、可靠性和网络带宽的利用率，一般默认存放 3 份副本，且提供容错机制，副本宕机时自动恢复，副本存放策略如图 3-5 所示。

（1）第 1 个副本存放在当前操作的 DataNode 节点上。如果是在集群外发起写操作请求，则从集群内部随机挑选一台磁盘空间较为充足、CPU 不太忙的数据节点，作为第一个副本的存放地。

（2）第 2 个副本存放在不同于当前节点所在机架的另一个节点上。

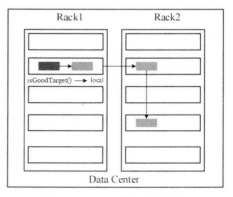

图 3-5　HDFS 副本存放策略

（3）第 3 个副本存放在与第 2 个副本相同机架的不同节点上。

客户端向 HDFS 写数据时，如果有数据节点，最先考虑将写入数据的副本保存在这个客户端节点上；如果该节点空间不足，则选择本机架中的一个合适数据节点作为此数据块的本地节点。如果没有合适的数据节点，就从整个集群中随机选择一个合适的数据节点作为这个数据块的本地节点，通过 isGoodTarget()方法来确定数据节点是否合适。

当一个 DataNode 启动时，会向 NameNode 进行注册，每隔 3s 向 NameNode 发出"心跳"，通过"心跳"可以判断 DataNode 是否存活，每隔一段时间会定期地将本节点 Block 信息上报给 NameNode，这样 NameNade 就知道每个 DataNode 有什么信息。如果有一个副本宕机，就不会向 NameNode 发送"心跳"，当 NameNode 没有收到副本的"心跳"，就知道有一个副本宕机了。这个时候只有两个副本，当 NameNode 收到一个正常副本"心跳"时，就要求这个副本复制一个 Block，并放在合适的节点。

3.4　文件操作过程

3.4.1　读文件

HDFS 有一个文件系统实例，客户端通过调用这个实例的 open()方法就可以打开系统中希望读取的文件。HDFS 通过 RPC 调用 NameNode 获取文件块的位置信息，对于文件的每一个块，NameNode 会返回含有该块副本的 DataNode 的节点地址。另外，客户端还会根据网络拓扑来确定它与每一个 DataNode 的位置信息，从离它最近的那个 DataNode 获取数据块的副本，最理想的情况是数据块就存储在客户端所在的节点上。

HDFS 会返回一个 FSDataInputStream 对象，FSDataInputStream 类转而封装成 DFSDataInputStream 对象，这个对象管理着与 DataNode 和 NameNode 的 I/O，具体过程如下。

① 客户端发起读请求。

② 客户端从 NameNode 得到文件的块及位置信息列表。

③ 客户端直接与 DataNode 交互读取数据。

④ 读取完成关闭连接。

图 3-6 给出了上述读文件的过程示意。

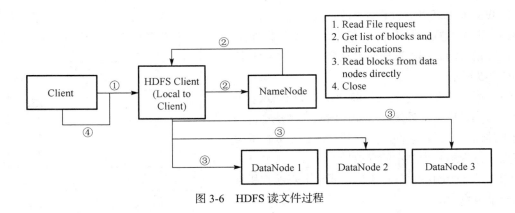

图 3-6　HDFS 读文件过程

当 FSDataInputStream 与 DataNode 通信时遇到错误，它会选取另一个较近的 DataNode，并为出故障的 DataNode 做标记以免重复向其读取数据。FSDataInputStream 还会对读取的数据块进行校验和确认，发现块损坏时也会重新读取并通知 NameNode。

这样设计的巧妙之处如下。

（1）让客户端直接联系 DataNode 检索数据，可以使 HDFS 扩展到大量的并发客户端，因为数据流就是分散在集群的每个节点上的。在运行 MapReduce 任务时，每个客户端就是一个 DataNode 节点。

（2）NameNode 仅需要相应块的位置信息请求（位置信息在内存中，速度极快），否则随着客户端的增加，NameNode 会很快成为瓶颈。

这里有必要介绍 Hadoop 的网络拓扑。在海量数据处理过程中，主要限制因素是节点之间的带宽。衡量两个节点之间的带宽往往很难实现，在这里 Hadoop 采取了一个简单的方法，它把网络拓扑看成一棵树，两个节点的距离等于它们到最近共同祖先距离的总和，而树的层次可以按照如下方式划分。

① 同一节点中的进程。

② 同一机架上的不同节点。

③ 同一数据中心不同机架。

④ 不同数据中心的节点。

3.4.2　写文件

HDFS 有一个分布式文件系统（Distribute File System，DFS）实例，客户端通过调用这个实例的 create()方法就可以创建文件。DFS 会发送给 NameNode 一个 RPC 调用，在文件系统的命名空间创建一个新文件，在创建文件前 NameNode 会做一些检查，看看文件是否存在，客户端是否有创建权限等。若检查通过，NameNode 会为要创建的文件写一条记录到本地磁盘的 EditLog；若不通过则会向客户端抛出 IOException。创建成功之后 DFS 会返回一个 FSDataOutputStream 对象，客户端由此开始写入数据。

同读文件过程一样，FSDataOutputStream 类转而封装成 DFSDataOutputStream 对象，这个对象管理着与 DataNode 和 NameNode 的 I/O，图 3-7 是 HDFS 写文件过程，具体过程如下。

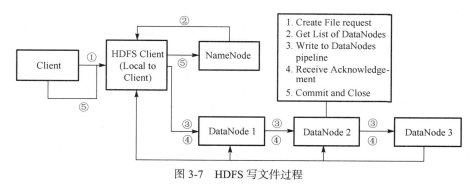

图 3-7　HDFS 写文件过程

① 客户端在向 NameNode 请求之前先写入文件数据到本地文件系统的一个临时文件。

② 待临时文件达到块大小时开始向 NameNode 请求 DataNode 信息。

③ NameNode 在文件系统中创建文件并返回客户端一个数据块及其对应 DataNode 的地址列

表（列表中包含副本存放的地址）。

④ 客户端通过上一步得到的信息把创建临时文件块"Flush"到列表中的第一个 DataNode。

⑤ 当文件关闭，NameNode 会提交这次文件创建，此时文件在文件系统中可见。

上面④描述的 Flush 过程实际处理比较复杂，现在单独描述一下。

① 第一个 DataNode 是以数据包（数据包一般 4KB）的形式从客户端接收数据的，DataNode 在把数据包写入本地磁盘的同时会向第二个 DataNode（作为副本节点）传送数据。

② 在第二个 DataNode 把接收到的数据包写入本地磁盘时会向第三个 DataNode 发送数据包。

③ 第三个 DataNode 开始向本地磁盘写入数据包。此时，数据包以流水线的形式被写入和备份到所有 DataNode 节点。

④ 传送管道中的每个 DataNode 节点在收到数据后都会向前面那个 DataNode 发送一个 ACK，最终第一个 DataNode 会向客户端发回一个 ACK。

⑤ 当客户端收到数据块的确认之后，数据块被认为已经持久化到所有节点，然后客户端会向 NameNode 发送一个确认。

⑥ 如果管道中的任何一个 DataNode 失败，管道都会被关闭，数据将会继续写到剩余的 DataNode 中。同时 NameNode 会被告知待备份状态，NameNode 会继续备份数据到新的可用的节点。

⑦ 数据块会通过计算校验和来检测数据的完整性，校验和以隐藏文件的形式被单独存放在 HDFS 中，供读取时进行完整性校验。

3.5 YARN 概述

3.5.1 YARN

1. YARN 的概念

YARN 是基于 MapReduce 的通用资源管理和作业调度框架，可为上层应用提供统一的资源管理和调度。这里的资源是指集群的内存、CPU 等硬件资源；作业调度是指多个程序同时申请计算资源时，通过调度算法分配资源。YARN 除了支持 MapReduce 程序外，理论上还支持 Spark、Flink 等各种计算程序，YARN 只负责分配和回收资源。

例如，每天有很多的病人找医生看病，因为医院资源有限，需要排队等待；某个科室有病人出院，医院就回收床位等资源，然后按照某种规则接诊其他病人，比如优先安排急危重患者、残障人员、军人和老人就诊。回收床位就相当于 YARN 中的回收资源，优先就诊相当于 YARN 的作业调度和分配资源。

我们可以把 YARN 简单理解为一个分布式的操作系统平台，MapReduce 等计算程序就是运行其上的应用程序，YARN 为它们提供内存、CPU 等运算所需的资源。HDFS 是应用最广泛的大数据存储系统，计算框架可以基于 YARN 读取 HDFS 上的数据，计算框架只要专注于计算性能的提升即可。

2. YARN 的基本架构

YARN 的基本思想是将 JobTracker 的资源管理和作业的调度/监控两大主要职能拆分为两个独立的进程：一个全局的 ResourceManager（RM）和与每个应用对应的 ApplicationMaster（AM）。ResourceManager 和每个节点上的 NodeManager（NM）组成了全新的通用操作系统，以分布式的方式管理应用程序。YARN 主要由 Resource Manager（资源管理器）、NodeManager（节点管理器）、ApplicationMaster（应用程序管理器）和 Container（容器）四个组件构成。ResourceManager 和 NodeManager 是集群物理层面的组件，ApplicationMaster 是集群应用层面的组件。YARN 基本架构如图 3-8 所示。

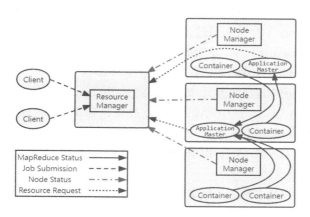

图 3-8 YARN 基本架构

ResourceManager 拥有为系统中所有应用分配资源的决定权。与之相关的是应用程序的 ApplicationMaster，负责与 ResourceManager 协商资源，并与 NodeManager 协同工作来执行和监控任务。

3. YARN 四大组件的作用

（1）ResourceManager

ResourceManager 负责接收用户端的作业（任务）请求，通过 NodeManager 分配与调度各台机器上的计算资源。

ResourceManager 是一个纯粹的调度器，它负责整个系统的资源管理和分配。它本身主要由两个组件构成：调度器（Scheduler）和应用程序管理器（Application Manager）。

调度器根据容量、队列等限制条件（如每个队列分配一定的资源，最多执行一定数量的作业等），将系统中的资源分配给各个正在运行的应用程序。需要注意的是，该调度器是一个"纯调度器"，它不再涉及任何与具体应用程序相关的工作，例如不负责监控或者跟踪应用的执行状态等，也不负责重新启动因应用执行失败或者硬件故障而产生的失败任务，这些均交由应用程序相关的 ApplicationMaster 完成。调度器仅根据各个应用程序的资源需求进行资源分配，而资源分配单位用一个抽象概念"资源容器"（ResourceContainer，简称 Container）表示，Container 是一个动态资源分配单位，它将内存、CPU、磁盘、网络等资源封装在一起，从而限定每个任务使用的资源量。此外，该调度器是一个可插拔的组件，用户可根据自己的需要设计新的调度器，YARN 提供了多种直接可用的调度器，如公平调度器（FairScheduler）和容量调度器（Capacity Scheduler）。

应用程序管理器负责管理整个系统中所有应用程序，包括应用程序提交、与调度器协商资源以启动 ApplicationMaster、监控 ApplicationMaster 运行状态并在失败时重新启动它等。

（2）NodeManager

NodeManager 负责节点（某台机器）上的资源管理，一台机器有一个 NodeManager，根据 RM 命令，启动 Container 运行任务，向 RM 上报节点资源使用情况和 Container 运行情况。

NodeManager 是每个节点的框架代理。它负责启动应用的 Container，监控 Container 的资源使用（包括 CPU、内存、硬盘和网络带宽等），并把这些信息汇报给调度器。应用对应的 Application Master 负责通过协商从调度器处获取 Container，并跟踪这些 Container 的资源状态和应用执行的情况。集群每个节点上都有一个 NodeManager，它主要负责工作如下。

① 为应用启用调度器，以分配给应用的 Container。

② 已启用的 Container 不会使用超过分配的资源量。

③ 为 Task 构建 Container 环境，包括二进制可执行文件.jars 等。

④ 为所在的节点提供一个管理本地存储资源的简单服务。

应用程序可以继续使用本地存储资源，即使它没有从 ResourceManager 处申请。例如，MapReduce 可以利用这个服务存储 MapTask 的中间输出结果，并将其 Shuffle（将有规则的数据打乱成无规则数据并传输的过程）给 Reduce Task。

YARN 的应用资源模型是一个通用的模型。一个应用（通过 ApplicationMaster）可以请求非常具体的资源，包括以下资源。

① 资源名称（包括主机名称、机架名称，以及可能的复杂的网络拓扑）。

② 内存量。

③ CPU（核数/类型）。

④ 其他资源，如 Disk、Network、I/O、GPU 等。

（3）ApplicationMaster

ApplicationMaster 负责单个应用程序的作业管理和调度，Client（客户端）使用命令提交程序，那么这个应用程序就包含了一个 AM，其向 RM 申请资源，向 NM 发出启动 Container 指令。AM 是任何程序在 YARN 上运行启动的第一个进程。

YARN 的另一个重要新概念就是 ApplicationMaster。ApplicationMaster 实际上是特定框架库的一个实例，负责与 ResourceManager 协商资源，并与 ResourceManager 协同工作来执行和监控 Container，以及它们的资源消耗。它有责任与 ResourceManager 协商并获取合适的资源 Container，跟踪它们的状态，以及监控其进展。

ApplicationMaster 和应用是相互对应的，它主要有以下职责。

① 与调度器协商资源。

② 与 NodeManager 合作，在合适的 Container 中运行对应的组件 Task，并监控这些 task 执行。

③ 如果 Container 出现故障，ApplicationMaster 会重新向调度器申请其他资源。

④ 计算应用程序所需的资源量，并转换成调度器可识别的协议信息包。

⑤ 在 ApplicationMaster 出现故障后，应用管理器会负责重启它，但由 ApplicationMaster 自己从之前保存的应用程序执行状态中恢复应用程序。

在真实环境下，每一个应用都有自己的 ApplicationMaster 实例。然而，为一组应用提供一个 ApplicationMaster 是完全可行的，如 Pig 或者 Hive 的 ApplicationMaster。另外，这个概念已经延伸到了管理长时间运行的服务，它们可以管理自己的应用。例如，通过一个特殊的 HBaseAppMaster 在 YARN 中启动 HBase。

（4）Container

Container（容器）是资源的抽象，容器中运行着 AM、Map Task、Reduce Task 等各种进程。容器之间逻辑上是隔离的，一个程序在一个容器中，而且这个程序（任务）只能使用分配的 Container 中描述的资源，因此一台计算机可以运行多个程序。

3.5.2　工作流程

YARN 框架执行一个 MapReduce 程序时，工作流程如图 3-9 所示。其从提交到完成需要经历如下 8 个步骤。

（1）客户端向 ResourceManager 提交程序（例如向 Hadoop jar 提交 MR 程序）。

（2）ResourceManager 向 NodeManager 发出请求申请 Container，并启动运行本次程序的 ApplicationMaster。

（3）ApplicationMaster 向 ResourceManager 注册，用户直接通过 ResourceManager 查看应用程序的运行状态。

（4）ApplicationMaster 向 ResourceManager 申请本次程序需要的资源，并监控任务的运行状态，直到运行完成。

（5）ApplicationMaster 成功申请资源后，要求对应的 NodeManager 启动任务。

（6）NodeManager 为任务设置好运行环境（环境变量、jar 包等）后，通过运行任务启动命令来启动任务。

（7）各个任务向 ApplicationMaster 汇报自己的状态和进度，让 ApplicationMaster 随时掌握任务运行状态，方便任务失败时重启任务。用户可通过 RPC 协议向 ApplicationMaster 查询应用程序的当前运行状态。

（8）应用程序运行完毕，ApplicationMaster 向 ResourceManager 注销并关闭自己。

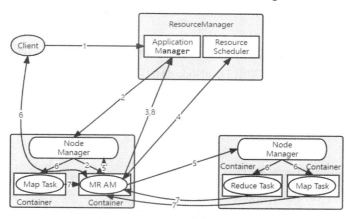

图 3-9　YARN 的工作流程

由图 3-9 可知，YARN 有四大核心流程。

（1）客户端向 ResourceManager 提交 MapReduce 作业。

（2）ApplicationMaster 向 ResourceManager 申请资源。

（3）Map Task 或 Reduce Task 向 Application Master 汇报 MapReduce 作业状态。

（4）NodeManager 向 ResourceManager 汇报节点的状态。

3.6　本章小结

分布式文件系统是指文件系统管理的物理存储资源不一定直接连接在本地节点上，而是通过计算机网络与节点相连的文件系统，这是大数据时代解决大规模数据存储问题的有效解决方案。

本章主要介绍了 Hadoop HDFS 设计目标、架构和组件、数据分块、机架感知和存储策略，以及文件读写的操作过程、YARN 架构和其工作流程。

思考与练习

1. 填空题

（1）Hadoop 的三大基本组件是_____、_____和_____。

（2）HDFS 集群节点包括_____、_____和 SecondaryNameNode。

（3）Hadoop 1.x 默认数据块大小为_____ MB，Hadoop 2.x/3.x 默认数据块大小为_____ MB。

（4）HDFS 数据读写过程中，_____发起文件读请求或写请求。

（5）_____就是数据块以及数据块副本存放在哪个 DataNode 上才能让集群更加安全、数据更不容易损坏的一种策略。

2. 选择题

（1）Hadoop 中的 HDFS 架构源于（　　）分布式文件系统。

    A. Google   B. Facebook   C. Yahoo   D. Sina

（2）在 HDFS 中负责保存文件数据的节点被称为（　　）。

    A. DataNode   B. NameNode   C. NodeManager   D. SecondaryNameNode

（3）HDFS 中 Block 默认保存（　　）。

    A. 1 份   B. 2 份   C. 3 份   D. 0 份

（4）NameNode 通过什么机制知道 DataNode 是活动的？（　　）

    A. 数据脉冲   B. "心跳"   C. 数据流   D. 通道

（5）Hadoop 的作者是（　　）。

    A. Matei Zaharia   B. Bill Inmon   C. Doug cutting   D. Charles

3. 简答题

（1）简述 HDFS 的数据读取流程和写入流程。

（2）试述 HDFS 中如何实现元数据的维护。

（3）请阐述 NameNode 和 DatacNode 的关系，以及 DataNode 的工作流程。

第4章
HDFS 的安装与基本应用

    HDFS 的设计目标是把超大数据集存储到网络中的多台普通商用计算机上，并提供高可靠性和高吞吐率的服务。分布式文件系统要比普通磁盘文件系统复杂，因为它要引入网络编程；同时，它还要容忍节点失效，这也是一个很大的挑战。

    本章首先介绍 HDFS 的安装，hadoop-env.sh、core-site.xml、hdfs-site.xml、yarn-site.xml、mapred-site.xml 和 workers 文件的配置，然后介绍编辑环境变量、创建数据目录和格式化 Namenode，接着介绍 Hadoop 集群的启动、关闭和监控页面的使用，最后使用命令进行文件的上传、下载，使用命令运行示例程序，使用 Java 代码实现上传、下载和获取分布式文件系统的文件信息。

4.1　HDFS 的安装与配置

    第2章我们已经安装了三台虚拟机，IP 分别是 192.168.88.101、192.168.88.102、192.168.88.103，hostname 分别是 master、slave0、slave1，并且配置了免密钥。本章 Hadoop 集群规划如表 4-1 所示。

表 4-1　　　　　　　　　　　　　　本章 Hadoop 集群规划

主机名	master		slave0	slave1
IP	192.168.88.101		192.168.88.102	192.168.88.103
用户名	root		root	root
密码	123456		123456	123456
HDFS	NameNode		SecondaryNameNode	
	DataNode		DataNode	DataNode
YARN	ResourceManager		NodeManager	NodeManager
	NodeManager		—	—

现在让我们开始安装 HDFS。

    注意：*每一个节点的安装和配置是相同的。实际工作中，通常在 master 节点上完成安装和配置后，将安装目录复制到其他节点。请注意，这里都是 root 用户登录后进行的所有操作。*

4.1.1　安装

    读者可以从 Apache 官网下载 Hadoop 安装包，也可以在本书第 4 章的软件资源中找到 hadoop-

3.3.4.tar.gz 文件，请将其上传到 master 节点的"/home/swxy"下（执行命令 cd /home/swxy 进入目录，再执行命令 rz 上传文件），如图 4-1 所示。注意，这里使用 root 用户。

```
1 master   ● 2 slave0   ● 3 slave1   +
[root@master swxy]# ls -l
total 679160
-rw-r--r-- 1 root root 695457782 Jul  6 20:59 hadoop-3.3.4.tar.gz
[root@master swxy]#
```

图 4-1　/home/swxy 内的 Hadoop 压缩包

执行解压缩命令"tar -zxvf hadoop-3.3.4.tar.gz"，即可实现安装，如图 4-2 所示。

```
1 master   ● 2 slave0   ● 3 slave1   +
[root@master swxy]# tar -zxvf hadoop-3.3.4.tar.gz
```

图 4-2　执行解压命令

按 Enter 键后系统开始解压缩 hadoop-3.3.4.tar.gz 文件，屏幕上会不断显示解压过程信息，执行成功后，系统将在/home/swxy 下自动创建 hadoop-3.3.4 子目录，此即 Hadoop 安装目录。接下来执行"rm hadoop-3.3.4.tar.gz"删除安装文件，然后根据提示输入"y"即可。我们进入 Hadoop 安装目录，查看一下安装文件，如果显示图 4-3 所示的文件列表，说明解压缩成功。

```
1 master   ● 2 slave0   ● 3 slave1   +
[root@master swxy]# cd hadoop-3.3.4/
[root@master hadoop-3.3.4]# ls
bin  include  libexec      licenses-binary  NOTICE-binary  README.txt  share
etc  lib      LICENSE-binary  LICENSE.txt      NOTICE.txt     sbin
[root@master hadoop-3.3.4]#
```

图 4-3　进入 hadoop-3.3.4 目录查看安装文件

执行命令"chmod 777 -R /home/swxy/hadoop-3.3.4"授予 hadoop-3.3.4 目录全执行权限，如图 4-4 所示。

```
1 master   ● 2 slave0   ● 3 slave1   +
[root@master hadoop-3.3.4]# chmod 777 -R /home/swxy/hadoop-3.3.4
```

图 4-4　授予 hadoop-3.3.4 目录全执行权限

要使用 Hadoop，还需要完成一系列配置。

4.1.2　配置

1. 配置 hadoop–env.sh 文件

Hadoop 环境变量文件是 hadoop-env.sh，它位于"/home/swxy/hadoop-3.3.4/etc/hadoop"子目录下。该文件是 Hadoop 环境变量读取文件，首先执行命令"cd /home/swxy/hadoop-3.3.4/etc/hadoop"进入 hadoop-env.sh 目录，执行命令"vi hadoop-env.sh"修改配置文件 hadoop-env.sh，如图 4-5 所示，编辑 Hadoop 环境变量如图 4-6 所示。

```
1 master   ● 2 slave0   ● 3 slave1   +
[root@master hadoop]# cd /home/swxy/hadoop-3.3.4/etc/hadoop
[root@master hadoop]# vi hadoop-env.sh
```

图 4-5　用 vi 编辑 hadoop-env.sh 文件

```
export JAVA_HOME=/usr/java/jdk1.8.0_231-amd64/jre
export PATH=$PATH:$JAVA_HOME/bin
export HDFS_NAMENODE_USER=root
export HDFS_DATANODE_USER=root
export HDFS_SECONDARYNAMENODE_USER=root
export YARN_RESOURCEMANAGER_USER=root
export YARN_NODEMANAGER_USER=root
```

图 4-6　编辑 Hadoop 环境变量

执行命令 "cat hadoop-env.sh" 查看追加结果，如图 4-7 所示。编辑完毕，保存并退出即可。

```
[root@master hadoop]# cat hadoop-env.sh
```

图 4-7　用 cat 查看 hadoop-env.sh 文件

文件 "hadoop-env.sh" 的内容如下所示。

```
export JAVA_HOME=/usr/java/jdk1.8.0_231-amd64/jre
export PATH=$PATH:$JAVA_HOME/bin
export HDFS_NAMENODE_USER=root
export HDFS_DATANODE_USER=root
export HDFS_SECONDARYNAMENODE_USER=root
export YARN_RESOURCEMANAGER_USER=root
export YARN_NODEMANAGER_USER=root
```

2. 配置核心组件文件

Hadoop 的核心组件文件是 core-site.xml，也位于 "/home/swxy/hadoop-3.3.4/etc/hadoop" 子目录下。用 vi 编辑 core-site.xml 文件，如图 4-8 所示。

```
[root@master hadoop]# cd /home/swxy/hadoop-3.3.4/etc/hadoop
[root@master hadoop]# vi core-site.xml
```

图 4-8　用 vi 编辑 core-site.xml 文件

需要将下面的配置代码放在文件的<configuration>和</configuration>之间。

```
<!--1.指定 Hadoop 的文件系统的 NameNode URI -->
<property>
    <name>fs.defaultFS</name>
    <!--格式<value>hdfs://主机名:8020</value>-->
    <value>hdfs://master:8020</value>
</property>
<!--2.指定 Hadoop 数据的存储目录，默认为/tmp/hadoop-${user.name} -->
<property>
    <name>hadoop.tmp.dir</name>
    <value>/export/server/hadoopDatas/tempDatas</value>
</property>
<!--hive.hosts 允许 root 代理用户访问 Hadoop 文件系统设置-->
<property>
    <name>hadoop.proxyuser.root.hosts</name>
    <value>*</value>
</property>
<!--hive.groups 允许 Hive 代理用户访问 Hadoop 文件系统设置-->
<property>
```

```
    <name>hadoop.proxyuser.root.groups</name>
    <value>*</value>
</property>
<!--配置 HDFS 网页登录使用的静态用户为 root -->
<property>
    <name>hadoop.http.staticuser.user</name>
    <value>root</value>
</property>
<!--配置缓存区的大小，实际可根据服务器的性能动态做调整-->
<property>
    <name>io.file.buffer.size</name>
    <value>4096</value>
</property>
<!--开启 HDFS 垃圾回收机制，可以将删除数据从其中回收，单位为 min-->
<property>
    <name>fs.trash.interval</name>
    <value>10080</value>
</property>
```

编辑完毕，保存并退出即可。

3. 配置文件系统

Hadoop 的文件系统配置文件是 hdfs-site.xml，也位于"/home/swxy/hadoop-3.3.4/etc/hadoop"子目录下。用 vi 编辑该文件，如图 4-9 所示。

图 4-9　用 vi 编辑 hdfs-site.xml 文件

需要将下面的代码填充到文件的<configuration>和</configuration>之间。

```
<!--配置 HDFS 文件切片的副本数-->
<property>
    <name>dfs.replication</name>
    <value>3</value>
</property>
<!--设置 HDFS 文件权限-->
<property>
    <name>dfs.permission</name>
    <value>false</value>
</property>
<!--设置一个文件切片的大小:128MB-->
<property>
    <name>dfs.blocksize</name>
    <value>134217728</value>
</property>
<!-- NameNode Web 端访问地址（主机名:端口号）-->
<property>
    <name>dfs.namenode.http-address</name>
    <value>master:9870</value>
</property>
<!--指定 SecondaryNameNode Web 端访问地址（主机名:端口号）-->
<property>
```

```
        <name>dfs.namenode.secondary.http-address</name>
        <value>slave0:9870</value>
</property>
<!--指定 namenode 元数据的存放位置-->
<property>
        <name>dfs.namenode.name.dir</name>
        <value>file:///export/server/hadoopDatas/namenodeDatas</value>
</property>
<!--指定 datanode 数据存储节点位置-->
<property>
        <name>dfs.datanode.data.dir</name>
        <value>file:///export/server/hadoopDatas/datanodeDatas</value>
</property>
<!--指定 namenode 的 edit 文件存放位置-->
<property>
        <name>dfs.namenode.edits.dir</name>
        <value>file:///export/server/hadoopDatas/nn/edits</value>
</property>
<!--指定检查点目录-->
<property>
        <name>dfs.namenode.checkpoint.dir</name>
        <value>file:///export/server/hadoopDatas/snn/name</value>
</property>
<property>
        <name>dfs.namenode.checkpoint.edits.dir</name>
        <value>file:///export/server/hadoopDatas/dfs/snn/edits</value>
</property>
```

编辑完毕，保存并退出即可。

4. 配置 yarn–site.xml 文件

YARN 的配置文件是 yarn-site.xml，也位于“/home/swxy/hadoop-3.3.4/etc/hadoop”子目录下。用 vi 编辑该文件，如图 4-10 所示。

图 4-10　用 vi 编辑 yarn-site.xml 文件

需要将下面的代码填充到文件的<configuration>和</configuration>之间。

```
<!-- Site specific YARN configuration properties -->
<!--指定 resourcemanager 所启动服务的主机名|IP（YARN 主节点位置）-->
<property>
        <name>yarn.resourcemanager.hostname</name>
        <value>master</value>
</property>
<!--指定 mapreduce 的 shuffle 处理数据方式-->
<property>
        <name>yarn.nodemanager.aux-services</name>
        <value>mapreduce_shuffle</value>
</property>
<!--配置 resourcemanager 内部通信地址-->
<property>
        <name>yarn.resourcemanager.address</name>
```

```xml
        <value>master:8032</value>
    </property>
    <!--配置 resourcemanager 的 scheduler 组件的内部通信地址-->
    <property>
        <name>yarn.resourcemanager.scheduler.address</name>
        <value>master:8030</value>
    </property>
    <!--配置 resource-tracker 组件的内部通信地址-->
    <property>
        <name>yarn.resourcemanager.resource-tracker.address</name>
        <value>master:8031</value> </property>
    <!--配置 resourcemanager 的 admin 的内部通信地址-->
    <property>
        <name>yarn.resourcemanager.admin.address</name>
        <value>master:8033</value>
    </property>
    <!--配置 YARN 的 Web 管理地址-->
    <property>
        <name>yarn.resourcemanager.webapp.address</name>
        <value>master:8088</value>
    </property>
    <!--YARN 的日志聚合是否开启-->
    <property>
        <name>yarn.log-aggregation-enable</name>
        <value>true</value>
    </property>
    <!--聚合日志在 HDFS 的存储路径-->
    <property>
        <name>yarn.nodemanager.remote-app-log-dir</name>
        <value>/tmp/logs</value>
    </property>
    <!--聚合日志在 HDFS 的保存时长，单位为 s，默认为 7 天-->
    <property>
        <name>yarn.log-aggregation.retain-seconds</name>
        <value>604800</value>
    </property>
    <!--聚合日志的检查时间段-->
    <property>
        <name>yarn.log-aggregation.retain-check-interval-seconds</name>
        <value>3600</value>
    </property>
    <!--设置日志聚合服务器地址-->
    <property>
        <name>yarn.log.server.url</name>
        <value>http://master:19888/jobhistory/logs</value>
    </property>
    <!--环境变量的继承-->
    <property>
    <name>yarn.nodemanager.env-whitelist</name>
        <value>JAVA_HOME,HADOOP_COMMON_HOME,HADOOP_HDFS_HOME,HADOOP_CONF_DIR,CLASSPATH
_PREPEND_DISTCACHE,HADOOP_YARN_HOME,HADOOP_MAPRED_HOME </value>
    </property>
```

编辑完毕，保存并退出即可。

5. 配置 MapReduce 计算框架文件

用 vi 编辑 mapred-site.xml 文件，命令如图 4-11 所示。

```
[root@master hadoop]# cd /home/swxy/hadoop-3.3.4/etc/hadoop
[root@master hadoop]# vi mapred-site.xml
```

图 4-11　用 vi 编辑 mapred-site.xml 文件

需要将下面的代码填充到文件的<configuration>和</configuration>之间。

```
<!--指定 MapReduce 运行的框架 YARN-->
<property>
    <name>mapreduce.framework.name</name>
    <value>yarn</value>
</property>
<!--开启 MapReduce 最小任务模式-->
<property>
    <name>mapreduce.job.ubertask.enable</name>
    <value>true</value>
</property>
<!--配置 MapReduce 的历史记录组件的内部通信地址，即 RPC 地址-->
<property>
    <name>mapreduce.jobhistory.address</name>
    <!--格式<value>主机名:端口</value>-->
    <value>master:10020</value>
</property>
<!-- 配置 MapReduce 历史记录服务的 Web 管理地址 -->
<property>
    <name>mapreduce.jobhistory.webapp.address</name>
    <value>master:19888</value>
</property>
<!--配置 MapReduce 已完成的 job 记录在 HDFS 上的存放地址-->
<property>
    <name>mapreduce.jobhistory.done-dir</name>
    <value>/history/done</value>
</property>
<!--配置 MapReduce 正在执行的 job 记录在 HDFS 上的存放地址-->
<property>
    <name>mapreduce.jobhistory.intermediate-done-dir</name>
    <value>/history/done_intermediate</value>
</property> <!--为 MR 程序主进程添加环境变量-->
<property>
    <name>yarn.app.mapreduce.am.env</name>
    <value>HADOOP_MAPRED_HOME=/home/swxy/hadoop-3.3.4</value>
</property>
<!--为 Map 添加环境变量-->
<property>
    <name>mapreduce.map.env</name>
    <value>HADOOP_MAPRED_HOME=/home/swxy/hadoop-3.3.4</value>
</property>
<!--为 Reduce 添加环境变量-->
<property>
```

```
<name>mapreduce.reduce.env</name>
<value>HADOOP_MAPRED_HOME=/home/swxy/hadoop-3.3.4</value>
</property>
```

编辑完毕，保存并退出即可。

6. 配置 master 的 workers 文件

早期的 Hadoop，如 Hadoop 2.6.0，需要编辑 slaves 文件，该文件给出了 Hadoop 集群的 slave 节点列表。该文件十分重要，因为启动 Hadoop 的时候，系统总是根据当前 slaves 文件中 slave 节点名称列表启动集群，不在列表中的 slave 节点便不会被视为计算节点。3.x 版本没有 slaves 文件了，而改用 workers 文件，但作用是一样的。我们需要执行下面命令。

```
cat > workers << EOF
master
slave0
slave1
EOF
```

我们也可以使用 vi 编辑 workers 文件，如图 4-12 所示。

图 4-12 用 vi 编辑 workers 文件

读者应当根据自己所搭建集群的实际情况进行编辑。例如，我们这里由于已经安装了 master、slave0 和 slave1，并且计划将它们全部投入 Hadoop 集群运行，因此应当输入如下代码。

```
master
slave0
slave1
```

注意： 文件中原来有默认的 localhost，应将其删除。输入结果如图 4-13 所示。

图 4-13 workers 文件的编辑结果

编辑完毕，保存并退出即可。

7. 复制 master 上的 Hadoop 到 slave 节点

通过复制 master 节点上的 Hadoop，能够大大提高系统部署效率。由于我们这里有 slave0 和 slave1，因此要复制两次。其中一条复制命令是 "scp -r /home/swxy/hadoop-3.3.4 root@slave0:/home/swxy/hadoop-3.3.4/"，如图 4-14 所示。

```
[root@master ~]# scp -r /home/swxy/hadoop-3.3.4 root@slave0:/home/swxy/hadoop-3.
3.4/
```

图 4-14 复制 master 节点上的 Hadoop 到 slave0 节点

注意： 由于我们前面已经配置了免密钥登录，因此这里不会有密码输入认证，按 Enter 键后立即开始复制（复制需要一些时间，请耐心等待）。

至此，我们就完成了 Hadoop 集群的安装与配置。

4.2　用户配置

4.2.1　编辑环境变量

由于我们是在 Linux 集群上安装的 Hadoop 集群，因此自然需要配置 Linux 键系统平台的环境变量。注意，这里的配置需要在集群的所有计算机上进行。下面演示在 master 节点上的配置。

用 vi 编辑/etc/profile 文件，如图 4-15 所示。

```
[root@master ~]# vi /etc/profile
```

图 4-15　编辑 profile 文件

将下述代码追加到文件的尾部：

```
export HADOOP_HOME=/home/swxy/hadoop-3.3.4
export PATH=:$PATH:${HADOOP_HOME}/bin:${HADOOP_HOME}/sbin
```

保存并退出后，执行"source /etc/profile"命令，使上述配置生效，如图 4-16 所示，slave0 和 slave1 设置方法同上。

```
[root@master ~]# vi /etc/profile
[root@master ~]# source /etc/profile
```

图 4-16　使 profile 文件配置生效

执行"hadoop version"命令，查看配置是否生效，如图 4-17 所示。

```
[root@master ~]# hadoop version
Hadoop 3.3.4
Source code repository https://github.com/apache/hadoop.git -r a585a73c3e02ac623
50c136643a5e7f6095a3dbb
Compiled by stevel on 2022-07-29T12:32Z
Compiled with protoc 3.7.1
From source with checksum fb9dd8918a7b8a5b430d61af858f6ec
This command was run using /home/swxy/hadoop-3.3.4/share/hadoop/common/hadoop-co
mmon-3.3.4.jar
[root@master ~]#
```

图 4-17　查看配置是否生效

请读者注意，上述配置也要在其他节点进行。

4.2.2　创建数据目录

本节的操作也必须在所有节点上进行。我们计划在用户（这里是 root）主目录下，创建数据目录，命令是"mkdir -p /export/server/hadoopDatas/tempDatas"，如图 4-18 所示。

```
[root@master ~]# mkdir -p /export/server/hadoopDatas/tempDatas
```

图 4-18　创建数据目录 tempDatas

请读者注意，这里的数据目录名"tempDatas"与前面 Hadoop 核心组件文件 core-site.xml 中的配置是一致的。

```
<name>hadoop.tmp.dir</name>
<value>/export/server/hadoopDatas/tempDatas</value>
```

使用相同的方法，创建以下目录。

（1）创建 dfs.namenode.name.dir 对应目录。

```
mkdir -p /export/server/hadoopDatas/namenodeDatas
```

（2）创建 dfs.datanode.data.dir 对应目录。

```
mkdir -p /export/server/hadoopDatas/datanodeDatas
```

（3）创建 dfs.namenode.edits.dir 对应目录。

```
mkdir -p /export/server/hadoopDatas/nn/edits
```

（4）创建 dfs.namenode.checkpoint.dir 对应目录。

```
mkdir -p /export/server/hadoopDatas/snn/name
```

（5）创建 dfs.namenode.checkpoint.edits.dir 对应目录。

```
mkdir -p /export/server/hadoopDatas/dfs/snn/edits
```

最后需要修改文件权限。

```
chmod 777 -R /export/server/hadoopDatas
```

注意：上述修改需要在集群的所有主机上进行。

4.2.3　格式化

首次启动 HDFS 需要对其进行格式化操作，做清理和准备，只需在 master 节点格式化 NameNode 即可，命令是"hdfs namenode -format"，如图 4-19 所示。

图 4-19　格式化文件系统的命令

注意：如果系统提示没有这个命令，读者可以尝试进入 hadoop-3.3.4 下的 bin 子目录，里面的 hdfs 文件就是该命令程序，这时可直接执行上述命令。之所以出现这种情况，可能是由于用户没有用 source 命令生效系统环境配置文件。

按 Enter 键后，读者如果看到图 4-20 所示的滚动显示信息，表明格式化成功。如果出现 Exception/Error 信息，则表示格式化出现问题。如果遇到格式化失败的问题，则可以先删除 dfs.name.dir 参数指定的目录，确保该目录不存在，然后实施格式化。Hadoop 这样做的目的是防止错误地将已存在的集群格式化了。

通常，格式化操作本身不会遇到什么问题。在早期的 Hadoop 版本中格式化操作是存在问题的，主要原因是多次格式化后，导致 NameNode 中 Hadoopdata/dfs/name/current/下文件 VERSION 的内容与 DataNode 中的同名文件内容不一致（具体是 ClusterID 不一致），解决办法就是通过人工编辑使两个文件一致即可，或者强制删除这些文件再重新格式化（当然要先关闭 Hadoop）。但是，2.6 版本以后的 Hadoop 已经不需要这样做了，用户可以多次进行格式化，并不会导致 VERSION 文件内容的不一致，因为在新的 Hadoop 平台中，DataNode 上已经没有这个 VERSION 文件了。重新格式化是需要慎重对待的，因为毕竟会将数据删除掉，所以有一些维护人员建议只进行一次格式化操作。

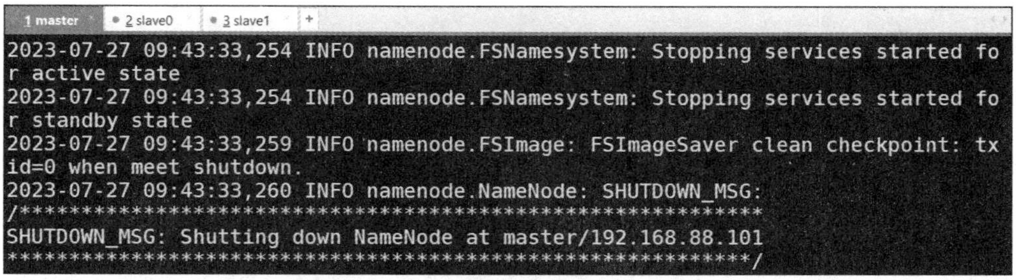

图 4-20　格式化文件系统滚动信息

注意：编辑/etc/profile 文件导致所有的命令失效，如 "-bash: vi: command not found"。此时，想要解决该问题，只需在当前窗口执行以下命令，重新编辑/etc/profile 文件，把刚才的修改撤销或进行修改。

```
export PATH=/usr/local/sbin:/usr/local/bin:/sbin:/bin:/usr/sbin:/usr/bin:/root/bin
```

4.3　基本应用

4.3.1　启动与关闭

1. 启动 Hadoop

使用 start-all.sh 命令启动 Hadoop 集群，如图 4-21 所示。

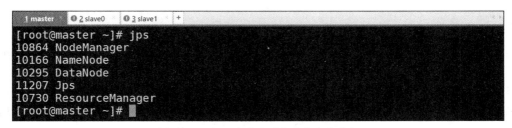

图 4-21　启动 Hadoop 集群的命令

要关闭 Hadoop 集群，可以使用 stop-all.sh 命令。

但是，有必要指出，第二次启动 Hadoop 时，无须进行 NameNode 的初始化，只需要使用 start-dfs.sh 命令即可，然后使用 start-yarn.sh 启动 YARN，或者使用 start-all.sh 命令。

2. 验证 Hadoop 是否启动成功

用户可以在终端执行 jps 命令查看 Hadoop 是否启动成功。在 master 节点，执行 jps 后显示的结果如果是 4 个进程的名称：NameNode、DataNode、ResourceManager、NodeManager，如图 4-22 所示，则表明主节点 master 启动成功。

```
[root@master ~]# jps
10864 NodeManager
10166 NameNode
10295 DataNode
11207 Jps
10730 ResourceManager
[root@master ~]#
```

图 4-22　用 jps 命令查看主节点中的进程

在 slave0 节点执行 jps 命令，输出的结果中会显示 3 个进程，分别是 SecondaryNameNode、NodeManager 和 DataNode，如图 4-23 所示，表明从节点 slave0 启动成功。slave1 节点验证方法类似，该节点启动 DataNode、NodeManager 两个进程。

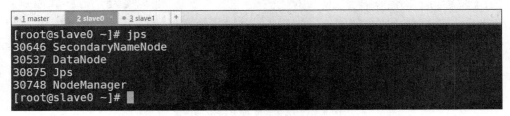

图 4-23　用 jps 命令查看从节点中的进程

注意：

有时候，用户会碰到不能执行 jps 命令的情况，系统给出的提示是 "command not found"。首先，我们要理解，jps 实际上是一个位于 JDK 的 bin 目录下的 Java 命令，其作用是显示当前系统的 Java 进程情况及其 ID 号。jps 相当于 Linux 的进程工具 ps，但不像 pgrep java 或 ps-ef grep java，jps 并不使用应用程序名来查找 JVM 实例。此外，jps 只能查询当前用户的 Java 进程，而不是当前系统中的所有进程。

至于用户为什么不能使用 jps 命令，原因主要有三个：第一是该命令被意外删除了或者 JDK 没有安装，所以首先需要检查自己计算机是否已经安装了 JDK；第二是 Java 环境变量没有设置好或者设置不正确，这种情况下，可以先执行带有完整路径的命令/usr/java/jdk1.8.0_231-amd64/bin/jps（这里以本书安装路径为例），然后检查 profile 文件中的环境变量设置是否正确，可按照我们前面给出的范例进行设置；第三是忘记执行 "source/etc/profile" 这条命令了，所以要执行一次这条命令，而且要在 root 用户下执行。上述三条措施即可解决 "不能执行 jps 命令" 的问题。

3. 关闭 Hadoop

要关闭 Hadoop 集群，可以使用 stop-yarn.sh 和 stop-dfs.sh 命令，或者 stop-all.sh 命令，例如，stop-all.sh 命令的执行如图 4-24 所示。

图 4-24　关闭 Hadoop 集群执行 stop-all.sh 命令

4.3.2　监控页面

在本地 hosts 文件（C:\Windows\System32\drivers\etc\hosts）添加映射，内容如下。

```
192.168.88.101 master
192.168.88.102 slave0
192.168.88.103 slave1
```

在 Hadoop 集群的运维中，系统管理人员还常常使用 Web 界面监视系统状况。例如，在 master 节点启动 Firefox 浏览器，在浏览器地址栏输入 http://master:9870/，可以看到如图 4-25 所示的页面。这是 Hadoop 系统自带的 Web 监控软件，能够提供很丰富的系统状态信息。值得指出的是，早先版本的 Hadoop（3.0 版本以前），其 Web 监控的 URL 是 http://master:50070/，而 3.1 及以后版本的端口号更改为 9870 了。这种变化也给一些初学者带来了困惑，很多人不知有变而继续使用

http://master:50070/，结果打不开网页，还以为安装上出了什么问题。

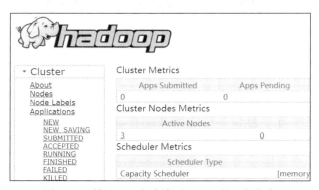

Overview 'master:8020' (✓active)

Started:	Wed Aug 30 00:41:23 +0800 2023
Version:	3.3.4, ra585a73c3e02ac62350c136643a5e7f6095a3dbb
Compiled:	Fri Jul 29 20:32:00 +0800 2022 by stevel from branch-3.3.4
Cluster ID:	CID-990d47e5-e278-4c37-b675-acebc91f1c2f
Block Pool ID:	BP-1382903350-192.168.88.101-1690422212818

图 4-25　利用 Web 方式检测 Hadoop 运行状态

另外，除了 Hadoop 自带的监控软件以外，实际生产中，人们更多使用的是专业的监控软件。例如，Ganglia 是 UC Berkeley 发起的一个开源监视项目，能够检测数以千计的节点，每台计算机都运行一个收集和发送度量数据（如处理器速度、内存使用量等）的名为 gmond 的守护进程；gmond 的系统开销非常少，因此具有良好的可扩展性。Hue 则是一个开源的 Apache Hadoop UI 系统，由 Cloudera Desktop 演化而来，目前已经由 Cloudera 公司贡献给 Apache 基金会的 Hadoop 社区，是基于 Python Web 框架 Django 实现的。Hue 通过 Web 控制台与 Hadoop 集群进行交互，并提供数据处理与分析功能，例如，操作 HDFS 上的数据、运行 MapReduce 程序、执行 Hive 的 SQL 语句、浏览 HBase 数据库等。

同样，在 Firefox 浏览器的地址栏中输入 http://master:8088，可以检查 YARN 的运行情况，显示的页面如图 4-26 所示。这实际上是 Hadoop 平台上对应用（Applications）状态进行监控的基本组件。

图 4-26　利用 Web 方式检测 YARN 的运行状态

4.3.3　文件上传与下载

HDFS 有很多用户接口，其中命令行是最基本的，也是所有开发者必须熟悉的。所有命令行均由 bin/hadoop 脚本引发，不指定参数运行 Hadoop 脚本将显示所有命令的描述。要完整了解 Hadoop 命令，输入 hadoop fs -help 即可查看所有命令的帮助文件。不过，只有通过练习才能真正熟悉并掌握这些命令的使用方法。

（1）创建目录

创建目录用-mkdir 命令。在 Hadoop 上创建目录与在 Linux 上创建目录类似，根目录用"/"

表示。下面是一些应用示例。

例如,执行 hadoop fs -mkdir /test 或者 hdfs dfs -mkdir /test 命令即可在根目录下创建名为 test 的目录。

上述命令的输入情形如图 4-27 所示。

图 4-27　在 Hadoop 上创建目录

又例如:

```
hadoop fs -mkdir /test/input
```

上述命令是在 test 目录下创建名为 input 的目录。

注意:如果没有事先创建 test 目录,则不能直接使用 "hadoop fs -mkdir /test/input" 命令创建 input 目录。

(2)查看文件列表

与 Linux 的 ls 命令类似,Hadoop 也有一条查看文件列表的命令,其完整用法是 hadoop fs -ls <args>,其中<args>表示可选参数。

例如,执行命令 "hadoop fs -ls /" 可以显示根目录下的子目录和文件。执行这条命令,会看到图 4-28 所示的显示信息。

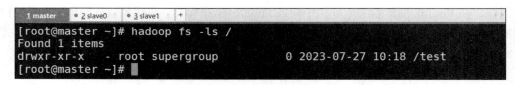

图 4-28　显示根目录下的文件和目录

又例如,执行命令 "hadoop fs -ls /test" 可以查看 test 目录下的子目录和文件,如上面创建的 input。

(3)上传文件到 HDFS

将文件从本地复制到 HDFS 集群称为文件上传。

文件上传时有两种命令可以使用:一种是 "hadoop fs -put";另一种是 "hadoop fs -copyFromLocal"。例如,输入下列命令:

```
hadoop fs -put /opt/jyp/test.txt /test/input/test.txt
```

按 Enter 键后,将本地 Linux 用户 root 的文件 "/opt/jyp/test.txt"(当然,该文件必须存在)上传到 HDFS 的 "/test/input" 下,文件名保持为 test.txt(也可以在复制的同时重新命名目标文件,如 test.dat)。

```
hadoop fs -copyFromLocal -f /opt/jyp/jyp.txt /test/input/jyp.txt
```

此命令也可以将本地 test.txt 文件,复制到 HDFS 的 "/test/input/" 下,文件名保持不变。

上述命令也可以使用相对路径。

(4)下载文件到本地

将文件从 HDFS 集群复制到本地称为文件下载。

下载文件时有两种命令可以使用:一种是 "hadoop fs -get";另一种是 "hadoop fs -copyToLocal"。

举例如下：

```
hadoop fs -get /test/input/test.txt /opt/jyp/test.dat
```

此命令将 HDFS 的 "/test/input" 下的 test.txt（当然，该文件必须存在）下载到本地的 "/opt/jyp"，文件名修改为 test.dat。

```
hadoop fs -copyToLocal -f /test/input/jyp.txt /opt/jyp/jyp1.txt
```

此命令也可以将 HDFS 的 "/test/input" 下的 jyp.txt 文件下载到本地的 "/opt/jyp"，文件名修改为 jyp1.txt。

（5）查看 HDFS 文件内容

我们可以用 hadoop fs -text、hadoop fs -cat、hadoop fs -tail 等不同参数形式查看 HDFS 集群中的文件内容。当然，只有文本文件的内容才可以看清楚，其他文件显示的是乱码。例如：

```
hadoop fs -cat /test/input/test.txt
```

此命令将 HDFS 中 "/test/input" 下的 test.txt（当然，该文件必须存在）显示在终端上，如图 4-29 所示。

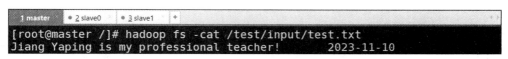

图 4-29　查看 HDFS 中的文件内容

将命令行 "hadoop fs -cat /test/input/test.txt" 中的 cat 用 text 或 tail 代替，看到的结果相同。

（6）删除 HDFS 文件

我们可以用 "hadoop fs -rm" 删除 HDFS 集群中的文件。例如：

```
hadoop fs -rm /test/input/test.txt
```

4.3.4　运行示例程序

下面我们在 Hadoop 集群上运行一个 MapReduce 程序，以帮助读者初步理解分布式计算。

在安装 Hadoop 的时候，系统给用户提供了一些 MapReduce 示例程序，其中有一个典型的用于计算圆周率 π（pi）的 Java 程序包，现在我们将其投入运行。

该 jar 包文件的位置和文件名是：

```
/home/swxy/hadoop-3.3.4/share/hadoop/mapreduce/hadoop-mapreduce-examples-3.3.4.jar
```

我们在终端输入如下的运行命令：

```
hadoop jar /home/swxy/hadoop-3.3.4/share/hadoop/mapreduce/hadoop-mapreduce-example
s-3.3.4.jar pi 10 10
```

输入情况如图 4-30 所示。按 Enter 键后即可开始运行。其中 pi 是类名，后面跟了两个 10，它们是运行参数，第一个 10 表示 Map 次数，第二个 10 表示随机生成点的次数（与计算原理有关）。

图 4-30　准备运行 hadoop-mapreduce-examples-3.3.4.jar 中的 pi 程序

如果整个程序执行成功，会输出图 4-31 所示的结果。我们看到，计算出来的 pi 值近似等于 3.2。

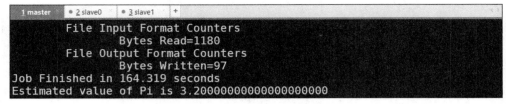

图 4-31　pi 程序的执行结果

值得指出的是，执行 Hadoop MapReduce 程序是验证 Hadoop 系统是否正常启动的最后一个环节。实际上，即使通过 jps 和 Web 方式验证了系统已经启动，并且能够查看到状态信息，也不一定意味着系统可以正常工作。例如，防火墙没有关闭，MapReduce 程序执行不会成功。

注意：

经常有用户不能如愿执行上述 MapReduce 程序，所遇到的错误提示也各不相同，主要有这样一些情况。

第一，Linux 防火墙没有关闭时，用户看到系统显示 "no route to host" 或 "There are 0 datanode(s) running and no node(s) are excluded in this operation." 这样的异常信息。特别是在后一种异常信息情况下，我们虽然使用 jps 命令可以查看到 master 和 slave 上的 NameNode、DataNode 等进程都存在，但是如果使用 http://master:9870/ 查看 Hadoop 状态，就会发现没有活动的 DataNode 节点，这就是 MapReduce 程序无法执行的原因。要消除上述异常，就必须关闭 Linux 防火墙，而且所有节点的防火墙都要关闭，然后重新启动 Hadoop 即可。关于关闭防火墙的具体办法，请参见第 2 章中有关内容。

第二，系统不稳定。有时候系统由于某种原因处于一种不稳定状态也可能导致执行失败，一般简单地重新执行一下命令即可。

第三，系统处于安全模式，系统会给出提示 "system is in safe mode"。这时，我们只要执行如下命令：

```
hadoop dfsadmin -safemode leave
```

即可关闭安全模式。离开安全模式后，就可以正常执行 Hadoop 命令了。

第四，mapred-site.xml 配置不合适。在 Hadoop 中运行应用程序，出现了 running beyond virtual memory 错误。提示信息是：Container [pid=6629,containerID=container_ 1532136350867_0001_01_ 000026] is running 541133312B beyond the 'VIRTUAL' memory limit. Current usage: 291.8 MB of 1 GB physical memory used; 2.6 GB of 2.1 GB virtual memory used. Killing container. 显然，这表明 slave 上运行的 Container 试图使用过多的内存，而被 NodeManager "杀"（kill）掉了。解决办法是调整 mapred-site.xml 配置，例如，可以将下面这些配置代码加入 mapred-site.xml 文件中。

```
<property>
    <name>mapreduce.map.memory.mb</name>
    <value>2048</value>
</property>
<property>
    <name>mapreduce.map.java.opts</name>
    <value>-Xmx1024M</value>
```

```
</property>
<property>
    <name>mapreduce.reduce.memory.mb</name>
    <value>4096</value>
</property>
<property>
    <name>mapreduce.reduce.java.opts</name>
    <value>-Xmx2560M</value>
</property>
```

上述代码中的 value 实际配置，需要根据自己机器内存大小及应用情况决定。

有时候，上述几种异常会重叠在一起出现，我们就需要逐个解决问题。

Hadoop 是一种开源系统，且处于不断进化中，出现各类问题是很正常的。从某种意义上讲，开发和应用 Hadoop 大数据应用系统就是一个不断面对各种问题、需要持续努力和耐心去应对的过程。

4.3.5　应用案例

本案例是通过 Java 访问 Hadoop 集群。使用 IDEA 工具编写程序，实现以下 3 个功能。

（1）上传本地 D 盘中的 hadoop-3.3.4.tar.gz 文件到分布式文件系统 HDFS 的/jyp 目录中。

（2）下载分布式文件系统 "/jyp" 目录中的 hadoop-3.3.4.tar.gz 文件到本地。

（3）获取分布式文件系统 "/jyp" 目录中的 hadoop-3.3.4.tar.gz 文件信息（例如，块大小、副本数量）。

1. Hadoop 在 Windows 下的环境配置

（1）解压 hadoop-3.3.4.tar.gz，将解压后的文件夹存放到本地，例如，D:\Program Files (x86)\hadoop-3.3.4。

（2）解压 hadoop-3.3.4.zip，将 bin 目录下所有的文件覆盖 D:\Program Files(x86)\hadoop-3.3.4\bin 目录。

（3）将 winutils.exe 和 hadoop.dll 文件复制到 C:\Windows\System32 目录下。

（4）配置环境变量，将 Hadoop 添加到环境变量，如表 4-2 所示。

表 4-2　　　　　　　　　　　　　配置 Hadoop 环境变量

变量	值
HADOOP_HOME	D:\Program Files(x86)\hadoop-3.3.4
HADOOP_USER_NAME	root
Path	%HADOOP_HOME%\bin;%HADOOP_HOME%\sbin

（5）执行以下命令检查配置是否生效。

```
echo %HADOOP_HOME%
echo %HADOOP_USER_NAME%
echo %path%
```

（6）进入目录 "C:\Windows\System32\drivers\etc\hosts" 修改当前 Windows 操作系统的 hosts 文件，本章 4.3.2 小节已配置。

```
192.168.88.101 master
192.168.88.102 slave0
192.168.88.103 slave1
```

（7）执行以下命令进行测试。

```
ping master
```

若不能通过测试，则需要重启本机。

2. 使用 IDEA 创建 Maven 项目

（1）配置 Maven 环境变量。下载 apache-maven-3.8.4，并复制到 D:\Program Files(x86)目录下，然后配置环境变量，如表 4-3 所示。

表 4-3　　　　　　　　　　　　　配置 Maven 环境变量

变量	值
MAVEN_HOME	D:\Program Files(x86)\apache-maven-3.8.4
Path	%MAVEN_HOME%\bin

（2）打开 IDEA，创建一个名为 hdfs_file 的 Maven 项目，选择 "File→New→Project"，在弹出的对话框中选择 "Maven"，并选中 "Create from archetype"，再选择以 quickstart 结束的选项，最后输入项目名称 hdfs_file，接下来设置 Maven home path、User settings file、Local repository 目录，具体如图 4-32 所示。

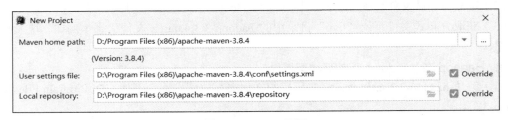

图 4-32　Maven 配置

（3）在项目 "src→main" 下创建 directory，命名为 resources，从一台虚拟机（例如 master）的/home/swxy/hadoop-3.3.4/etc/hadoop/目录下找到 core-site.xml、hdfs-site.xml 两个文件，并传输到本地，然后复制到刚创建的 resources 目录中。后面章节使用 MapReduce 时，还需添加 mapred-site.xml、yarn-site.xml 和 log4j.properties 文件。

（4）添加如下代码到 pom.xml 文件。

```
<properties>
    <project.build.sourceEncoding>UTF-8</project.build.sourceEncoding>
    <maven.compiler.source>1.8</maven.compiler.source>
    <maven.compiler.target>1.8</maven.compiler.target>
    <hadoop.version>3.3.4</hadoop.version><!-- Hadoop 版本控制 -->
    <commons-io.version>2.4</commons-io.version><!-- commons-io 版本控制 -->
</properties>
<dependencies>
    <dependency>
        <groupId>org.apache.hadoop</groupId>
        <artifactId>hadoop-common</artifactId>
        <version>${hadoop.version}</version>
    </dependency>
    <dependency>
```

```
            <groupId>org.apache.hadoop</groupId>
            <artifactId>hadoop-hdfs</artifactId>
            <version>${hadoop.version}</version>
        </dependency>
        <dependency>
            <groupId>org.apache.hadoop</groupId>
            <artifactId>hadoop-client</artifactId>
            <version>${hadoop.version}</version>
        </dependency>
        <dependency>
            <groupId>org.apache.hadoop</groupId>
            <artifactId>hadoop-mapreduce-client-common</artifactId>
            <version>${hadoop.version}</version>
        </dependency>
        <dependency>
            <groupId>org.apache.hadoop</groupId>
            <artifactId>hadoop-mapreduce-client-core</artifactId>
            <version>${hadoop.version}</version>
        </dependency>
        <dependency>
            <groupId>org.apache.hadoop</groupId>
            <artifactId>hadoop-mapreduce-client-jobclient</artifactId>
            <version>${hadoop.version}</version>
        </dependency>
        <dependency>
            <groupId>commons-io</groupId>
            <artifactId>commons-io</artifactId>
            <version>${commons-io.version}</version>
        </dependency>
        <dependency>
            <groupId>com.janeluo</groupId>
            <artifactId>ikanalyzer</artifactId>
            <version>2012_u6</version>
        </dependency>
    </dependencies>
```

（5）编写 Java 代码。

首先要实现的是上传文件到 Hadoop 集群。在 D 盘根目录准备好文件 hadoop-3.3.4.tar.gz，编写 copyFromTo 和 main 两个方法。

```
public static void main(String[] args) throws IOException {
    copyFromTo();
}
private static void copyFromTo() throws IOException {
    Configuration configuration = new Configuration(true);    //加载配置文件
    FileSystem fileSystem = FileSystem.get(configuration);    //获取文件系统
    Path srcPath = new Path("D:\\hadoop-3.3.4.tar.gz");       //文件上传
    Path destPath = new Path("/jyp/");
    fileSystem.copyFromLocalFile(srcPath, destPath);
    fileSystem.close();    //关闭连接
}
```

输入命令"hadoop fs -ls /jyp"查看是否上传成功，如图 4-33 所示。

接下来要实现的是文件下载、删除或注释 copyFromTo()方法中文件上传的三行代码，用下面代码来代替。

```
Path localPath = new Path("D:\\");
Path hdfsPath = new Path("/jyp/hadoop-3.3.4.tar.gz");
fileSystem.copyToLocalFile(hdfsPath, localPath);
```

```
[root@master hadoop]# hadoop fs -ls /jyp
Found 1 items
-rw-r--r--   3 root supergroup   695457782 2023-07-27 13:37 /jyp/hadoop-3
.3.4.tar.gz
[root@master hadoop]#
```

图 4-33 查看上传文件

最后要实现的是获取文件信息，添加 blockLocationsInfo 方法，内容如下。

```
private static void blockLocationsInfo() throws IOException {
    Configuration configuration = new Configuration(true);    //加载配置文件
    FileSystem fileSystem = FileSystem.get(configuration);    //获取文件系统
    Path path = new Path("/jyp/hadoop-3.3.4.tar.gz");    //创建路径的 Path 对象
    boolean flag = fileSystem.exists(path);
    System.out.println("当前文件 Block 大小:" +
            fileSystem.getDefaultBlockSize(path) / 1024 / 1024);
    System.out.println("当前文件 Replication 数量:" +
            fileSystem.getDefaultReplication(path));
    BlockLocation[] blockLocations =
            fileSystem.getFileBlockLocations(path, 0, 10);
    for (BlockLocation blockLocation : blockLocations) {
        System.out.println("(文件 Block 信息--------)" +
                Arrays.toString(blockLocation.getStorageIds()));
        System.out.println(blockLocation.getLength());
        System.out.println(blockLocation.getOffset());
        System.out.println(Arrays.toString(blockLocation.getStorageTypes()
));
        System.out.println(Arrays.toString(blockLocation.getHosts()));
        System.out.println(Arrays.toString(blockLocation.getNames()));
        System.out.println(blockLocation.toString());
    }
    fileSystem.close();    //关闭连接
}
```

main()入口函数调用 blockLocationsInfo()方法，代码如下。

```
public static void main(String[] args) throws IOException {
    blockLocationsInfo();
}
```

获取结果，运行结果如图 4-34 所示。

```
当前文件Block大小:128
当前文件Replication数量:3
(文件Block信息--------)[DS-e5513371-83e1-44de-999e-c80c05fd8076, DS-ebccb515-45d3-4a9d-896e-0258bea642f7,
                                          DS-2b4f3843-57d5-4581-9651-7203c6c74eb1]
134217728
0
[DISK, DISK, DISK]
[slave1, master, slave0]
[192.168.88.103:9866, 192.168.88.101:9866, 192.168.88.102:9866]
0,134217728,slave1,master,slave0
```

图 4-34　查看文件结果

4.4　本章小结

本章主要介绍了 Hadoop HDFS 的安装与配置，环境变量的配置，启动与关闭 Hadoop 集群的方法，监控页面的使用，以及使用命令完成文件上传与下载、运行示例程序，最后通过 Java API 操作 HDFS 文件。读者需要特别注意，安装 Hadoop 以后，我们采用了 3 种方式来验证系统是否安装成功：第一种是通过 jps 命令，分别在 master 节点和 slave 节点上查看 NameNode 和 DataNode 进程是否启动；第二种是通过浏览器访问系统提供的 Web 监控信息；第三种是运行一个 MapReduce 程序，如典型的计算圆周率程序 Pi。

必须指出，如果这三个验证都通过，才能说明系统安装成功。如果运行程序不成功，说明系统还存在问题，如防火墙没有关闭等。

思考与练习

1. 填空题

（1）在 Linux 操作系统中使用_____命令创建一个目录。

（2）NameNode 的 Web 端访问地址常用端口号是_____，YARN 的 Web 管理地址常用端口号是_____。

（3）执行命令_____可以授予目录权限。

（4）使用 vi 编辑器在_____文件中编辑环境变量。

（5）使用_____、_____命令或者_____启动 Hadoop 集群。

2. 选择题

（1）以下哪一项不属于 Hadoop 可以运行的模式？（　　）

　　A. 单机模式　　　　　　　　　　B. 互联模式

　　C. 分布式模式　　　　　　　　　D. 伪分布式模式

（2）HDFS 具有高容错、高可扩展、高吞吐率等特征，适合的读写任务是（　　）。

　　A. 一次写入，少次读　　　　　　B. 一次写入，多次读

　　C. 多次写入，多次读

（3）与 HDFS 类似的框架是（　　）。

　　A. FAT32　　　　B. NTFS　　　　C. GFS　　　　D. ext3

（4）显示一个文件最后几行的命令是（　　　）。

    A. tail   B. last   C. head   D. show

（5）以下哪一项可以删除 HDFS 集群中的文件?（　　　）

    A. remove   B. delete   C. get   D. rm

3. 思考题

（1）试述搭建 Hadoop 集群需要配置哪些文件，阐述每个文件的作用。

（2）假设/opt/jyp 目录下有一个程序包 hdfs_examples-1.1.1.jar，写出终端命令来执行这个程序。

第5章
分布式数据库系统 HBase

文件系统主要解决的是数据的基本存储问题。为了更有效地处理数据，我们还必须使用结构化数据存储和管理系统，即数据库系统。但随着数据量指数级增长，传统的结构化存储模式很难适应大数据的存储和管理，于是出现了新型结构化存储模式。

本章首先介绍几种新型结构化存储模式，接着重点讲解以"列"模式存储的 HBase 的系统架构和数据模型，然后介绍 HBase 的两种重要检索机制，最后着重分析 HBase 的读写过程。

5.1 新型结构化存储模式

为了应对大规模数据所带来的挑战，新型结构化存储模式应运而生。接下来，我们将介绍几种主流的新型结构化存储模式。

5.1.1 列存储

关系数据库是基于行模式存储的，元组或行会被连续地存储在磁盘页中。系统在读取数据时，需要顺序扫描每个元组，然后从中筛选出查询所需要的属性。因此，在查询较少的属性时，也需要一行一行地去扫描磁盘上的元数据，极大地增加了 I/O 开销。特别是在数据量大时，开销更大。而在列存储的数据模式中，同一个列族中的数据会被压缩成单独的文件进行存储，不同列之间的文件是分离的，因此可以只扫描要查询的属性，而不必处理其他属性，可以极大地降低 I/O 开销。

然而，列存储也有一些缺点，例如在插入和更新数据时可能需要更多的磁盘 I/O，因为需要读取和写入多个列的数据。此外，列存储在处理跨多个列的查询时可能效率较低，因为需要读取多个列的数据并进行合并。行存储与列存储的区别如图 5-1 所示。

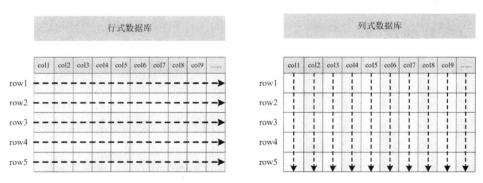

图 5-1 行存储与列存储的区别

5.1.2 Key–Value 存储

Key-Value 存储是一种常见的数据存储模式，它以键值对的形式存储数据。在这种模式下，每个数据元素都由唯一的键（Key）和一个与其对应的值（Value）组成。以下是 Key-Value 存储的一些关键特征。

（1）键值对存储。Key-Value 存储系统以键值对的形式存储数据，每个键都唯一地对应一个值。这种存储模式适用于需要快速查找和访问特定数据的情况，例如数据库的索引、缓存等应用场景。

（2）查询速度快。由于 Key-Value 存储系统中的数据是按照键进行组织的，因此在查询时可以快速定位到特定的键值对。这种高速的查询性能对于实时数据处理和响应时间敏感的应用非常重要。

（3）并发性能高。Key-Value 存储系统通常支持高并发访问，可以在多个线程与进程之间共享和并发访问同一个存储系统。这一点使得 Key-Value 存储系统在处理大规模并发读写操作时表现出色。

（4）数据无结构化。在 Key-Value 存储系统中，数据的结构和格式通常是不受限制的。数据可以是任意类型的，例如文本、二进制数据等。这一点使得 Key-Value 存储系统具有很高的灵活性，可以适应不同的应用场景和数据类型。

Key-Value 存储系统广泛应用于各种场景，例如缓存、数据库索引、分布式锁、分布式队列等。它们提供了一种高效、灵活、可扩展的数据存储和处理方式，可以帮助开发人员应对各种复杂的数据处理需求。通过学习 Key-Value 存储，可以更好地理解并应用大数据存储和处理技术，以应对现代大数据应用中的各种挑战。

5.1.3 图存储

图存储是一种专门存储节点与节点之间连线关系的拓扑存储方法。它通常使用图形数据库或网络数据库来实现，可以高效地存储不同实体之间的关联关系。

在图存储模式中，每个节点表示一个实体，每个边表示两个实体之间的关系。节点和边都有相应的属性，例如节点的名称、边的权重等。

图存储模式广泛应用于社交网络、推荐系统、自然语言处理等领域。在社交网络中，每个用户可以表示为一个节点，每两个用户之间的关系可以表示为一条边。在推荐系统中，每个商品或服务可以表示为一个节点，每个用户对某个商品的偏好可以表示为一条边。另外，图存储模式还可以用于处理具有高度关联关系的数据，例如社交网络中的用户关系、推荐系统中的商品关系等。它能够高效地处理实体之间的关系，并支持复杂的查询和分析操作。

5.1.4 其他存储

除了上述存储方式外，还有许多其他存储方式，如文档存储、对象存储、时序存储等，每种存储方式都有其特定的用途和优势。

（1）文档存储：适用于存储半结构化数据，如 JSON、XML 等文档格式的数据。

（2）对象存储：适用于大规模、分布式存储，常用于存储大型多媒体文件和对象数据。

（3）时序存储：专门用于存储时间序列数据，如传感器数据、日志数据等。

每种存储方式都有其独特的特点和适用场景。选择哪种存储方式取决于你的数据类型、访问模式以及应用需求。

5.1.5　NoSQL 和 NewSQL

NoSQL（Not Only SQL）数据库是非关系型数据库的一种，它与关系型数据库的数据存储和管理方式有明显的不同。NoSQL 数据库是分布式、横向扩展的，它通常采用多台计算机组成集群的方式，共同完成数据的存储、管理和处理。NoSQL 数据库主要以 Key-Value 存储为基础，具有可伸缩性强、高性能等特点，非常适合互联网分布式应用的特性。

NewSQL 数据库则是关系型数据库的一种，它采用分布式架构，具备分布式事务处理和数据强一致性的特点。NewSQL 数据库可以应对大规模数据的存储和处理，提供高性能的查询和数据操作。

在数据模型上，NoSQL 数据库的数据模型通常是以键值对的形式进行存储和管理，而 NewSQL 数据库则支持更为复杂的数据模型，例如表结构、关系结构等。

总的来说，NoSQL 和 NewSQL 数据库都是为了满足不同类型的应用需求而设计的。NoSQL 数据库适合大规模的、分布式的数据存储和事务处理场景，NewSQL 数据库则更适合具有复杂数据结构和事务处理的场景。

5.2　HBase 系统架构

HBase 是对 Google 公司的 Bigtable 的开源实现，是基于列存储的分布式存储系统，并且它的底层物理存储采用了 Key-Value 数据格式的列存储模式，具有分布式、可扩展、支持海量数据存储的特点。

5.2.1　基本架构

HBase 系统运行在 HDFS 上，因此，它具有 HDFS 高可靠的底层存储性能。HBase 系统主要包括 Master、RegionServer，也包括自带的 ZooKeeper。HBase 采用主从模式的结构，其中，Master 是 HBase 集群的主节点，一方面负责启动的时候分配 Region（分区）到具体的 RegionServer；另一方面负责将用户的数据均衡地分布在各个 RegionServer 上，防止 RegionServer 数据倾斜过载。RegionServer 主要用来执行读写操作。当用户通过 Client 访问数据时，Client 会和 RegionServer 进行直接通信。HBase 通过 ZooKeeper 来完成 Master 的高可用、RegionServer 的监控、元数据的入口以及集群配置的维护等工作。HBase 的架构如图 5-2 所示。

5.2.2　主要组件

HBase 是一个分布式、基于列存储的开源数据库，旨在处理大规模数据集。它主要用于存储和处理结构化数据，适用于需要快速随机访问大量数据的应用场景。HBase 的主要组件包括以下几部分。

（1）Client。这是一个客户端，用于访问 HBase 集群。它可以通过 HBase 的远程过程调用（Remote Procedure Call，RPC）协议来与 HBase 进行交互，也可以与 RegionServer 交互。此外，Client 会缓存一些 Region 的信息。

（2）ZooKeeper。ZooKeeper 是 HBase 中的重要组件，通过选举机制来保证只有一个 Master 正常运行并提供服务。ZooKeeper 还存储了 ROOT 表的地址、Master 的地址，以及所有 RegionServer 的状态。此外，它还存储了 HBase 的一些 schema 和 Table 的元数据。

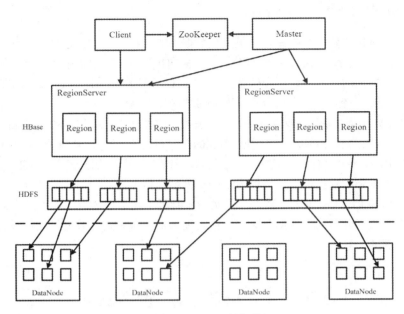

图 5-2　HBase 的架构

（3）Master。Master 的实现类为 HMaster，负责监控集群中 RegionServer 的状态和 RegionServer 之间的负载均衡；此外，还负责管理元数据表格 hbase:meta，接收用户对表格创建、修改、删除的命令并执行。

（4）Region。每一个 Region 都是表的一部分，而每一个 Region 又划分为多个 Store，Store 中存储的是该部分一个列族的信息。

（5）StoreFile。StoreFile 用于保存实际数据的物理文件，以 HFile（HBase 中数据的最小存储单位）的形式存储在 HDFS 上。每个 Store 会有多个 StoreFile，数据在每个 StoreFile 中都是有序的。

（6）RegionServer。RegionServer 实现类为 HRegionServer，是真正执行读写操作的节点，负责处理来自客户端的请求，并与 HDFS 交互，存储数据到 HDFS。它还负责管理 Master 为其分配的 Region，以及负责 Region 变大以后的拆分和 StoreFile 的合并工作。

此外，HDFS 也为 HBase 提供了底层数据存储服务，元数据和表数据都存储在 HDFS 中，同时为 HBase 提供高可用的支持。

5.3　HBase 的数据模型

5.3.1　HBase 的列存储模型

HBase 是面向列的分布式存储系统，其存储的数据都被存储在表中，表中的每个单元都是通过由行键、列族、列限定符和时间戳组成的索引来标识的，HBase 数据模型如图 5-3 所示。本节将对与 HBase 数据模型相关的基本概念进行统一介绍。

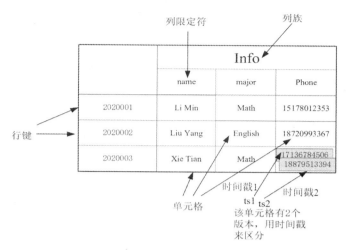

图 5-3　HBase 数据模型

（1）表（Table）。HBase 采用表来组织数据，表由许多行和列组成，列又划分为多个列族。

（2）行（Row）。在表中，每一行代表着一个数据对象。每一行都是由一个行键（Row Key）和一个或者多个列组成的。行键是行的唯一标识，行键并没有特定的数据类型，它以二进制的字节来存储，按字母顺序排列。因为表的行是按照行键顺序来进行存储的，所以行键的设计相当重要。设计行键的一个重要原则是相关的行键要存储在接近的位置，例如，设计记录网站的表时，行键需要将域名反转（例如 org.apache.www、org.apache.mail、org.apache.jira），这样的设计能使与 Apache 相关的域名在表中存储的位置非常接近。访问表中的行只有 3 种方式：通过单个行键获取单行数据；通过一个行键的区间来访问给定区间的多行数据；全表扫描。

（3）列族（Column Family）。在定义 HBase 表时需要提前设置好列族，表中所有的列都需要组织在列族里面。列族一旦确定后，就不能轻易修改，因为它会影响到 HBase 表真实的物理存储结构。列族中的列限定符及其对应的值可以动态增删。表中的每一行都有相同的列族，但是不需要每一行的列族里都有一致的列限定符，所以说 HBase 表是一种稀疏的表结构，这样可以在一定程度上避免数据的冗余。HBase 表中的列族是一些列的集合。一个列族的所有列成员都有着相同的前缀，例如，courses:history 和 courses:math 都是列族 courses 的成员。":"是列族的分隔符，用来区分前缀和列名。列族必须在表建立的时候声明，列随时可以新建。

（4）列限定符（Column Qualifier）。列族中的数据通过列限定符来进行映射。列限定符不需要事先定义，也不需要在不同行之间保持一致。列限定符没有特定的数据类型，以二进制字节来存储。

（5）单元（Cell）。行键、列族和列限定符一起标识一个单元，存储在单元里的数据称为单元数据，单元数据没有特定的数据类型，以二进制字节来存储。

（6）时间戳（Timestamp）。默认情况下，每一个单元中的数据插入时都会用时间戳来进行版本标识。读取单元数据时，如果时间戳没有被指定，则默认返回最新的数据；写入新的单元数据时，如果没有设置时间戳，则默认使用当前时间。每一个列族的单元数据的版本数量都被 HBase 单独维护。默认情况下，HBase 保留 3 个版本数据。

5.3.2　从逻辑表到物理存储

从 HBase 的数据模型来看，HBase 在逻辑上同关系型数据库很类似，数据存储在一张有行和列的表中，但是在 HBase 中，表格中的"列"代表列族（Column Family），行和列组成的存储单元为一个元素信息，元素信息可以有多个不同的版本，利用时间戳进行标明。由于 HBase 存储数据的特点为稀疏存储，因此表格中的列有时会出现空白的情况。HBase 逻辑数据模型如表 5-1 所示，每个数据都有其对应的时间戳，时间戳的数字越大，说明数据越新。

表 5-1　　　　　　　　　　　　　HBase 逻辑数据模型

Row	Timestamp	Column Family：col1	Column Family：col2
row1	t5	col1:1 = value1-1	
	t4	col1:2 = value1-2	
row2	t3		col2:1 = value2-1
	t2		col2:2 = value2-2
	t1		col2:3 = value2-3

HBase 的物理底层是以列存储为主的 Key-Value 数据形式。从物理模型角度分析，先将逻辑模型中的行进行分割，再按照列族的方式存储，也就是说，将表 5-1 中的逻辑数据模型的可转换为两个物理模型，如表 5-2 和表 5-3 所示。

表 5-2　　　　　　　　　　　　　HBase 物理模型 1

Row	Timestamp	Column Family：col1
row1	t5	col1:1 = value1-1
	t4	col1:2 = value1-2

表 5-3　　　　　　　　　　　　　HBase 物理模型 2

Row	Timestamp	Column Family：col2
row2	t3	col2:1 = value2-1
	t2	col2:2 = value2-2
	t1	col2:3 = value2-3

5.4　检索机制

5.4.1　分区检索

HBase 的分区（Region）检索是指在分布式环境中定位和获取存储在特定 Region 中的数据的过程。每个 HBase 表被分割成一系列的 Region，每个 Region 负责一段连续的行键范围。在查询数据时，HBase 会根据查询的行键范围定位到相应的 Region，然后从该 Region 中检索数据。

以下是 HBase 的 Region 检索过程。

（1）行键定位。当客户端发出查询请求时，请求中通常会包含一个或多个行键，标识出需要检索的数据范围。

（2）元数据查询。HBase 集群中有一个主节点，称为 HMaster，负责管理整个集群的元数据信息。当查询请求到达 HMaster 时，HMaster 根据查询请求中的行键，确定数据位于哪个 Region 中。

（3）RegionServer 分配。RegionServer 是 HBase 集群中的工作节点，负责管理和处理一个或多个 Region。一旦 HMaster 确定了数据所在的 Region，它会将查询请求转发给负责该 Region 的 RegionServer。

（4）数据检索。接收到查询请求的 RegionServer 根据查询请求中的行键，定位到相应的 Region。RegionServer 在该 Region 的 StoreFile 中查找并检索数据。每个 StoreFile 负责一个列族下的数据范围。

（5）数据返回。RegionServer 检索到数据后，将查询结果返回给客户端，完成查询操作。需要注意的是，HBase 的 Region 检索是分布式的，查询请求会被路由到负责相应 Region 的 RegionServer 上。这一点允许 HBase 在大规模数据环境中提供高性能、高吞吐量的数据检索能力。合理的分区设计和负载均衡可以确保数据均匀分布在不同的 Region 中，从而实现更好的查询性能和系统扩展性。

5.4.2　物理存储文件检索

HBase 中的数据存储是通过一系列的存储文件（StoreFile）来实现的。StoreFile 是在 HBase 的 Region 中实际存储数据的文件，每个列族在每个 StoreFile 中都有一个或多个文件。每个 StoreFile 都是一种有序的、不可变的、基于 HFile 的数据文据。

要在 HBase 中检索 StoreFile 中的数据，可以遵循以下步骤。

（1）确定表和行键。确定要从哪个表以及哪个行键检索数据。

（2）查找 Region。根据行键，确定存储该行数据的 Region。

（3）查找 StoreFile。在确定的 Region 中，根据列族和时间戳等信息，确定要查询的 StoreFile。

（4）数据检索。一旦找到了正确的 StoreFile，系统会通过 HFile 的索引和数据块来检索数据。这包括在文件中查找对应的数据块，并在数据块内部查找具体的数据。

（5）返回结果。检索到的数据将被返回给应用程序，供进一步处理和使用。

此外，HBase 还提供了针对各种查询和检索操作的 API 及工具，以帮助使用者有效地从 StoreFile 中检索数据。具体的操作和 API 调用可能会因 HBase 的版本和配置的不同而有所不同，建议查阅 HBase 官方文档以获取更详细的信息。

5.5　读写过程分析

5.5.1　读取数据

在 HBase 中读取数据涉及一系列步骤，从确定表和行键到最终获取和处理数据，如图 5-4 所示。以下是在 HBase 中读取数据的基本步骤。

（1）Client 客户端先访问 ZooKeeper，获取 hbase:meta 表位于哪个 RegionServer 这一信息。

（2）访问 hbase:meta 表对应的 RegionServer 服务器，根据请求的信息（Table/RowKey），查询出目标表位于哪个 RegionServer 中的哪个 Region。将该表的 Region 信息，以及 hbase:meta 表

的位置信息存储在客户端的缓存中，以便下次访问。

（3）与目标表所在的 RegionServer 进行通信。

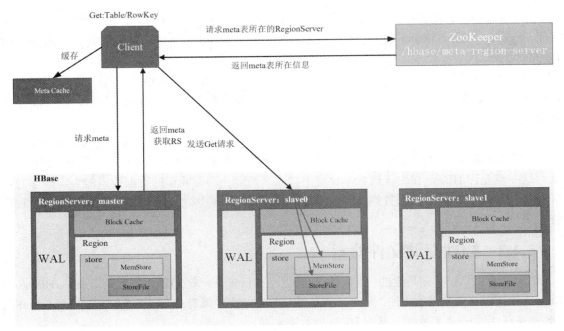

图 5-4　HBase 读取数据过程

（4）分别在 Block Cache（读缓存）、MemStore（写缓存）和 StoreFile 存储文件查询目标数据，并将查到的数据进行合并，此处所有数据是指同一条数据的不同版本（Timestamp）或者不同的类型。

（5）将从文件中查询到的数据块缓存到 Block Cache。

（6）将合并后的数据返回客户端。

注意：

这里的 hbase:meta 表包含了 HBase 系统中的所有表的信息，包括表的命名空间、表的列族、表的属性以及其他相关信息。它是 HBase 中非常重要的一个表，因为它为系统管理员和开发人员提供了管理、监控和调试 HBase 系统所需的元数据信息。

在 HBase 中数据存储和处理主要涉及 3 个关键组件：Block Cache、MemStore 和 StoreFile。其中，Block Cache 用于存储 HBase 中最频繁访问的数据块。当客户端发起读取请求时，HBase 首先会检查 Block Cache 中是否有所需的数据块。如果存在，就直接从缓存中获取，避免了从磁盘上读取的开销，否则，将从 StoreFile 中读取数据块并将其放入 Block Cache 中。在 HBase 中，每次对表的更新操作都会首先写入 MemStore。随着 MemStore 中的数据越来越多，当其大小达到一定阈值时，这些数据将被写入磁盘上的 StoreFile 中。

5.5.2　写入数据

在 HBase 中写入数据涉及将数据添加到适当的表、行和列中，如图 5-5 所示。下面是在 HBase 中写入数据的一般步骤。

（1）客户端先访问 ZooKeeper，获取 hbase:meta 表位于哪个 RegionServer。

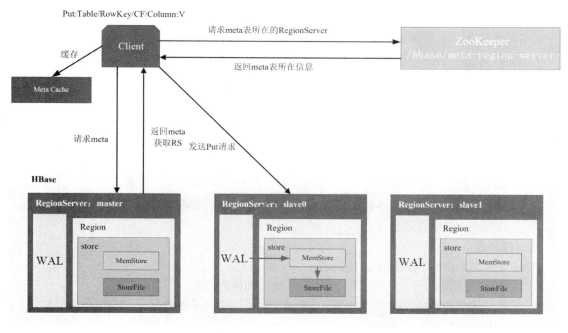

图 5-5　HBase 写入数据过程

（2）访问 hbase:meta 表对应的 RegionServer 服务器，根据请求的信息（Table/RowKey），在 hbase:meta 表中查询出目标数据位于哪个 RegionServer 的哪个 Region 中。将该表的 Region 信息以及 hbase:meta 表的位置信息缓存到客户端的 Meta Cache，方便下次访问。

（3）与目标数据 RegionServer 进行通信。

（4）将数据写入 WAL 中。

（5）将数据写入对应的 MemStore 中。

（6）向客户端发送写入成功的信息。

（7）等达到 MemStore 的刷写时机后，将数据刷写到 HFile 中。

注意：

这里的 WAL（Write-Ahead Logging）是一种用于数据恢复和故障恢复的机制。它是一种预写日志算法，即在每次进行数据写入操作时，先将日志写入 WAL 中，然后将数据写入 MemStore 中。这种机制可以确保即使在系统发生故障或崩溃时，数据也不会丢失。

HBase 中的刷写操作是指将更新后的数据写入 MemStore 中，并更新原有的数据。当客户端对 HBase 的表进行更新操作时，更新后的数据会被写入 MemStore 中，并覆盖原有的数据。这个过程是自动进行的。

5.6　本章小结

本章主要介绍了 HBase 的体系架构、工作原理等理论知识，让读者理解 HBase 在大数据领域的重要性。同时，读者通过本章对 HBase 详细的图解分析描述，也为第 6 章 HBase 的应用实践打下坚实的基础。

思考与练习

1. 填空题

（1）HBase 通过_____来做 Master 的高可用、RegionServer 的监控、元数据的入口以及集群配置的维护等工作。

（2）HBase 系统运行于_____文件系统上。

（3）HBase 的主要组件有_____、_____、_____和_____等。

（4）元素信息可以有多个不同的版本，利用_____进行标明。

（5）HBase 的检索机制包括_____和_____。

2. 选择题

（1）下面对 HBase 的描述不正确的是（　　　）。

    A. 开源的　　　　　　　　　　　　　B. 面向列的

    C. 分布式的　　　　　　　　　　　　D. 是一种关系型数据库

（2）HBase 表的索引构成包括（　　　）。

    A. 行、列　　　　　　　　　　　　　B. 行键、列族

    C. 行键、列族、列限定符　　　　　　D. 行键、列族、列限定符和时间戳

（3）下面不属于新型结构化存储模式的是（　　　）。

    A. 列存储　　　B. 行存储　　　C. 图存储　　　　D. Key-Value 存储

（4）在 HBase 的读过程中，说法错误的是（　　　）。

    A. Client 客户端先访问 ZooKeeper

    B. 访问 meta 表对应的 RegionServer 服务器，根据请求的信息（namespace: table/rowKey），查询出目标表位于哪个 RegionServer 中的哪个 Region

    C. 分别在 Block Cache、MemStore 和 StoreFile 查询目标数据，并将查到的数据进行单独返回

    D. 将从文件中查询到的数据块缓存到 Block Cache

（5）在 HBase 的写过程中，说法错误的是（　　　）。

    A. 客户端先访问 ZooKeeper，获取 hbase:meta 表位于哪个 RegionServer

    B. 访问 hbase:meta 表对应的 RegionServer 服务器，根据请求的信息（namespace: Table/RowKey），在 hbase:meta 表中查询出目标数据位于哪个 RegionServer 的哪个 Region 中

    C. 将数据写入 WAL 中

    D. 等达到 MemStore 的刷写时机后，将数据刷写到 Block Cache 中

3. 思考题

（1）分别解释 HBase 中行键、列键和时间戳的概念。

（2）请举个实例来阐述 HBase 的概念视图和物理视图的不同。

第6章
HBase 的安装与基本应用

本章首先介绍 HBase 的安装与配置，然后介绍 HBase 基本应用，最后介绍 ZooKeeper 的安装与应用。ZooKeeper 是一个通用协调器，HBase 可以使用自带的 ZooKeeper，也可以使用独立安装的 ZooKeeper。本章后面也将介绍基于独立安装的 ZooKeeper 运行 HBase 的操作流程。

6.1　HBase 的安装与配置

HBase 需要安装在成功部署了 Hadoop 的平台上，并且要求 Hadoop 已经正常启动。同时，HBase 需要作为集群来部署，因此，我们将在 master 和 slave 上安装 HBase。下面的所有操作均使用 root 用户。

6.1.1　解压并安装 HBase

读者可以从 HBase 官网下载最新版本的 HBase，也可以直接在本书第 6 章软件资源中找到 HBase 安装包文件 hbase-2.4.11-bin.tar.gz。

将该文件复制到 master 的 "/home/swxy/" 目录下，我们从这里开始安装。

执行 "tar –zxvf hbase-2.4.11-bin.tar.gz" 命令，如下所示，系统开始解压缩并滚动显示提示信息。

```
[root@master swxy]# tar -zxvf hbase-2.4.11-bin.tar.gz
```

切换到 HBase 安装目录，然后通过 "ls -l" 命令查看该目录下的文件和子目录，如下所示，这些内容就是 HBase 的系统文件和子目录，内容齐全表明解压缩成功。

```
[root@master hbase-2.4.11]# ls -l
total 1880
drwxr-xr-x.  4 swxy swxy    4096 Jan 22  2020 bin
-rw-r--r--.  1 swxy swxy  111891 Jan 22  2020 CHANGES.md
drwxr-xr-x.  2 swxy swxy     208 Jan 22  2020 conf
drwxr-xr-x. 11 swxy swxy    4096 Jan 22  2020 docs
drwxr-xr-x.  8 swxy swxy      94 Jan 22  2020 hbase-webapps
-rw-r--r--.  1 swxy swxy     262 Jan 22  2020 LEGAL
drwxrwxr-x.  7 swxy swxy    8192 Jul 20 06:21 lib
-rw-r--r--.  1 swxy swxy  139582 Jan 22  2020 LICENSE.txt
-rw-r--r--.  1 swxy swxy  572839 Jan 22  2020 NOTICE.txt
-rw-r--r--.  1 swxy swxy    1477 Jan 22  2020 README.txt
-rw-r--r--.  1 swxy swxy 1062132 Jan 22  2020 RELEASENOTES.md
```

6.1.2　系统配置

进入 HBase 安装目录下的 "conf" 子目录，这是配置文件所在的文件夹。

（1）修改环境变量文件 hbase-env.sh。执行 "vi hbase-env.sh" 命令开始编辑 hbase-env.sh 文件。

```
[root@master conf]# vi hbase-env.sh
```

在该文件靠前的部分，可以看到下面的代码。

```
# The java implementation to use. Java 1.8+ required.
# export JAVA_HOME=/usr/java/jdk1.8.0_231-amd64/
# export HBASE_MANAGES_ZK=true
```

在上述代码中，修改第二行：去掉 "#"，即将 "# export JAVA_HOME = /usr/java/ jdk1.8.0/" 修改为 "export JAVA_HOME = /usr/java/jdk1.8.0_231-amd64"。除此之外，上述代码的第三行中 "# export HBASE_MANAGES_ZK = true" 也去掉#，修改为 "export HBASE_MANAGES_ZK = true"，这是设置为使用 HBase 自带的 ZooKeeper 集群而不是自己安装的 ZooKeeper 集群，所以设置为 true。在本章的 6.3 节，我们也会介绍如何使用独立安装的 ZooKeeper 的设置。

（2）修改配置文件 hbase-site.xml。安装 HBase 后，系统自动生成了 hbase-site.xml 文件，执行 "vi hbase-site.xml" 命令可编辑该文件。将下面的代码放在 hbase-site.xml 文件的<configuration>和</configuration>之间。

```
<property>
    <name>hbase.rootdir</name>
    <value>hdfs://master:8020/hbase</value>
</property>
<property>
    <name>hbase.cluster.distributed</name>
    <value>true</value>
    </property>
<property>
    <name>hbase.master.port</name>
    <value>16000</value>
</property>
<property>
<name>hbase.zookeeper.quorum</name>
    <value>master:2181,slave0:2181,slave1:2181</value>
</property>
```

保存后退出 vi 编辑器。

注意：必须指出，上述代码里的 hdfs://master:8020/hbase，8020 端口必须与 Hadoop 的 fs.defaultFS 端口一致。因为 hbase.rootdir 为数据存储目录，由于 HBase 存储在 HDFS 上，因此要写 HDFS 的目录。hbase.zookeeper.quorum 设置依赖的 ZooKeeper 节点，此处加入所有 ZooKeeper 集群即可。

（3）配置 RegionServers 文件。RegionServers 文件类似 Hadoop 的 slaves 文件，其中保存了 RegionServer 的列表。在启动 HBase 时，系统将根据该文件建立 HBase 集群。RegionServers 文件在 HBase 的安装目录下的 "conf" 子目录下，执行 "vi regionservers" 命令可编辑该文件。

```
[root@master conf]# vi regionservers
```

在打开的文件中，将已经存在的 localhost 删除，然后添加如下代码。

```
slave0
slave1
```

上述节点列表是本书的情况，读者可根据自己的集群进行配置。

（4）配置 Linux 环境变量文件。修改 etc/profile 文件，执行 "vi /etc/profile" 命令可编辑该文件，如下所示。

```
[root@master conf]# vi /etc/profile
```

将下面的代码添加到 etc/profile 文件的尾部。

```
#HBase
export HBASE_HOME=/home/swxy/hbase-2.4.11
export PATH=$PATH:$HBASE_HOME/bin
```

编辑完后保存并退出，然后执行生效命令 "source /etc/profile" 即可。

```
[root@master hbase-2.4.11]# source /etc/profile
```

（5）将 HBase 安装目录复制到 slave。本书有两个 slave（slave0 和 slave1），因此复制操作需要执行两次，复制到 slave0 的命令如下。

```
[root@master hbase-2.4.11]# scp -r /home/swxy/hbase-2.4.11 slave0:/home/swxy/
```

按下 Enter 键后开始复制，可以看到终端在滚动显示复制信息，直到复制结束。

至此，HBase 安装与配置就已完成了。

6.2　HBase 基本应用

6.2.1　启动与关闭

1. 启动

进入 master 上的 HBase 安装目录，执行 "bin/start-hbase.sh" 命令可启动 HBase。这里要注意的是，如果没有启动 Hadoop，需要先启动 Hadoop 集群，再启动 HBase，执行如下命令。

```
[root@master~]# cd /home/swxy/hadoop-3.3.4/
[root@master hadoop-3.3.4]# sbin/start-all.sh
[root@master hbase-2.4.11]# bin/start-hbase.sh
```

执行命令后如果看到如下的信息，表明 HBase 已经成功启动。

```
[root@master hbase-2.4.11]# bin/start-hbase.sh
    slave0: running regionserver, logging to/home/swxy/hbase-2.4.11/bin/../logs/hbase-
root-regionserver-slave0.out
    slave1: running regionserver, logging to/home/swxy/hbase-2.4.11/bin/../logs/hbase-
root-regionserver-slave1.out
    master: running regionserver, loggingto/home/swxy/hbase-2.4.11/bin/../logs/hbase-r
oot-regionserver-master.out
```

系统首先启动 HBase 自带的 ZooKeeper，然后启动 HBase 的 HMaster，接着分别启动 slave 上的 RegionServer。

用户可以通过 "jps" 命令查看 master 的进程。下面代码中 HMaster 是 HBase 的主控节点进程，

HQuorumPeer 则是 HBase 的 ZooKeeper 进程（即 HBase 内置的 ZooKeeper）。

```
[root@master hbase-2.4.11]# jps
5120 HMaster
4452 NodeManager
3894 DataNode
3735 NameNode
5003 HQuorumPeer
5437 Jps
```

用户也可以在 slave 上用"jps"命令查看是否存在 HRegionServer 进程。

```
[root@slave0 hbase-2.4.11]# jps
2327 HQuorumPeer
3129 Jps
2459 HRegionServer
2046 DataNode
```

2. 关闭

进入 master 上的 HBase 安装目录，执行"bin/stop-hbase.sh"命令可关闭 HBase，首次关闭时间较长，需要耐心等待。

```
[root@master hbase-2.4.11]# bin/stop-hbase.sh
```

执行命令后如果看到如下的信息，表明 HBase 已经成功关闭。如果 HMaster 中的 HRegionServer 节点不能关闭，则执行命令"bin/graceful_stop.sh"关闭 RegionServer 节点。

```
[root@master hbase-2.4.11]# bin/stop-hbase.sh
stopping hbase............
slave0: stopping zookeeper.
slave1: stopping zookeeper.
master: stopping zookeeper.
```

用户可以通过"jps"命令查看 master、slave0、slave1 的进程，以此来确认 HBase 是否关闭。

6.2.2　监控页面

同样，用户也可以通过 Web 方式查看 HBase 系统的运行状态。打开 Firefox 浏览器，在地址栏输入 http://master:16010（16010 是默认的端口），会看到图 6-1 所示的界面。该界面就是 HBase 的 Web 监控界面。

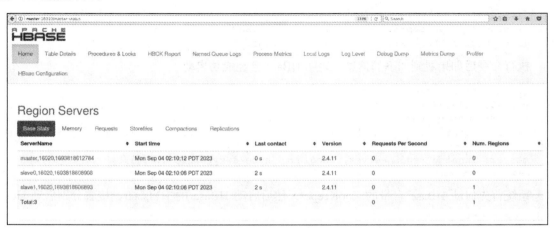

图 6-1　HBase 的 Web 监控界面

整个监控页面包括 Home（主界面）、Table Details（表详情）、Procedures&Locks（生产）、Local Logs（本地日志）、Log Level（日志级别）、Debug Dump（调试）、Metrics Dump（管存储统计）和 HBase Configuration（配置）等。

Home（主界面）主要有 Region Servers、Tables 和 Tasks 等。Region Servers 提供每个 RegionServer 的具体信息，如图 6-2 所示，其中 Requests Per Second 为每秒读或写的请求次数，可以用来监控 HBase 请求是否均匀。如果不均匀，需排查是否为建表的 Region 划分不合理造成。Num. Regions 为每个 RegionServer 节点上的 Region 个数，观察每个节点的 Region 个数是否均匀。

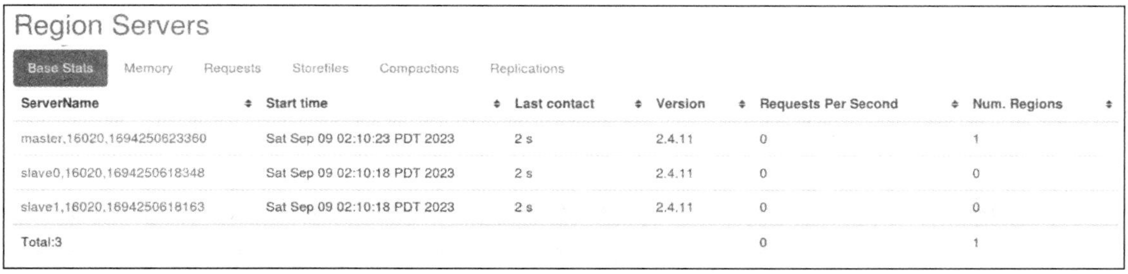
Region Servers

Base Stats | Memory | Requests | Storefiles | Compactions | Replications

ServerName	Start time	Last contact	Version	Requests Per Second	Num. Regions
master,16020,1694250623360	Sat Sep 09 02:10:23 PDT 2023	2 s	2.4.11	0	1
slave0,16020,1694250618348	Sat Sep 09 02:10:18 PDT 2023	2 s	2.4.11	0	0
slave1,16020,1694250618163	Sat Sep 09 02:10:18 PDT 2023	2 s	2.4.11	0	0
Total:3				0	1

图 6-2 HBase 的 Region Servers 界面

Tables 界面分别有 User Tables、System Tables、Snapshots，如图 6-3 所示。User Tables 记录用户创建表，可以查看到在线、下线、失败的 Region 个数。System Tables 记录系统表，安全版本集群有 3 张系统表：hbase:acl、hbase:meta、hbase:namespace。如果 hbase:acl 表 Region 未上线会导致 manager 页面对 HBase 授权失败；如果 hbase:namespace 表 Region 未上线会导致创建表失败。Snapshots 记录创建的快照信息。

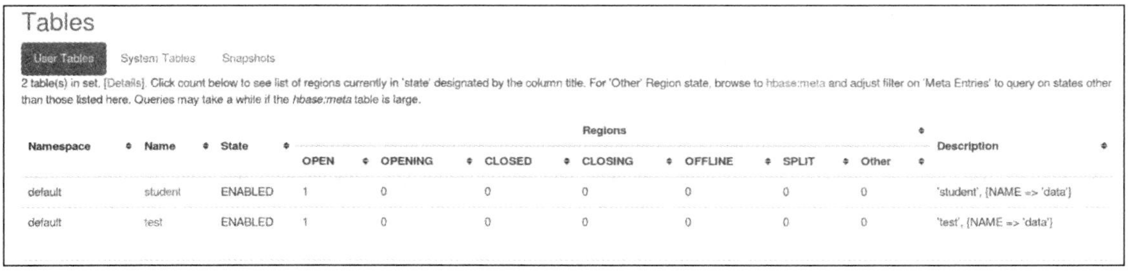
Tables

User Tables | System Tables | Snapshots

2 table(s) in set. [Details]. Click count below to see list of regions currently in 'state' designated by the column title. For 'Other' Region state, browse to hbase:meta and adjust filter on 'Meta Entries' to query on states other than those listed here. Queries may take a while if the *hbase:meta* table is large.

Namespace	Name	State	Regions							Description
			OPEN	OPENING	CLOSED	CLOSING	OFFLINE	SPLIT	Other	
default	student	ENABLED	1	0	0	0	0	0	0	'student', {NAME => 'data'}
default	test	ENABLED	1	0	0	0	0	0	0	'test', {NAME => 'data'}

图 6-3 HBase 的 Tables 界面

6.2.3 Shell 的基本应用

利用 HBase Shell 命令操作 HBase 是一种基本方法，这里介绍几个常见的 HBase Shell 命令。执行“bin/hbase shell”命令进入 HBase Shell。

```
[root@master hbase-2.4.11]# bin/hbase shell
SLF4J: Class path contains multiple SLF4J bindings.
SLF4J: Found binding in
[jar:file:/home/swxy/hbase-2.4.11/lib/client-facing-thirdparty/slf4j-reload4j-1.7.
33.jar!/org/slf4j/impl/StaticLog
gerBinder.class]
SLF4J: Found binding in
[jar:file:/home/swxy/hadoop-3.3.4/share/hadoop/common/lib/slf4j-reload4j-1.7.36.jar!/
org/slf4j/impl/StaticLog
```

```
gerBinder.class]
SLF4J: See http://www.*****.org/codes.html#multiple_bindings for an explanation.
SLF4J: Actual binding is of type [org.slf4j.impl.Reload4jLoggerFactory]
Version 2.4.11, r7e672a0da0586e6b7449310815182695bc6ae193, Tue Mar 15 10:31:00 PDT 2022
Took 0.0013 seconds
hbase:001:0>
```

1. 创建表

创建表操作使用 create 命令，其具体格式为：create '表名','列族 1','列族 2',……。下面演示创建 student 表。

```
hbase:005:0> create 'student', 'data'
Created table student
Took 0.6543 seconds
=> Hbase::Table - student
```

2. 查看列表

查看列表使用 list 命令，其执行结果如下所示。

```
hbase:006:0> list
TABLE
student
1 row(s)
Took 0.0212 seconds
=> ["student"]
```

3. 插入数据

插入数据操作使用 put 命令，其具体格式为：put '表名','行键','列族：列族限定名','值'，表示向表、行、列指定的单元格添加数据，一次只能为一个表的一行数据的一个列添加一个数据，如下所示。

```
hbase:003:0> put 'student','swxy','data:year',2002
Took 0.0304 seconds
```

4. 扫描查询数据

扫描查询数据使用 scan 命令，其具体格式为：scan '表名'，执行结果如下所示。

```
hbase:004:0> scan 'student'
ROW                 COLUMN+CELL
swxy                column=data:year, timestamp=2023-07-22T23:55:20.173, value=2002
1 row(s)
Took 0.1407 seconds
```

在上面的命令中，swxy 是行键；data 是列族名；year 是属性名，2002 就是属性的值。在查询结果中，我们看到了行键、列族、属性名、时间戳和属性值。读者不妨对照 HBase 存储模型研究一下，可以看到这里显示的信息与模型是一致的。我们看到，HBase 与传统数据库有了很大的区别。

5. 查看表结构

查看表结构的命令如下所示。

```
Describe 'student'
```

6. 删除表

删除一个表需要执行如下两条命令。

```
disable 'test'
drop 'test'
```

我们可用 "list" 命令查看上述命令执行结果。

7. 退出 HBase Shell

退出 HBase Shell 需要执行如下命令。

```
exit
```

注意：创建表时若出现异常 "ERROR: org.apache.hadoop.hbase.ipc.ServerNotRunningYetException: Server is not running yet"，解决方案如下。

（1）Hadoop 关闭安全模式：hadoop dfsadmin-safemode leave（可以先查看 Hadoop 是否开启安全模式，hadoop dfsadmin-safemode get，若为 Safe mode is OFF，则为关闭状态；若为 Safe mode is ON，则是启用状态，需要关闭）。

（2）在配置文件 hbase-site.xml 文件中增加如下配置。

```
<property>
    <name>hbase.wal.provider</name>
    <value>filesystem</value>
</property>
```

6.3　ZooKeeper 的安装与应用

6.3.1　ZooKeeper 简介

ZooKeeper 是 Hadoop Ecosystem 中非常重要的组件，它的主要功能是为分布式系统提供一致性协调（Coordination）服务。与之对应的 Google 公司的类似服务称为 Chubby。

ZooKeeper 是一个开放源码的分布式应用程序协调服务，是 Google 公司的 Chubby 的一个开源实现，是 Hadoop 和 HBase 的重要组件，是一个为分布式应用提供一致性服务的软件，提供的功能包括配置维护、域名服务、分布式同步和组服务等。

ZooKeeper 的目标就是封装好复杂易出错的关键服务，将简单易用的接口和性能高效、功能稳定的系统提供给用户。

ZooKeeper 包含一个简单的原语集，提供 Java 和 C 语言的接口。ZooKeeper 的代码版本，提供了分布式独享锁、选举、队列的接口（代码在目录 "zookeeper-3.4.9\src\recipes" 下），其中分布式独享锁和队列有 Java 和 C 语言两个版本，选举只有 Java 语言版本。

在 ZooKeeper 中，ZNode 是一个与 UNIX 文件系统路径相似的节点，这个节点可以存储数据。如果在创建 ZNode 节点时 Flag 设置为 EPHEMERAL（短暂的），那么当创建的 ZNode 节点和 ZooKeeper 失去连接后，ZNode 节点将不在 ZooKeeper 中。ZooKeeper 使用 Watcher 监测事件信息，当客户端接收到事件信息，如连接超时、节点数据改变、子节点改变，可以调用相应的行为来处理数据。ZooKeeper 的维基界面介绍了如何使用 ZooKeeper 来处理事件通知、队列、优先队列、锁、共享锁、可撤销的共享锁和两阶段提交等。

6.3.2　安装与基本应用

读者可以从 Apache 官网下载 ZooKeeper 安装包，也可以在本章软件资源文件夹中找到 apache-zookeeper-3.6.3-bin.tar.gz 文件。将该文件复制到 master 的"/home/swxy/"目录下，进入该目录后执行如下解压缩命令。

```
[root@master swxy]# tar -zxvf apache-zookeeper-3.6.3-bin.tar.gz
```

按 Enter 键后，系统开始解压缩并自动创建 ZooKeeper 的安装目录 apache-zookeeper-3.6.3-bin，由于目录文件名字过长，重新命名为 zookeeper-3.6.3。

```
[root@master swxy]# mv apache-zookeeper-3.6.3-bin zookeeper-3.6.3
```

1. 服务器集群属性

ZooKeeper 的服务器集群属性配置文件是 zoo.cfg，该文件在安装目录的"con f"子目录下。系统为用户准备了一个模板文件 zoo_sample.cfg，我们可以将其复制并改名，得到 zoo.cfg 文件，然后进行修改。首先进入"con f"子目录，然后执行命令"cp zoo_sample.cfg zoo.cfg"。

```
[root@master conf]# cp zoo_sample.cfg zoo.cfg
```

用 vi 编辑器修改 zoo.cfg 文件，将如下代码添加到 zoo.cfg 文件的尾部，然后修改 dataDir =　/home/swxy/zookeeper-3.6.3/data。

```
server.1=master:2888:3888
server.2=slave0:2888:3888
server.3=slave1:2888:3888
```

上述代码是按照"服务器编号、服务器地址、LF 通信端口和选举端口"的顺序排列的，其中，server 表示 ZooKeeper 的服务器集群，这里配置了 3 台服务器，server 后面的数字代表服务器的 ID，等号后面紧跟的是服务器地址，这里使用了主机名；2888 是 LF（即 Leader 节点与 Follower 节点之间）通信端口，3888 是选举端口。

2. 创建节点标识文件

上面我们通过 zoo.cfg 文件为 ZooKeeper 服务器集群中的每台服务器赋予了一个 ID，master 是 1，slave0 是 2，slave1 是 3。但是，每台服务器在本地也需要一个 myid 文件，里面仅包含一行代码，就是其 ID。所以 myid 文件是节点标识文件，默认放置在"/tmp/zookeeper"目录下（参见 zoo.cfg 文件）。为了方便起见，我们一般将其放在 ZooKeeper 的 data 目录中，需要由用户自己创建。下面以 master 为例进行讲解，我们首先来创建"data"目录。

```
[root@master zookeeper-3.6.3]# mkdir -p data
```

接着在 data 目录中，执行"vi myid"命令来创建 myid 文件。

```
[root@master data]# vi myid
```

在 data 目录下创建 myid 文件后，将 ID 存入，保存并退出即可。这里的 ID 对应 zoo.cnf 中的 server.id，所以 master 的 ID 为 1，slave0 的 ID 为 2，slave1 的 ID 为 3。

3. 复制 ZooKeeper 安装文件

用户需要根据自己 Linux 集群的具体情况，将上面安装好的 ZooKeeper 文件复制到 slave，这里需要复制两次，分别是 slave0 和 slave1，其中，复制到 slave0 的命令如下所示。

```
[root@master swxy]# scp -r zookeeper-3.6.3 slave0:/home/swxy/
```

至此，我们就完成了 ZooKeeper 的安装。

4. ZooKeeper 集群的启动

要启动 ZooKeeper，需要分别登录到 master、slave0 和 slave1 进行启动操作。例如，要启动 master 的 ZooKeeper 服务器，首先进入 ZooKeeper 安装目录，然后执行启动命令。请特别注意 zkServer.sh 中的大写字母 S，如果误写成小写的 s，系统会提示无该文件或目录（no such file or directory）。

```
[root@master zookeeper-3.6.3]# bin/zkServer.sh start
ZooKeeper JMX enabled by default
Using config: /home/swxy/zookeeper-3.6.3/bin/../conf/zoo.cfg
Starting zookeeper ... STARTED
```

我们还需要启动其他节点上的 ZooKeeper 服务器，启动命令是一样的，只是要切换到这些节点的终端上。必须至少启动两台服务器，集群才会开始选举 Leader 节点。这时，就可以查看 ZooKeeper 服务器集群的状态了，例如在 master 上查看 ZooKeeper 服务器集群的状态的命令：bin/zkServer.sh status。

```
[root@master zookeeper-3.6.3]# bin/zkServer.sh status
ZooKeeper JMX enabled by default
Using config: /home/swxy/zookeeper-3.6.3/bin/../conf/zoo.cfg
Client port found: 2181. Client address: localhost. Client SSL: false.
Mode: follower
```

值得注意的是，Zookeeper 集群中总共有 3 种角色，分别是 Leader（主节点）、Follower（子节点）和 Observer（次级子节点）。系统给出的信息表明，该节点（master）是一个 Follower 节点。根据 ZooKeeper 的工作原理，集群中应当有一个"Leader"，不妨查看一下其他节点的状态，我们这里看到 slave0 是 Leader 节点。

```
[root@slave0 zookeeper-3.6.3]# bin/zkServer.sh status
ZooKeeper JMX enabled by default
Using config: /home/swxy/zookeeper-3.6.3/bin/../conf/zoo.cfg
Client port found: 2181. Client address: localhost. Client SSL: false.
Mode: leader
```

显然，谁是 Leader 节点谁是 Follower 节点，是由系统根据 ZooKeeper 选举机制确定的。要停止 ZooKeeper 服务，可在安装目录下执行 "bin/zkServer.sh stop" 命令。

配置环境变量的操作具体如下，这样不需要进入 ZooKeeper 安装目录就可以直接输入 zkServer.sh start 启动 ZooKeeper。

```
export ZOOKEEPER_HOME=/home/swxy/zookeeper-3.6.3
export PATH=$PATH:$ZOOKEEPER_HOME/bin
```

5. ZooKeeper 客户端

ZooKeeper 提供了一个客户端供用户进行交互式操作，进入 ZooKeeper 客户端的命令如下所示。

```
bin/zkCli.sh  -server  master:2181
```

注意上述命令中的字母大小写，执行成功将看到如图 6-4 所示的提示信息，其中"[zk:master:2181 (CONNECTED) 0]"就是客户端命令行提示符。

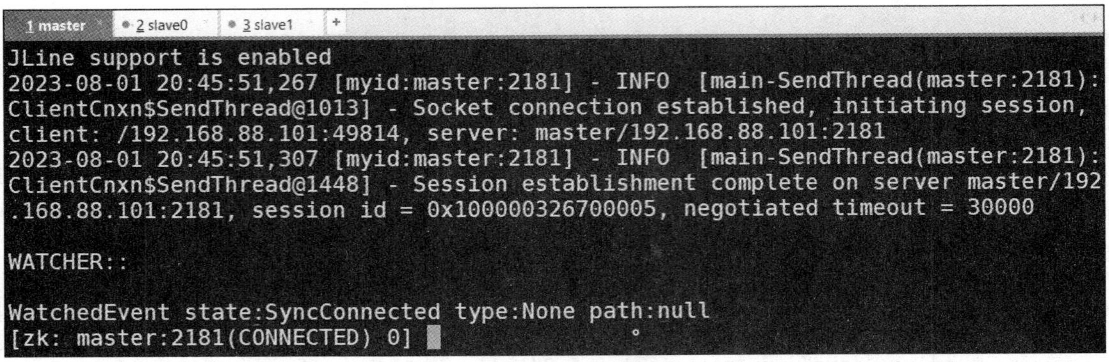

图 6-4　ZooKeeper 客户端的提示信息

读者可以尝试执行几个简单的 ZooKeeper 命令。例如：

（1）创建一个 ZNode 节点

```
create /zk"MyNode"
```

该命令用于创建一个 ZNode 节点。注意，上述命令中，"create" 与 "/zk" 之间有一个空格，"/zk" 与 "MyNode" 之间也有一个空格。

（2）查看创建的 ZNode 节点。

```
ls /zk
```

（3）帮助命令。

```
help
```

（4）退出 ZooKeeper 客户端。

```
quit
```

注意：启动 ZooKeeper 集群成功后，查看状态时出现异常"Client port found: 2181. Client address: localhost. Client SSL: false.Error contacting service. It is probably not running." 信息，可以查看目录 "/home/swxy/zookeeper-3.6.3/logs" 中的文件 zookeeper-root-server-master.out，发现错误为 "Cannot open channel to 2 at election address slave0/192.168.88.102:3888 java.net.ConnectException: Connection refused(Connection refused)"。解决方案是在 zoo.cfg 文件中用 0.0.0.0 代替主机名，例如在 master 虚拟机的配置如下，slave 节点类似。

```
server.1=0.0.0.0:2888:3888
server.2=slave0:2888:3888
server.3=slave1:2888:3888
```

6.3.3　基于独立安装的 ZooKeeper 运行 HBase

如果用户在使用 HBase 自带的 ZooKeeper 时出现异常，导致 HBase 不能正常工作，例如，在 HBase Shell 中执行命令失败时，系统给出的提示是"Region is not on line"，这时可以停止使用自带的 ZooKeeper，转而启动独立安装的 ZooKeeper，并重启 HBase，以便快速解决上述问题。

自带的 ZooKeeper 是与 HBase 绑定在一起的，这种部署模式存在一定的问题。当一个集群中有很多组件都需要 ZooKeeper 时，我们面临的是要启动很多自带的 ZooKeeper，还是采用一个独立安装的 ZooKeeper 的问题，显然后者是更合理的方式。

要让 HBase 使用独立安装的 ZooKeeper，需要对 HBase 进行一些配置。

第一，修改 conf/hbase-env.sh 文件，添加如下代码。

```
export HBASE_MANAGES_ZK=false
```

在上述代码中，如果 HBASE_MANAGES_ZK 为 false，则表示使用独立安装的 ZooKeeper；如果为 true 则表示使用自带的 ZooKeeper。

第二，将 ZooKeeper 的配置文件 zoo.cfg 复制到 HBase 的 CLASSPATH（此为官方推荐的方式），命令如下。

```
cp /home/swxy/zookeeper-3.6.3/conf/zoo.cfg /home/swxy/hbase-2.4.11
```

完成上述配置后重启 HBase 即可。

6.4　本章小结

本章详细介绍了 HBase 的安装、系统配置和基本应用，该介绍过程能帮助读者清晰地理解 HBase 的架构和工作原理。在 HBase 的 Shell 操作中，读者可以区分 HBase 数据库与传统关系型数据库在运行方式和操作上的不同，更加体现了 HBase 是基于列存储式的数据库，也是集群模式的分布式数据库系统这一特点。

思考与练习

1．填空题

（1）HBase 不使用自带的 ZooKeeper，应该将 HBASE_MANAGES_ZK 设置成_____。

（2）ZooKeeper 是 Hadoop Ecosystem 中非常重要的组件，它的主要功能是为分布式系统提供_____服务。

（3）HBase 的 Web 访问端口是_____。

（4）使用_____启动 HBase 集群。

（5）ZooKeeper 集群中总共有 3 种角色，分别是_____、_____和_____。

2．选择题

（1）以下哪一项不属于 Hadoop 可以运行的模式？（　　）

　　A．Hive　　　　　　　B．MapReduce　　C．Hadoop　　　　　D．HDFS

（2）关于 HBase Shell 命令，解释错误的是（　　）。

　　A．list：显示表的所有数据

　　B．get：通过表名、行、列、时间戳、时间范围和版本号来获得相应单元格的值

　　C．put：向表、行、列指定的单元格添加数据

　　D．create：创建表

（3）与 ZooKeeper 类似的框架是（　　）。

　　A．FAT32　　　　　　B．NTFS　　　　　C．GFS　　　　　　　D．ext3

（4）执行以下哪个命令能够进入 HBase Shell？（　　）

    A. bin/start-hbase.sh   B. bin/hbase shell

    C. bin/start-hbase.sh shell   D. shell hbase

（5）ZooKeeper 树中节点叫（   ）。

    A. ZNode   B. Zknode   C. Inode   D. Zxid

3. 思考题

（1）在 HBase 中创建表 mytable，列为 data，并在列族 data 中添加三行数据。

行号分别为 row1、row2、row3；

列名分别为 data:1、data:2、data:3；

值分别为 zhangsan、zhangsanfeng、zhangwuji。

（2）删除 mytable 表。

第 3 篇
大数据采集

- 第 7 章　Sqoop 和 Flume
- 第 8 章　数据分发工具 Kafka

第7章
Sqoop 和 Flume

数据采集是数据分析和应用的第一步，数据的质量和数量决定了后续数据处理的效果。本章首先介绍数据采集的分类和概念，接着介绍 MySQL 的安装与应用，然后介绍两个比较主流的数据采集工具 Sqoop 和 Flume 的安装配置与应用。其中，Sqoop 是一个用来完成 Hadoop 与关系型数据库之间的数据相互转移的工具，它可以将关系型数据库（如 MySQL、Oracle、Postgres 等）中的数据导入 Hadoop 的 HDFS 中，也可以将 HDFS 的数据导入关系型数据库中，因此，本章介绍了 MySQL 的安装与配置。Flume 是一个分布式、可靠的、高可用的海量日志数据采集、聚合和传输系统，能够将海量的日志数据从不同的数据源移动到一个中央的存储系统中。

7.1　数据采集概述

数据采集分为内部数据采集和外部数据采集。数据采集工作需要注意数据的完整性、准确性和时效性。

7.1.1　内部数据采集

内部数据采集是指从组织内部获取数据的过程，包括从数据库、信息系统、日志文件、表格、调查问卷和其他来源收集信息。内部数据的一个主要优点是它的准确性，因为数据是在组织内部生成的，所以可以更直接地确保数据的质量。

采集内部数据的具体方法会根据组织的特点而变化。以下是一些常见的内部数据采集方法。

（1）系统日志。许多组织使用各种系统日志来跟踪活动和事件。这些日志可以提供关于系统的使用情况、错误和异常情况等重要信息。

（2）数据库查询。组织的数据库通常存储了大量信息。通过查询这些数据库，用户可以提取符合规定条件的数据。

（3）员工调查和反馈。组织可能会定期进行员工调查或收集员工反馈，以了解组织内部的情况。这些信息可以用于评估员工满意度、收集意见和建议，以及监测趋势。

（4）日志文件。许多应用程序和系统会生成日志文件，记录其操作和事件。这些日志文件可以提供关于系统的使用、错误和异常行为等重要信息，市面上有与之对应的日志采集工具，如 Flume 日志采集工具，7.4 节会详细介绍这一工具。

（5）电子表格和文档。组织可能会有电子表格和文档等文件，其中包含有关组织内部活动的重要信息。

7.1.2　外部数据采集

外部数据采集是指从组织外部获取数据的过程，包括从公共来源、社交媒体、第三方数据提供商、网络抓取和其他来源收集信息。外部数据的一个主要优点是它的广泛性，因为数据来自组织外部，所以可以获得更广泛的数据。

（1）公共来源。从公开可获取的数据源采集数据，例如政府数据、公共数据库、开放数据平台等。

（2）社交媒体。从社交媒体平台采集数据，例如推特、Meta、Instagram 等。

（3）第三方的数据提供商。从数据提供商那里购买数据，例如商业智能公司、市场研究公司等。

（4）网络抓取。通过计算机程序抓取互联网上的数据，例如搜索引擎、网络爬虫等。

（5）其他来源。通过 API 访问外部数据源，例如市场 API、天气 API 等。

在采集外部数据时，需要注意数据的真实性和可靠性。对于不可靠的数据源，需要进行数据验证和清洗，以确保数据的准确性和质量。在采取内部数据和外部数据时，都需要注意数据的隐私和安全，对于敏感信息，应采取适当的措施来保护数据，例如加密、访问控制和数据备份等。

7.2　MySQL 的安装与应用

7.2.1　MySQL 的安装

就数据库而言，CentOS 6 或早期版本中提供的是 MySQL 的服务器/客户端安装包，CentOS 7 则使用 MariaDB 替代了默认的 MySQL。MariaDB 是 MySQL 的一个分支，主要由开源社区维护，采用 GPL 授权许可。MariaDB 完全兼容 MySQL，包括 API 和命令行。本书暂不考虑从 MySQL 迁移到 MariaDB 的问题，我们这里继续提供在 CentOS 7 下安装 MySQL 的指导，这是因为 MySQL 目前仍然是主流的开源数据库，同时熟悉 MySQL 也有利于读者全面了解相关技术。

1. 下载或复制 MySQL 安装包

读者可以从 MySQL 官网下载 MySQL 的安装包，本书采用 8.0.18 版注意(读者以学习为目的，应当下载 MySQL Community Edition(GPL))，也可以在本书第 7 章软件资源文件夹中找到 MySQL 安装包 mysql-8.0.18-1.el7.x86_64.rpm-bundle.tar，上传到 "/home/swxy" 目录下。在此之前先在 "/home/swxy" 中创建目录 "mysql-8.0.18"，进入目录 mysql-8.0.18 后，执行命令 "tar -zxvf mysql-8.0.18-1.el7.x86_64.rpm-bundle.tar"，解压后的部分文件如下：

mysql-community-client-8.0.18-1.el7.x86_64.rpm；

mysql-community-common-8.0.18-1.el7.x86_64.rpm；

mysql-community-libs-8.0.18-1.el7.x86_64.rpm；

mysql-community-server-8.0.18-1.el7.x86_64.rpm。

注意：安装和启动 MySQL 都需要使用 root 用户，所以首先输入 "su root" 命令并通过密码（本书设置的密码是 123456）认证切换到 root 用户，然后进入 "/home/swxy/mysql-8.0.18" 目录。

2. 执行安装命令

由于 CentOS 7 已经存在 MariaDB 安装包，因此在安装 MySQL 前需要先将其删除。输入命令

"rpm -qa | grep mariadb" 可以检查现有的 MariaDB 安装包，如下所示。

```
[root@master mysql-8.0.18]# rpm -qa | grep mariadb
mariadb-libs-5.5.56-2.el7.x86_64
```

可以看到，系统中的 MariaDB 安装包是"mariadb-libs-5.5.56-2.el7.x86_64"，因此，需要执行以下命令将其删除，其中，参数 nodeps 表示强制卸载，即不考虑依赖项。如果系统中无 MariaDB 安装包，则不用执行下面命令。

```
rpm -e --nodeps mariadb-libs-5.5.56-2.el7.x86_64
```

删除完成后，就可以开始安装 MySQL 了。在命令行分别执行以下 4 条命令，依次安装 MySQL 组件，这里要强调的是，一定要按照顺序执行，因为它们之间有依赖关系。

```
rpm -ivh mysql-community-common-8.0.18-1.el7.x86_64.rpm
rpm -ivh mysql-community-libs-8.0.18-1.el7.x86_64.rpm
rpm -ivh mysql-community-client-8.0.18-1.el7.x86_64.rpm
rpm -ivh mysql-community-server-8.0.18-1.el7.x86_64.rpm
```

每执行一条命令，如果顺利，都将看到如下所示的执行信息。实际上，在 rpm 命令中，参数 i 表示安装，v 表示更多细节信息，h 表示显示进度信息。另外，如果在执行上述命令时提示没有该文件或目录，则可以使用绝对路径，即从根目录开始的完整路径。

```
[root@master mysql-8.0.18]# rpm -ivh mysql-community-libs-8.0.18-1.el7.x86_64.rpm
warning: mysql-community-libs-8.0.18-1.el7.x86_64.rpm: Header V3 DSA/SHA1 Signature,
key ID 5072e1f5: NOKEY
Preparing...                          ################################# [100%]
Updating / installing...
   1:mysql-community-libs-8.0.18-1.el7################################# [100%]
```

3. 启动 MySQL

安装完成后就可以启动 MySQL 了，命令是"systemctl start mysqld.service"，如下所示。

```
[root@master mysql-8.0.18]# systemctl start mysqld.service
```

按 Enter 键后，系统没有任何提示信息，也没有回到 Linux 命令提示符，好像系统"卡住"了。实际上，启动后的 MySQL 是作为一种服务在后台运行的。用户需要另开一个终端来执行其他命令，例如可用"systemctl status mysqld.service"查看 MySQL 的状态，如图 7-1 所示，可以看到系统处于正常运行状态。

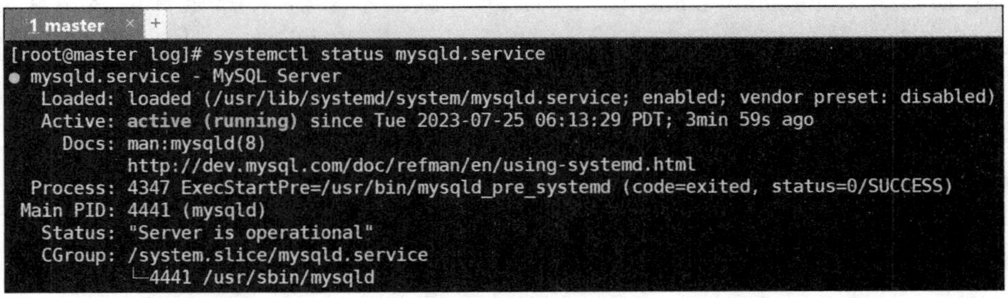

图 7-1　查看 MySQL 状态

4. 登录 MySQL

启动 MySQL 以后，用户可以从终端登录到 MySQL。但是，在首次登录时需要获取自动生成的临时密码，命令如下所示。

```
[root@master log]# grep 'temporary password' /var/log/mysqld.log
2023-07-25T13:13:25.457645Z 5 [Note] [MY-010454] [Server] A temporary password is
generated for
root@localhost: xu3*0sJrlszh
```

按 Enter 键后，即可显示自动生成的临时密码，本书临时密码是"xu3*0sJrlszh"。注意，每个用户的临时密码可能不一样。

得到登录密码之后，就可使用该密码登录 MySQL 的客户端了。登录命令是"mysql -uroot -p"，按 Enter 键后输入密码，即可完成登录。值得注意的是，输入密码时是不会显示的，所以用户要确保自己输入正确的密码。

```
[root@master log]# mysql -uroot -p
Enter password:
Welcome to the MySQL monitor. Commands end with ; or \g.
Your MySQL connection id is 20
Server version: 8.0.18
Copyright (c) 2000, 2019, Oracle and/or its affiliates. All rights reserved.
Oracle is a registered trademark of Oracle Corporation and/or its affiliates. Othe
rnames may be trademarks of their respective owners.
Type 'help;' or '\h' for help. Type '\c' to clear the current input statement
mysql>
```

在首次登录 MySQL 后，需要修改临时密码才能开始后续工作，否则将被拒绝。修改密码的命令是"ALTER USER 'root'@'localhost' IDENTIFIED BY 'MyNewPassW%2023'"。注意，MySQL 命令本身是不区分字母大小写的，所以也可以使用"alter user 'root'@'localhost' identified by 'MyNewPassW%2023'"这样的命令。

```
mysql> ALTER USER 'root'@'localhost' IDENTIFIED BY 'MyNewPassW%2023';
```

在修改临时密码时，有一个密码强度的问题，这一点也需要特别注意。如果不能满足密码强度的要求，这时系统会给出提示"Your password does not satisfy the current policy requirements"，因此需要采用密码强度更高的密码，一般要求含有大小写字母、符号（如%）和数字等。建议用户设置好符合密码强度要求的密码之后，将该密码记录下来，以免遗忘造成麻烦。当然，为了学习方便，也可以修改 MySQL 的密码强度，将其设置为 Low，从而允许使用简单密码。

7.2.2　MySQL 的基本应用

（1）创建用户。通过下面的命令可以创建一个名称是 hadoopswxy 的 MySQL 新用户。

```
mysql> create user 'hadoopswxy'@'%' IDENTIFIED BY 'Hive_%swxy2023';
Query OK, 0 rows affected (0.00 sec)
```

在上面的命令中，hadoopswxy 是新用户的名称；后面接着的"@'%'"代表该用户可以从任意远程主机登录，如果只允许本地登录，则可以设置为"@localhost"；"Hive_%swxy2023"是为其设置的密码，这里使用了一个符合当前密码强度要求的密码。在创建成功之后，可以看到"Query OK"的字样。如果命令中设置的密码不符合密码强度要求，系统会拒绝创建，并给出提示信息，此时用户可以重新尝试创建。

对于新创建的用户，还需要配置其权限，执行命令如下。

```
mysql> grant all privileges on *.* TO 'hadoopswxy'@'%' with grant option;
Query OK, 0 rows affected (0.00 sec)
```

上述命令表示授予用户全部权限。接着还需要通过下面的命令提交，并立即生效。

```
mysql> commit;
mysql> flush privileges;
```

使用 "quit" 命令，退出 MySQL，然后以上面创建的新用户登录 MySQL，命令是 "mysql -uhadoopswxy -p"，按 Enter 键后输入 hadoopswxy 的密码，如 Hive_%swxy2023'，如图 7-2 所示。

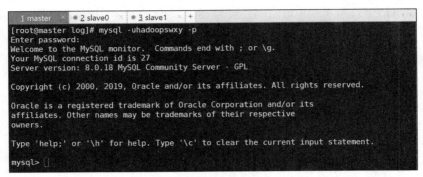

图 7-2　创建新用户

（2）创建数据库。使用命令 "create" 来创建数据库，其语法格式为：create database 数据库名称。例如，创建一个名称为 test_db 的数据库，执行如下命令。

```
mysql>create database test_db;
```

（3）查看数据库。使用命令 "show" 来查看数据库，执行如下命令。

```
mysql>show databases;
```

（4）使用数据库。在进行数据库操作之前，应该先使用 "use" 命令打开想要操作的数据库，因此接下来的操作都是对这个数据库进行的。要想操作其他数据库，就必须用 use 命令使其他数据库成为当前数据库。打开其他数据库，也就意味着当前数据库被关闭了。例如，打开 test_db 数据库，执行如下命令。

```
mysql>use test_db;
```

（5）创建表。在数据库中，使用 "create table" 命令创建表，其完整语法格式为：

```
create table 表名(
            字段 1 类型(宽度) 约束条件,
            字段 2 类型(宽度) 约束条件,
             ......
            字段 n 类型(宽度) 约束条件
);
```

因此，创建 myclass 表的具体命令如下。

```
mysql> create table myclass(
    -> id int(4) not null primary key auto_increment,
    -> name char(20) not null,
    -> sex int(4) not null default '0',
    -> degree double(16,2));
```

由于上述命令较长，将其分成了 5 段，每一段后面都是回车符，只有在最后输入 ";" 时，系统才会将之前的输入作为一条完整命令来执行。

（6）插入数据。在表中，使用 "insert into" 命令插入数据，其具体语法格式为：

```
insert into table_name (field1, field2,···,fieldN) values (value1, value2,···,valueN);
```

其中，table_name 为要插入数据的表格；field1,field2,···,fieldN 表示想要插入数据的字段名，如果需要给表中所有的字段名插入数据，则可以去掉 "(field1,field2,···,fieldN)"。例如，给 myclass 表插入所有数据，其具体命令如下。

```
mysql>insert into myclass values (0001,"stu_1",0,100.00);
```

（7）查询数据。在表中，查询想要的数据，则可以使用 "select" 命令，具体语法格式为：select list from table_name，其中，list 为想要查询的数据字段名称，多个字段以 "," 隔开，table_name 为表名。这里值得注意的是，如果想要查询所有的字段名，则可以使用 "*"。例如，查询 myclass 表中所有数据的命令如下。

```
mysql>select * from myclass;
```

执行命令后，可以看到，查询的数据会以表格的形式呈现，具体结果如图 7-3 所示。

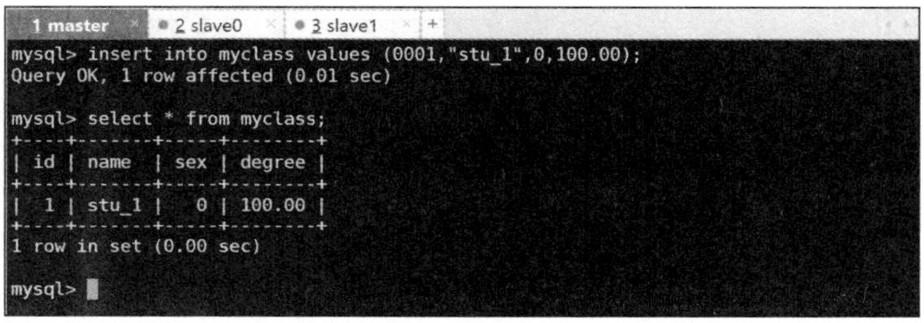

图 7-3　查询表数据

（8）删除表。在数据库中，需要删除表格时，应该使用 "drop table" 命令，其语法格式为：drop table 表名。例如，删除 myclass 表的命令如下。

```
mysql>drop table myclass;
```

（9）删除数据库。在 MySQL 中，需要删除数据库时，应该使用 "drop database" 命令，其语法格式为：drop database 数据库名称。例如，删除 test_db 数据库的命令如下。

```
mysql>drop database test_db;
```

（10）退出。在使用完 MySQL 之后，可以使用 "quit" 命令退出 MySQL。

```
mysql>quit;
```

上述退出 MySQL 的命令实际上是实现当前的登录用户退出，而 MySQL 作为系统服务仍然在后台运行。要终止 MySQL 服务，应当在 Linux 的命令行下输入 "systemctl stop mysqld.service" 命令。

7.3　ETL 工具 Sqoop

7.3.1　Sqoop 简介

Sqoop 属于外部数据采集工具，主要用于 Hadoop（Hive）与传统的数据库（MySQL、PostgreSQL 等）间进行数据的传递，可以将一个关系型数据库（例如 MySQL、Oracle、Postgres 等）中的数据导入 Hadoop 的 HDFS 中，也可以将 HDFS 的数据导出到关系型数据库中，如图 7-4 所示。Sqoop 底层能实现将关系型数据库中的数据迁移到大数据平台上是因为 Sqoop 的底层采用 MapReduce 程序实现抽取（Extract）、转换（Transform）、加载（Load），MapReduce 本身就具有并行化和高容错率的特点，能很好地保证数据的迁移，而且与 Kettle 等传统 ETL 工具相比，Sqoop 的任务跑在 Hadoop 集群上，能有效减少 ETL 服务器资源的使用情况。

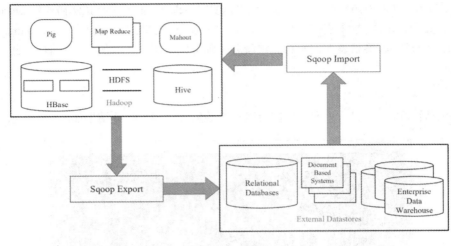

图 7-4　Sqoop 简介

7.3.2　Sqoop 的安装与配置

Sqoop 需要安装在 Hadoop 环境的平台上，并且要求 Hadoop 已经正常启动。读者可以参见第 4 章中有关验证 Hadoop 是否处于正常运行状态的方法。

准备就绪后，就可以开始安装 Sqoop 了。我们将 Sqoop 安装在 master 上，因此以下的操作均是在 master 上进行的。

（1）下载或复制 Sqoop 安装包。读者可以从 Sqoop 官网下载 Sqoop 的安装包，也可以在本书第 7 章软件资源文件夹中找到 Sqoop 安装包 sqoop-1.4.7.bin__hadoop-2.6.0.tar.gz，然后将该文件复制到 master 的 "/home/swxy" 目录下（读者的目录可以不一样）。

安装和运行 Sqoop 都需要使用 root 用户身份，所以要确保已经切换到 root 用户，然后进入 "/home/swxy" 目录。

（2）解压并安装 Sqoop。在 "/home/swxy" 目录下，使用命令 "tar -zxvf sqoop-1.4.7.bin__hadoop-2.6.0.tar.gz" 可解压缩 Sqoop 安装包，如下所示。

```
[root@master swxy]# tar -zxvf sqoop-1.4.7.bin__hadoop-2.6.0.tar.gz
```

解压缩完后，系统会在 "/home/swxy/" 下创建 sqoop-1.4.7.bin__hadoop-2.6.0 目录，该目录即 Sqoop 的安装目录。进入该目录，用 "ls -l" 命令可显示文件和目录列表，如下所示。这些文件和目录就是 Sqoop 的系统文件，表明解压缩成功。

```
[root@master sqoop-1.4.7.bin__hadoop-2.6.0]# ls -l
total 2020
drwxr-xr-x. 2 swxy swxy    4096 Dec 18  2017 bin
-rw-rw-r--. 1 swxy swxy   55089 Dec 18  2017 build.xml
```

```
-rw-rw-r--. 1 swxy swxy   47426 Dec 18  2017 CHANGELOG.txt
-rw-rw-r--. 1 swxy swxy    9880 Dec 18  2017 COMPILING.txt
drwxr-xr-x. 2 swxy swxy     150 Dec 18  2017 conf
drwxr-xr-x. 5 swxy swxy     169 Dec 18  2017 docs
drwxr-xr-x. 2 swxy swxy      96 Dec 18  2017 ivy
-rw-rw-r--. 1 swxy swxy   11163 Dec 18  2017 ivy.xml
drwxr-xr-x. 2 swxy swxy    4096 Dec 18  2017 lib
-rw-rw-r--. 1 swxy swxy   15419 Dec 18  2017 LICENSE.txt
-rw-rw-r--. 1 swxy swxy     505 Dec 18  2017 NOTICE.txt
-rw-rw-r--. 1 swxy swxy   18772 Dec 18  2017 pom-old.xml
-rw-rw-r--. 1 swxy swxy    1096 Dec 18  2017 README.txt
-rw-rw-r--. 1 swxy swxy 1108073 Dec 18  2017 sqoop-1.4.7.jar
-rw-rw-r--. 1 swxy swxy    6554 Dec 18  2017 sqoop-patch-review.py
-rw-rw-r--. 1 swxy swxy  765184 Dec 18  2017 sqoop-test-1.4.7.jar
drwxr-xr-x. 7 swxy swxy      73 Dec 18  2017 src
drwxr-xr-x. 4 swxy swxy     114 Dec 18  2017 testdata
```

为了后续操作方便，这里将 "sqoop-1.4.7.bin__hadoop-2.6.0" 目录重命名为 "sqoop-1.4.7"，具体命令如下。读者也可以选择不修改。

```
[swxy@master swxy]# mv sqoop-1.4.7.bin__hadoop-2.6.0 sqoop-1.4.7
```

（3）配置 MySQL 连接器。Sqoop 经常要与 MySQL 结合使用，以便将数据导入或导出 MySQL，所以需要配置 MySQL 连接器。读者可以在本书第 7 章软件资源中找到 mysql-connector- java-8.0.18.jar 文件，并复制到自己计算机 master 中的 "/home/swxy" 目录下。

首先进入 "/home/swxy/mysql-connector-java-8.0.18/" 目录（读者计算机系统的设置可能不一样），然后将其中的 mysql-connector-java-8.0.18.jar 文件复制到 Sqoop 安装目录的依赖库目录 lib 下。

```
[root@master swxy]# cp mysql-connector-java-8.0.18.jar /home/swxy/sqoop-1.4.7/lib/
```

（4）配置 Sqoop 环境变量。在 Sqoop 安装目录的 "conf" 子目录下，系统已经提供了一个环境变量文件模板，需要将其名称改为 sqoop-env.sh，然后进行必要的修改。首先进入 Sqoop 安装目录的 "conf" 子目录，然后执行改名操作，接着使用 vi 编辑器打开 sqoop-env.sh 文件。

```
[root@master conf]# cp sqoop-env-template.sh sqoop-env.sh
[root@master conf]# vi sqoop-env.sh
```

用下面的代码替换文件中的原有内容。

```
#Set path to where bin/hadoop is available
export HADOOP_COMMON_HOME=/home/swxy/hadoop-3.3.4
#Set path to where hadoop-*-core.jar is available
export HADOOP_MAPRED_HOME=/home/swxy/hadoop-3.3.4
#set the path to where bin/hbase is available
export HBASE_HOME=/home/swxy/hbase-2.4.11
#Set the path to where bin/hive is available
export HIVE_HOME= /home/swxy/hive-4.0.0
#Set the path for where zookeeper config dir is
#export ZOOCFGDIR=/usr/local/zk
```

编辑完后保存并退出。

（5）配置 Linux 环境变量。执行 "vi /etc/profile" 命令可以编辑/etc/profile 文件，输入如下代码。

```
export SQOOP_HOME=/home/swxy/sqoop-1.4.7
export PATH=$PATH:$SQOOP_HOME/bin
```

编辑完成后保存并退出，使该文件生效（利用 "source /etc/profile" 命令）。

至此，Sqoop 安装与配置完毕。

（6）启动并验证 Sqoop。一种简便验证 Sqoop 是否成功安装的办法就是执行 "bin/sqoop help"命令，如果看到图 7-5 所示的显示内容，表示安装成功。

```
1 master    2 slave0    3 slave1    +
Available commands:
  codegen            Generate code to interact with database records
  create-hive-table  Import a table definition into Hive
  eval               Evaluate a SQL statement and display the results
  export             Export an HDFS directory to a database table
  help               List available commands
  import             Import a table from a database to HDFS
  import-all-tables  Import tables from a database to HDFS
  import-mainframe   Import datasets from a mainframe server to HDFS
  job                Work with saved jobs
  list-databases     List available databases on a server
  list-tables        List available tables in a database
  merge              Merge results of incremental imports
  metastore          Run a standalone Sqoop metastore
  version            Display version information

See 'sqoop help COMMAND' for information on a specific command.
```

图 7-5　成功安装 Sqoop 时显示的内容

7.3.3　Sqoop 的基本应用

Sqoop 的一个主要功能就是将数据导入或导出 MySQL。下面将介绍 Sqoop 与 MySQL 的连接过程以及数据导入 HDFS 的操作步骤。由于接下来都是与 MySQL 进行的交互，因此必须保证 MySQL 也是启动的状态，具体启动命令可参见 7.2 节。

1. 测试 Sqoop 与 MySQL 的连接

无论是从 MySQL 导出还是向 MySQL 导入数据，首先必须保证 Sqoop 与 MySQL 的连接。下面我们介绍使用 Sqoop 连接 MySQL 数据库的操作。

（1）列出 MySQL 的数据库下的所有表

```
[swxy@master sqoop-1.4.7]# bin/sqoop eval --driver com.mysql.cj.jdbc.Driver
--connect jdbc:mysql://192.168.88.101:3306/test_db?serverTimezone=UTC\&useSSL=false
--username hadoopswxy --password Hive_%swxy2023 --query "show tables"
```

在上述命令中，"eval" 表示执行后面的 SQL 语句。

--driver 表示数据库驱动器，这里需要明确写出 "com.mysql.cj.jdbc.Driver"。请读者特别注意，早期 MySQL 的驱动器是 "com.mysql.jdbc.Driver"，现在已经不能再使用，否则就会遇到异常。

--connect 表示连接对象（也就是数据库或表）的 URL，其中 IP 地址需要根据虚拟主机的地址填写。这里的 "test_db" 是前面练习 MySQL 命令时创建的数据库，其中含有表 myclass。这里还有两点特别值得说明的是，①URL 后面有两个参数；第一个参数是设置数据库时区的 "server Timezone = UTC"，这里将其设置为世界统一时区，如果不设置时区，命令就不能执行；第二个参数是 useSSL，设置为 false，这说明本命令不使用 SSL（Secure Sockets Layer，安全套接层）。MySQL 8.0.18 要求显式地设置 SSL，如果设置为 false，应用程序可以不需要 SSL；如果设置为 true，则服务器将进行可信认证。无论怎样，用户都必须显式地设置 SSL。如果不设置（也就是不写这个参数语句），命令就会报错，最后也不能执行。②URL 中多参数的分隔符，这里采用的是 "\&"，其中反斜杠是转义字符，这里必须加上 "\"，如果写成 "&" 也会报错，很多系统开发和维护人员都遇到过这类问题（俗称"坑"），他们或者在网络上不断搜索别人的经验，或者自己尝试不同的转义字符，现在我们在这里给出了明确的解决方案。

--username 后面是用户名，这里是"hadoopswxy"（hadoopswxy 用户）。

--password 后面直接跟着用户的密码。hadoopswxy 用户的密码是"Hive_%swxy2023"，这是本书的设置，读者需要根据自己虚拟机的设置来填写。

--query 后面是 SQL 语句，以双引号引用。早期版本的 MySQL 可以接收"list -tables"这样的命令，而 MySQL 8.0.18 会把这些命令视为语法错误，这也是在系统升级中的一些"小插曲"。输入命令后按 Enter 键，如果执行顺利就可看到查询结果，如图 7-6 所示。

```
1 master    ● 2 slave0   ● 3 slave1   +
2023-07-26 19:55:43,810 INFO manager.SqlManager: Using default fetchSize of 1000
-----------------------------
| Tables_in_test_db         |
-----------------------------
| myclass                   |
-----------------------------
```

图 7-6　查询结果

（2）列出 MySQL 的所有数据库

```
[swxy@master sqoop-1.4.7]# bin/sqoop eval --driver com.mysql.cj.jdbc.Driver
--connect jdbc:mysql://192.168.88.101:3306/test_db?serverTimezone=UTC\&useSSL=false
--username hadoopswxy --password Hive_%swxy2023 --query "show databases"
```

执行结果如图 7-7 所示。

```
1 master    ● 2 slave0   ● 3 slave1   +
2023-07-26 20:06:12,249 INFO manager.SqlManager: Using default fetchSize of 1000
-----------------------------
| Database                  |
-----------------------------
| hive_2023                 |
| information_schema        |
| mysql                     |
| performance_schema        |
| sys                       |
| test_db                   |
-----------------------------
```

图 7-7　通过 Sqoop 列出 MySQL 的所有数据库

（3）执行查询语句

```
[swxy@master sqoop-1.4.7]# bin/sqoop eval --driver com.mysql.cj.jdbc.Driver --conn
ect jdbc:mysql://192.168.88.101:3306/test_db?serverTimezone=UTC\&useSSL=false --userna
me hadoopswxy --password Hive_%swxy2023 --query "select * from myclass"
```

查询结果如图 7-8 所示。

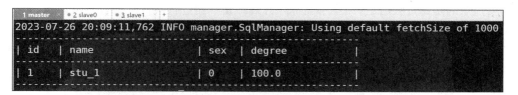

```
1 master    ● 2 slave0   ● 3 slave1   +
2023-07-26 20:09:11,762 INFO manager.SqlManager: Using default fetchSize of 1000
---------------------------------------------------
| id  | name     | sex  | degree      |
---------------------------------------------------
| 1   | stu_1    | 0    | 100.0       |
---------------------------------------------------
```

图 7-8　查询结果

如果能够完成上述操作，说明 Sqoop 能够连接到 MySQL，这样就为后面的数据传输做好了准备。

2. Sqoop 导入

Sqoop 不仅仅可以将数据导入 HDFS，也可以导出到其他地方，如 Hive、HBase 等。这里主要是介绍通过 Sqoop 将数据导入 HDFS 中，需要使用 import 关键字，具体命令如下。

```
[root@master sqoop-1.4.7]# bin/sqoop import --driver com.mysql.cj.jdbc.Driver
--connect jdbc:mysql:// 192.168.88.101:3306/test_db?serverTimezone=UTC\&useSSL=false
--username hadoopswxy --password Hive_%swxy2023 --table myclass --m 1 --target-dir
/swxy/mysql_hdfs
```

这里值得注意的是，--table myclass 指的是导入的源表表名；--m 1 代表使用 1 个 map 任务并行导入数据；--target-dir 表示存储的位置，该位置如果已经存在，则需要重新使用一个新的存储位置，否则会报错。

因此，这里可以使用 Hadoop 显示路径文件列表的命令查看导入的数据，具体命令如下。

```
[root@master sqoop-1.4.7]# hadoop fs -ls /swxy/mysql_hdfs
Found 2 items
-rw-r--r--    3 root supergroup        0 2023-08-25 23:58 /swxy/mysql_hdfs/_SUCCESS
-rw-r--r--    3 root supergroup       61 2023-08-25 23:58 /swxy/mysql_hdfs/part-
m-00000
```

可以看到该路径下，出现了两个新的文件，其中/swxy/mysql_hdfs/part-m-00000 为导入的数据，这里使用如下命令来查看导入的数据。

```
[root@master sqoop-1.4.7]# hadoop fs -cat /swxy/mysql_hdfs/part-m-00000
```

在执行命令后，可以看到导入的数据，该数据就是 MySQL 中的 myclass 表的数据。这里为了方便显示，编者已经提前在 MySQL 的 myclass 表中添加了 4 条数据，如图 7-9 所示。

图 7-9　导入数据结果

3. Sqoop 导出

同样，Sqoop 的导出也是以将 HDFS 的数据导出到 MySQL 中为例，在导出之前，应该先进行数据的准备工作，使用 vi 命令新建文件 myclass_export.txt。

```
[root@master sqoop-1.4.7]# vi myclass_export.txt
```

接着，在该文件中，输入几条数据。为了方便数据的导入，每两个数据之间用 Tab 键来隔开。这里需要注意的是每行数据之后还需要添加一个 Tab 键，再进行换行，如图 7-10 所示。

图 7-10　数据准备

然后使用 Hadoop 命令将该数据上传到 HDFS 的/swxy/myclass_export.txt（读者可以自行指定），在这之前应当在 Hadoop 中创建 swxy 文件夹，如果已经存在则不需要创建，具体命令如下。

```
[root@master sqoop-1.4.7]# hadoop fs -mkdir /swxy
```

再将前面创建的 myclass_export.txts 上传到 Hadoop 下的/swxy 目录下，执行命令如下。

```
[root@master sqoop-1.4.7]# hadoop fs -put myclass_export.txt /swxy/myclass_export.txt
```

除此之外，因为 Sqoop 在导出数据的过程中不会创建表格，所以我们需要在 MySQL 中创建对应的表 myclass_export（使用 7.2.2 小节中的创建表命令进行操作）。这里需要注意的是最好加上 default charset = utf8，以防止出现乱码的情况。

```
mysql> create table myclass_export(
    -> id int(4) not null primary key,
    -> name char(20) not null,
    -> sex int(4) not null,
    -> degree int(4) not null
    -> )default charset=utf8;
```

完成上述准备工作后，可以使用 Sqoop 的 export 工具将数据导出到 MySQL 中，具体命令如下。

```
[root@master sqoop-1.4.7]# bin/sqoop export --driver com.mysql.cj.jdbc.Driver
-connect jdbc:mysql://localhost:3306/test_db?serverTimezone=UTC\&useSSL=false --us
ername hadoopswxy --password Hive_%swxy2023 --table myclass_export --export-dir /swxy/
myclass_export.txt --fields-terminated-by '\t' --m 1
```

其中，--table myclass_export 代表要导出的数据放在 myclass_export 表中，--export-dir /swxy/myclass_export.txt 指的是导出数据的路径为 "/swxy/myclass_export.txt"。--fields-terminated-by '\t'表示使用 "\t" 来分隔数据，因为前面的数据是用 Tab 键隔开的。在执行命令后，会滚动出现执行信息。如果执行成功，就会出现图 7-11 所示的信息。

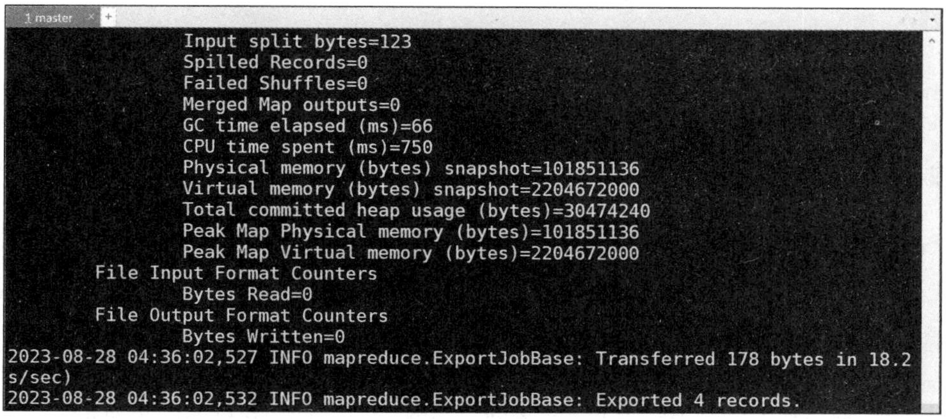

图 7-11　Sqoop 导出数据成功

在执行成功后，可以切换到 MySQL 中，查询 myclass_export 表。可以看到，这就是前面要导出的数据，如图 7-12 所示。

```
1 master    × • 2 slave1    • 3 slave0    • 4 master    +
mysql> select * from myclass_export;
+----+-------+-----+--------+
| id | name  | sex | degree |
+----+-------+-----+--------+
|  5 | stu5  |   0 |     89 |
|  6 | stu6  |   1 |     67 |
|  7 | stu7  |   0 |     50 |
|  8 | stu8  |   1 |     43 |
+----+-------+-----+--------+
4 rows in set (0.00 sec)
```

图 7-12 myclass_export 表数据

7.4 日志采集工具 Flume

7.4.1 Flume 的系统架构

Flume 是一种分布式、可靠且可用的服务，用于有效地收集、聚合和移动大量日志数据，属于内部数据采集工具。Flume 的使用不仅限于日志数据的聚合。由于数据源是可定制的，因此 Flume 可用于传输大量事件数据，包括但不限于网络流量数据、社交媒体生成的数据、电子邮件消息以及几乎所有可能的数据源。

Flume 具有基于流数据的简单、灵活的体系结构，如图 7-13 所示。

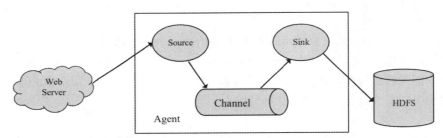

图 7-13 Flume 组织架构

Flume 的几大核心如下所示。

（1）Agent。Agent 是 Flume 的核心角色，是一个 JVM 进程，它以事件的形式将数据源头送至目的地。Agent 主要由 Source、Channel、Sink 3 个部分组成。Flume 以 Agent 为最小的独立运行单位。

（2）Source。Source 是负责接收数据到 Flume Agent 的组件。Source 组件可以处理各种类型、各种格式的日志数据，包括 avro、thrift、exec、jms、spooling directory、netcat、taildir、sequence generator、syslog、http、legacy。

（3）Sink。Sink 不断地轮询 Channel 中的事件且批量地移除它们，并将这些事件批量写入存储或索引系统，或者被发送到另一个 Flume Agent。Sink 组件目的地包括 hdfs、logger、avro、thrift、ipc、file、HBase、solr 等，也可以自行定义。

（4）Channel。Channel 是位于 Source 与 Sink 之间的缓冲区。因此，Channel 允许 Source 和 Sink 运作在不同的速率上。Channel 是线程安全的，可以同时处理多个 Source 的写入操作和多个 Sink 的读取操作。

Flume 自带两种 Channel：Memory Channel 和 File Channel。其中，Memory Channel 是内存中的队列，在不需要关心数据丢失的情况下适用。如果需要关心数据丢失，那么 Memory Channel 就不应该使用，因为程序死亡、机器宕机或者重启都会导致数据丢失。File Channel 将所有事件写到磁盘，因此在程序关闭或机器宕机的情况下不会丢失数据。

（5）Event。Event 是 Flume 数据传输的基本单元，以 Event 的形式将数据从源头送至目的地。Event 由 Header 和 Body 两个部分组成。Header 用来存放该 Event 的一些属性，为 Key-Value 结构；Body 用来存放该条数据，形式为字节数组。

7.4.2　Flume 的安装与配置

（1）下载 Flume 安装包。读者可以从 Flume 官网下载到最新版的 Flume，也可以在本书第 7 章软件资源文件夹中找到 Flume 安装包 apache-flume-1.9.0-bin.tar.gz，然后将该文件复制到 master 的 "/home/swxy" 目录下（读者的目录可能与这里不一样）。

安装和运行 Flume 都需要使用 root 用户身份，所以要确保已经切换到 root 用户，然后进入 "/home/ swxy" 目录。

（2）解压并安装 Flume。在 "/home/swxy" 目录下，使用命令 "tar -zxvf apache-flume-1.9.0-bin.tar.gz" 可解压缩 Flume 安装包，如下所示。

```
[root@master swxy]# tar -zxvf apache-flume-1.9.0-bin.tar.gz
```

解压缩完后，系统会在 "/home/swxy/" 下创建 apache-flume-1.9.0-bin 目录，该目录即 Flume 的安装目录。进入该目录，用 "ls -l" 命令可显示文件和目录列表，如下所示。这些文件和目录就是 Flume 的系统文件，表明解压缩成功。

```
[root@master apache-flume-1.9.0-bin]# ls -l
total 168
drwxr-xr-x.  2 swxy swxy    62 Jul 27 06:46 bin
-rw-rw-r--.  1 swxy swxy 85602 Nov 29  2018 CHANGELOG
drwxr-xr-x.  2 swxy swxy   127 Jul 27 06:46 conf
-rw-r--r--.  1 swxy swxy  5681 Nov 16  2017 DEVNOTES
-rw-r--r--.  1 swxy swxy  2873 Nov 16  2017 doap_Flume.rdf
drwxrwxr-x. 12 swxy swxy  4096 Dec 17  2018 docs
drwxr-xr-x.  2 root root  8192 Jul 27 06:46 lib
-rw-rw-r--.  1 swxy swxy 43405 Dec  9  2018 LICENSE
-rw-r--r--.  1 swxy swxy   249 Nov 28  2018 NOTICE
-rw-r--r--.  1 swxy swxy  2483 Nov 16  2017 README.md
-rw-rw-r--.  1 swxy swxy  1958 Dec  9  2018 RELEASE-NOTES
drwxr-xr-x.  2 root root    68 Jul 27 06:46 tools
```

为了后续操作方面便，这里将 "apache-flume-1.9.0-bin" 目录重命名为 "apache-flume-1.9.0"，具体命令如下。读者也可以选择不用修改。

```
[root@master swxy]# mv apache-flume-1.9.0-bin apache-flume-1.9.0
```

（3）配置 Flume 环境变量。在 Flume 安装目录的 "con f" 子目录下，系统已经提供了一个环境变量文件模板 flume-env.sh.template，需要将其名称改为 flume-env.sh，然后进行必要的修改。首先进入 Flume 安装目录的 "con f" 子目录，然后执行改名操作，接着使用 vi 编辑器打开 flume-env.sh 文件。

```
[root@master conf]# cp flume-env.sh.template flume-env.sh
[root@master conf]# vi flume-env.sh
```

将"# export JAVA_HOME = /usr/lib/jvm/java-8-oracle"改成"export JAVA_HOME = /usr/java/jdk 1.8.0_231",编辑完后保存并退出。

（4）配置 Linux 环境变量。执行"vi /etc/profile"命令可以编辑/etc/profile 文件，输入如下代码。

```
export SQOOP_HOME=/home/swxy/apache-flume-1.9.0
export PATH=$PATH:$ FLUME_HOME /bin
```

编辑完成后保存并退出，使该文件生效（利用"source /etc/profile"命令）。
至此，Flume 安装配置完毕。

7.4.3　Flume 的基本应用

对于 Flume 的使用，除非有特别的需求，否则通过组合内置的各种类型的 Source，Sink 和 Channel 便能满足大多数的需求。Flume 官网上对所有类型组件的配置参数均以表格的方式做了详尽的介绍，并附有配置样例，这里主要介绍"监控端口数据"应用案例。该应用是使用 Flume 监听一个端口（这里侦听 999 端口，读者可以自行决定），收集该端口数据，并输出到控制台。

（1）安装 netcat 工具。为了端口之间的通信，需要安装 netcat 工具。这里使用"yum"命令进行安装，所以需要保证联网状态，具体命令如下。

```
[root@master swxy]# yum install -y nc
```

（2）判断 999 端口是否被占用，具体命令如下。

```
[root@master swxy]# netstat -nlp | grep 999
```

（3）判断 999 端口是否被占用创建 Flume Agent 配置文件，具体命令如下。这里将 Flume Agent 配置文件创建在"flume-1.9.0"目录的 jobs 文件目录下，因此，先创建 jobs 文件夹并进入 jobs 文件。

```
[root@master apache-flume-1.9.0]# mkdir jobs
[root@master apache-flume-1.9.0]# cd jobs/
```

接着在 jobs 目录下创建 Flume Agent 配置文件 flume-netcat-logger.conf，具体命令如下。

```
[root@master jobs]# vi flume-netcat-logger.conf
```

在"flume-netcat-logger.conf"文件中添加如下内容。

```
#Name the components on this agent
a1.sources = r1
a1.sinks = k1
a1.channels = c1
#Describe/configure the source
a1.sources.r1.type = netcat
a1.sources.r1.bind = master
a1.sources.r1.port = 999
#Describe the sink
a1.sinks.k1.type = logger
#Use a channel which buffers events in memory
a1.channels.c1.type = memory
a1.channels.c1.capacity = 1000
a1.channels.c1.transactionCapacity = 100
```

```
#Bind the source and sink to the channel
a1.sources.r1.channels = c1
a1.sinks.k1.channel = c1
```

其中,a1 表示 Agent 的名称,r1 为 a1 的 Source 的名称,k1 为 a1 的 Sink 的名称,c1 为 a1 的 Channel 的名称,"a1.sources.r1.type = netcat"表示 a1 的输入源类型为 netcat 的端口类型,"a1.sources.r1.bind = master" 表示 a1 的侦听的是 master, "a1.sources.r1.port = 999" 表示 a1 的侦听的端口号为 999, "a1.sinks.k1.type = logger" 表示 a1 的输出目的地是控制台 logger 类型, "a1.channels. c1.type = memory"表示 a1 的 Channel 类型为 memory 内存型。接下来"a1.channels.c1. capacity = 1000"表示 a1 的 Channel 总容量 1000 个 event,而它的传输容量 "a1.channels.c1.transaction Capacity = 100"为 100, "a1.sources.r1.channels = c1"表示将 r1 和 c1 连接起来, "a1.sinks.k1.channel = c1"表示将 k1 和 c1 连接起来。

（4）开启 Flume 侦听端口,具体命令如下。

```
[root@master apache-flume-1.9.0]# bin/flume-ng agent -c conf/ -n a1 -f jobs/flume-
netcat-logger.conf -D flume.root.logger=INFO,console
```

其中, -c 表示配置文件存储在 conf/目录, -n 表示给 Agent 起名为 a1, -f 表示 Flume 本次启动读取的配置文件是为 jobs 文件夹下的 flume-telnet.conf, -D flume.root.logger = INFO,console 中的-D 表示 Flume 运行时动态修改 flume.root.logger 参数属性值,并将控制台日志输出级别设置为 INFO 级别。日志级别包括 log、info、warn、error。

（5）向端口发送内容。为了向 master 的 999 端口发送数据,这里需要重新在 Xshell 中打开一个 master 主机的窗口,并在新窗口中使用 "nc" 命令向 999 端口发送数据,具体命令如下。

```
[root@master~]# nc master 999
hello
OK
swxy
OK
```

这里可以看到,每次输入数据,按 Enter 键之后,如果发送成功,则会显示 "OK"。与此同时,在之前的 master 窗口中可以看到,采集到的数据已经在终端显示,如图 7-14 所示。

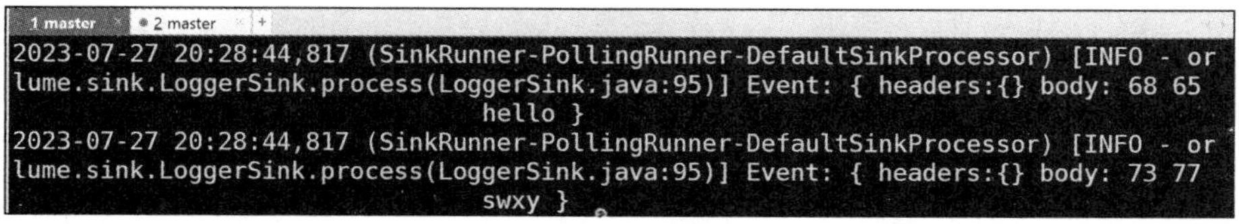

图 7-14 终端显示采集数据

7.5 本章小结

本章阐述了数据采集的重要性,并介绍了两种数据采集工具 Sqoop 和 Flume。通过详细介绍 Sqoop 和 Flume 的配置与应用,读者可以了解两种数据采集工具, Sqoop 主要用于批量传输结构化数据, Flume 主要用于实时采集和传输半结构化或非结构化数据。它们分别适用于不同的数据传输和数据采集场景,并在数据采集和传输过程中发挥着不同的作用。

思考与练习

1. 填空题

（1）针对数据的来源不同，数据采集分为_____和_____。

（2）查看 MySQL 状态的命令为_____。

（3）Sqoop 的底层是采用 MapReduce 程序实现_____、_____和_____。

（4）Flume 的整体架构由_____、_____、_____、_____和_____组成。

（5）Flume 自带两种 Channel：_____和_____。

2. 选择题

（1）下面（　　　）属于内部数据采集。

    A. Flume   B. Sqoop   C. 爬虫   D. MySQL

（2）Flume 架构中，最主要的是（　　　）。

    A. Agent   B. Channel   C. Sink   D. Event

（3）关于数据迁移工具 Sqoop，下列描述不正确的有（　　　）。

    A. Sqoop 工具本质就是迁移数据

    B. Sqoop 工作机制是将导入或导出命令翻译成 MapReduce 程序来实现

    C. Sqoop 工具只能用于非关系型数据库之间迁移

    D. Sqoop 是一款用于在 Hadoop 与关系型数据库服务器之间传输数据的工具

（4）Flume 是（　　　）。

    A. 消息中间件   B. 日志采集系统

    C. 缓冲组件   D. 以上都不是

3. 思考题

（1）请描述内部数据采集与外部数据采集的区别。

（2）请简单阐述 Sqoop 与 Flume 的区别。

第8章
数据分发工具 Kafka

Kafka 是由 Apache 软件基金会开发的一个开源流处理平台，采用 Scala 和 Java 编写。Kafka 是一种高吞吐量的分布式发布、订阅消息系统，它可以处理消费者在网站中的所有动作流数据。本章首先介绍 Kafka 的基本概念和体系架构，接着描述 Kafka 的 3 种典型使用场景，然后介绍 Kafka 的工作原理，重点解释 Kafka 发送消息和消费消息的过程，最后详细介绍 Kafka 的安装与基本应用。

8.1 Kafka 简介

8.1.1 Kafka 架构

Kafka 通过 Hadoop 的并行加载机制来统一线上和离线的消息处理，也通过集群来提供实时的消息。

一个典型的 Kafka 系统架构会包括 Producer、Broker、Consumer 等角色，以及一个 ZooKeeper 集群，如图 8-1 所示。

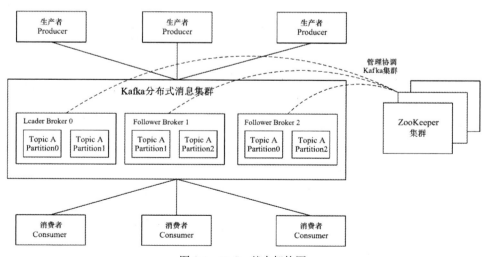

图 8-1　Kafka 基本架构图

（1）Producer。Producer 是 Kafka 中的消息生产者，主要用于生产带有特定 Topic 的消息（后续会介绍到 Topic），生产者生产的消息通过 Topic 进行归类，保存在 Kafka 集群的 Broker 上，具体是保存在指定的 Partition 的目录下，以 Segment 的方式（.log 文件和.index 文件）进行存储。

（2）Consumer。Consumer 是 Kafka 中的消费者，主要用于消费指定 Topic 的消息。Consumer 是通过主动拉取的方式从 Kafka 集群中消费消息，消费者一定属于某一个特定的消费组。

（3）Broker。Kafka 集群中的服务实例也称之为节点，每个 Kafka 集群包含一个或者多个 Broker（一个 Broker 就是一个服务器或节点）。

（4）Topic。Kafka 中的消息是根据 Topic 进行分类的，Topic 是支持多订阅的，一个 Topic 可以有多个不同的订阅消息的消费者。Kafka 集群 Topic 的数量没有限制，同一个 Topic 的数据会被划分在同一个目录下，一个 Topic 可以包含 1 个至多个分区，所有分区的消息加在一起就是一个 Topic 的所有消息。默认情况下，一个 Topic 的消息只存放在一个分区中。

（5）Partition。在 Kafka 中，为了提升消息的消费速度，我们可以为每个 Topic 分配多个 Partition，也就是说，Kafka 是支持多分区的。每个分区都有一个从 0 开始的编号，每个分区内的数据都是有序的，但是不同分区的数据是不能保证有序的，因为不同的分区需要不同的 Consumer 去消费，每个 Partition 只能分配一个 Consumer，但是一个 Consumer 可以同时消费一个 Topic 的多个 Partition。每个 Topic 的每个 Partition 都可以配置多个副本，以提高数据的可靠性。

（6）Leader。Leader 负责分区的所有读写操作，每个 Partition 的所有副本中必有一个 Leader 副本。

（7）Follower。在所有 Partition 中，除了 Leader，其他的就是 Follower 副本。Follower 定期找 Leader 同步最新的数据，对外提供服务只有 Leader。如果 Leader 发生故障，则选举出一个 Follower 作为新的 Leader。

（8）ZooKeeper 集群。ZooKeeper 是 Kafka 使用的协调服务，用于管理和协调整个 Kafka 集群。它负责维护 Broker 的元数据、主题的配置信息和消费者组的状态信息。ZooKeeper 还用于进行 Leader 选举、分区分配和故障恢复等操作。

8.1.2 发布与订阅

Kafka 消息队列包括两种模式，点对点模式（point to point）和发布/订阅模式（publish/subscribe），这里详细介绍发布/订阅模式。发布/订阅模式主要包括角色主题（Topic）、发布者（Publisher）和订阅者（Subscriber）。其主要有以下 3 个步骤。

（1）Producer 生成并发布消息到特定的 Topic。

（2）Broker 接收到消息后，将其保存到该 Topic 对应的 Partition 中。

（3）Consumer 从该 Topic 中订阅消息，可以订阅全部消息（全部 Partition）或者指定 Partition 的消息。

总的来说，Kafka 的发布/订阅模式是一种基于 Topic 的消息传递机制，Producer 将消息发布到特定的 Topic，Consumer 从该 Topic 中订阅并消费消息。Broker 作为服务实例，连接了 Producer 和 Consumer，起到了中转和存储的作用。

8.2　典型使用场景

8.2.1　消息系统

Kafka 可以作为消息系统使用，它支持 Topic 广播类型的消息，具备高可靠性和容错机制。同时 Kafka 也可以保证消息的顺序性和可追溯性，使得 Kafka 可以提供可靠的消息传输和处理，用于实现异步通信、解耦和流量削峰应用程序的组件。传统的消息系统很难实现这些消息系统的特性。同时，Kafka 可以将消息持久化保存到磁盘中，从而有效地减少数据丢失的风险。从这个角度看，Kafka 也可以看成是一个数据存储系统。

8.2.2　网站活性跟踪

Kafka 可以将网页或用户操作等信息进行实时监控或者分析等。例如，各种形式的 Web 活动产生的大量数据、用户活动事件（如登录、访问页面、单击链接）、社交网络活动（如喜欢、分享、评论），以及系统运行日志等。这些活动信息被各个服务器发布到 Kafka 的 Topic 中，然后订阅者通过订阅这些 Topic 来做实时的监控分析，或者装载到 Hadoop、数据仓库中做离线分析和挖掘。

8.2.3　日志收集

日志收集方面的开源产品有很多，包括 Scribe、Apache Flume 等。很多人使用 Kafka 代替日志聚合（log aggregation）。日志聚合一般来说是从服务器上收集日志文件，然后放到一个集中的位置（文件服务器或 HDFS）进行处理。然而 Kafka 会忽略掉文件的细节，将其更清晰地抽象成一个个日志或事件的消息流，这样就让 Kafka 处理过程延迟更低，更容易支持多数据源和分布式数据处理。比起以日志为中心的系统如 Scribe 或者 Apache Flume 来说，Kafka 提供同样高效的性能和因为复制导致更高耐用性保证，以及更低的端到端延迟。

8.3　工作原理分析

8.3.1　工作流程

Kafka 的工作流程是一个连续的循环，数据不断地被生产者发送、存储、复制，然后由消费者订阅和处理。这种流式的数据处理方式使 Kafka 在实时数据处理和传输方面表现出色。它的工作流程可以分为以下 8 步。

（1）创建主题和分区。首先，需要创建一个或多个主题，并为每个主题指定分区数。每个分区可以在集群中的不同 Broker 上进行分布存储和处理。

（2）生产者发送消息。生产者将消息发送到一个或多个主题。生产者可以选择指定消息应该发送到哪个分区，或者让 Kafka 根据分区策略自动选择。

（3）消息存储和复制。一旦生产者发送消息，消息被追加到分区的日志中。如果为分区启用了副本，消息将被复制到副本分区的日志中，这样确保了数据的可靠性和高可用性。

（4）消费者订阅和消费信息。消费者可以订阅一个或多个主题，并从每个分区中读取消息。消费者可以以消费者组的形式组织，这样多个消费者可以共同消费同一主题消息，实现负载均衡和横向扩展。

（5）消息处理和存储偏移量。消费者从分区中读取消息，并将消息用于进一步处理、分析或存储。消费者会跟踪已消费消息的偏移量，以便在重启后继续从正确的位置消费。

（6）Leader 选举和分区分配。如果为分区启用了多个副本，Kafka 会使用 Leader-Follower 模式。Leader 负责处理读写请求，Follower 负责复制数据。如果 Leader 副本故障，Kafka 会进行 Leader 选举来选出新的 Leader。

（7）数据保留策略。Kafka 允许设置消息的保留时间，超过指定时间的消息将被删除，这样有助于管理存储空间并清理过期数据。

（8）流处理。Kafka 可以与流处理框架集成，例如 Kafka Streams、Flink 或 Spark Streaming。这些框架允许用户对实时数据进行处理、转换和分析，并将结果发送回 Kafka 主题或其他存储系统。

8.3.2　发送消息

Kafka 每次发送消息都是向 Leader 分区发送数据，并顺序写入磁盘，然后 Leader 分区会将数据同步到各个从分区 Follower，这样即使 Leader 分区出现故障，也不会影响服务的正常运行。Kafka 发送消息具体过程如图 8-2 所示。

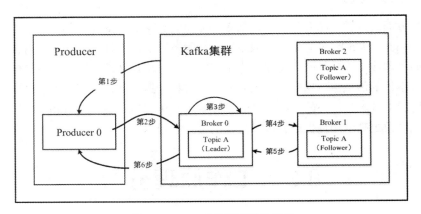

图 8-2　Kafka 发送消息具体过程

主要过程分为以下 6 步。

（1）从 Kafka 集群中获取分区的 Leader。

（2）将消息发送给 Leader。

（3）Leader 将消息写入本地文件。

（4）Follower 从 Leader 里面拉取消息。

（5）Follower 将消息写入本地文件后向 Leader 发送 ACK。

（6）Leader 收到所有副本的 ACK 后，向 Producer 发送 ACK。

在写入数据的过程中，Kafka 遵循 3 个原则：一是数据在写入的时候可以指定需要写入的分区，如果有指定分区，则写入对应的分区；二是如果没有指定分区，但是设置了数据的 Key，则会根据 Key 的值 hash 计算出一个分区；三是如果既没有指定分区，又没有设置 Key，则会轮询选出一个分区。

8.3.3　消费消息

与生产者一样，消费者主动地从 Kafka 集群拉取消息时，也是从 Leader 分区去拉取数据的过程，由消费者自己记录消费状态，每个消费者互相独立地、有顺序地拉取每个分区的消息，如图 8-3 所示。消费者通过检查偏移量来区分已经读取的消息。偏移量是一个元数据，它是一个不断递增的整数值。在创建消息时，Kafka 会把它添加到消息里。在给定的分区里，每个消息的偏移量都是唯一的。消费者把每个分区最后读取到的消息偏移量保存到 ZooKeeper 或者 Kafka 上，如果消费者关闭或者重启，它的读取状态不会丢失。消费者是消费者群组（Consumer Group）的一部分，也就是说，会有一个或者多个消费者共同读取一个主题。群组保证每个分区只能被一个消费者使用。消费者与分区之间的映射通常被称为消费者对分区的所有权关系。如果一个消费者失效，群组里的其他消费者可以接管失效的消费者的工作。

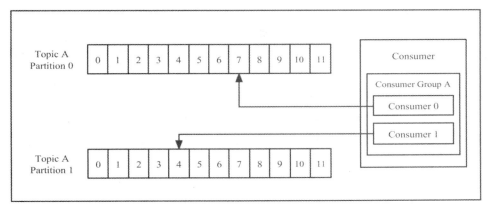

图 8-3　Kafka 消费数据过程

8.4　Kafka 的安装与基本应用

8.4.1　Kafka 的安装与配置

Kafka 可以安装为单机版，也可以安装在集群上，本书安装在集群上。

（1）下载或复制 Kafka 安装包。读者可以从 Kafka 官网下载 Kafka 安装包，也可以从本书第 8 章软件资源文件夹中找到 kafka_2.13-3.5.0.tgz（Kafka 安装包）。

（2）解压缩 Kafka 安装包。将 kafka_2.13-3.5.0.tgz 复制到 master 的 "/home/swxy/" 下，进入该目录并执行解压缩命令 "tar -zxvf kafka_2.13-3.5.0.tgz"，其具体命令如下。

```
[root@master swxy]# tar -zxvf kafka_2.13-3.5.0.tgz
```

（3）配置 Kafka 集群。这里先在 master 机器上进行配置 Kafka 集群，主要操作为修改 broker.id 和 zookeeper.connect。

首先，在 master 机器上，进入 Kafka 安装目录（这里为/home/swxy/kafka_2.13-3.5.0）的 "config" 子目录，然后编辑 server.properties 文件（该文件已经由系统创建），命令如下。

```
[root@master /]# cd /home/swxy/kafka_2.13-3.5.0/config/
[root@master config]# vi server.properties
```

在 Server Basics 代码段中的 "broker.id = 0" 下面增加 "host.name = master"。

```
broker.id=0
host.name=master
```

保存修改后的代码。显然，上述配置选择了 master 作为 Broker，其 ID 采用了默认的 0，所以保持不变，仅增加 master 的主机名（即 master），这也是为了名称解析的需要。

在该文件的 ZooKeeper 代码段中，将已有的 "zookeeper.connect = localhost:2181" 替换为如下的代码（需要根据实际集群情况配置）。

```
zookeeper.connect=master:2181,slave0:2181,slave1:2181
```

保存修改后的代码，退出 vi。可以看出，ZooKeeper 作为协调器，它连接的节点包括了集群内所有的计算机。这里的配置显然需要根据用户自己的集群情况配置，如果仅安装了一个 slave（本书是 slave0），就只需要填写 slave0:2181 即可。

完成了 master 上的配置后，需要将 master 上的 Kafka 安装目录复制到 slave。这里需要复制两次，其中一次的命令如下。

```
[root@master swxy]# scp -r /home/swxy/kafka_2.13-3.5.0  slave0:/home/swxy/
```

除了上面的文件安装复制，Kafka 集群还需要在 slave 上进行必要的配置。对于这里的 slave0，将其 server.properties 配置文件中的 broker.id 设置为 1，将 host.name 设置为 slave0，ZooKeeper 代码段保持不变。

```
##################################Server Basics ##############################
broker.id=1
host.name=slave0
################################# ZooKeeper ##################################
zookeeper.connect=master:2181,slave0:2181,slave1:2181
```

如果安装了 slave1，其 Server Basics 代码段的设置如下，ZooKeeper 代码段不变。

```
############################### Server Basics ################################
broker.id=2
host.name=slave1
############################### ZooKeeper ####################################
zookeeper.connect=master:2181,slave0:2181,slave1:2181
```

至此，Kafka 集群的配置就完成了。

8.4.2　Kafka 的基本应用

（1）启动 ZooKeeper 服务。要使用 Kafka，首先需要启动 ZooKeeper 服务，这里使用第 6 章中介绍的 ZooKeeper 命令 "bin/zkServer.sh start"，分别在 master、slave0 和 slave1 启动 ZooKeeper 服务集群。下面是在 master 上的操作，进入 ZooKeeper 安装目录，执行如下命令。

```
[root@master zookeeper-3.6.3]# bin/zkServer.sh start
```

这里要说明的是，其实 Kafka 本身自带 ZooKeeper 服务器。但这里使用的是第 6 章安装的外部 ZooKeeper。读者如果想要使用 Kafka 自带的 ZooKeeper 服务器，可以进入 Kafka 目录，输入 "bin/zookeeper-server-start.sh config/zookeeper.properties" 命令，这里终端会在显示一些信息后，出现停顿。这并非表示 ZooKeeper 服务启动失败，而是系统正处于后台运行状态，用户无须特别操作，只要保持终端的窗口处于打开状态即可（不要关闭）。

（2）启动 Kafka 服务。接下来分别在 master、slave0 和 slave1 启动 Kafka 服务集群。首先启动 master 上的 Kafka 服务，新开启一个终端，然后进入 Kafka 安装目录，执行 "bin/kafka-server-start.shconfig/server.properties" 命令，系统显示的信息如图 8-4 所示。

图 8-4　启动 Kafka 服务时终端显示的信息

由于 Kafka 是作为守护进程加载的，执行上述命令后终端也会出现停顿状态，这表示系统已经处于后台运行状态，因此这时也不需要关闭该终端窗口，只要保持当前状态即可。

实际上，用户可以另外开启一个终端，通过"jps"命令来查看当前系统进程列表，可以看到图 8-5 所示的几个进程名称。

```
[root@master ~]# jps
3109 QuorumPeerMain
3366 Kafka
4012 Jps
```

图 8-5　当前系统进程

可以看到，ZooKeeper 和 Kafka 均处于后台运行状态，其中 QuorumPeerMain 就是 ZooKeeper 服务进程，Kafka 自然就是 Kafka 服务进程。

同样，可以在 slave 上启动 Kafka 服务。

注意： 有一些用户在启动 Kafka 自带的 ZooKeeper 服务时可能会失败，或者即使启动了也不能正常工作，例如无法支持主题创建（下面马上就会介绍）。这时可以先关闭刚才启动的 ZooKeeper 服务（可以简单地通过"kill -9 PID"命令来终止 QuorumPeerMain 服务，其中 PID 是 QuorumPeerMain 的进程 ID，如上面示例中的 3109），然后通过 HBase 来启动其自带的 ZooKeeper 服务，或者启动独立安装的 ZooKeeper。只要启动成功，也同样可以为 Kafka 的工作提供支持。

因此，在 Hadoop 集群应用中，只要能够启动任何一个组件自带的 ZooKeeper 服务，或者启动独立安装的 ZooKeeper，就可以为其他任何需要 ZooKeeper 服务的组件提供支持，并不需要每个组件都启动自带的 ZooKeeper。

（3）创建主题。要使用 Kafka，一定需要创建主题。主题是消息中间件的基本概念，相当于文件系统的目录，其实就是用于保存消息内容的计算实体。通过主题名称可标识消息，就如同通过目录名称标识目录一样。

在 master 上创建一个名为 test 的主题。注意，为了创建主题，请在 master 上另外开启一个终端，并进入 Kafka 安装目录，执行如下命令。

```
[root@master kafka_2.13-3.5.0]# bin/kafka-topics.sh --bootstrap-server master:9092
--create --partitions 1 --replication-factor 3 --topic test
```

这里要注意的是，官方推荐如果 Kafka 版本大于等于 2.2 使用--bootstrap-server 替代--zookeeper。

执行成功后会出现"Created topic 'test'"的提示，我们也可以通过执行下面的命令查看已经创建的主题，如图 8-6 所示。

```
[root@master kafka_2.13-3.5.0]# bin/kafka-topics.sh --bootstrap-server master:9092
--list
```

图 8-6　查看已经创建的主题

（4）发送消息。消息中间件是一个用于接收消息并转发消息的服务。为了检验 Kafka 是否能够正常工作，需要创建一个消息生产者来产生消息。下面重新开启一个终端，然后执行如下的命令。

```
bin/kafka-console-producer.sh --broker-list master:9092 --topic test
```

按 Enter 键后，系统等待用户输入信息，可以输入"hello swxy from master"等，如图 8-7 所示。

图 8-7　创建消息生产者并产生消息

作为消息生产者，上面的终端一直处于产生消息的状态，其任务就是等待用户的输入，并保存到主题中。这时需要在另一个终端上创建消息消费者，才能接收这些消息。

（5）消费消息。这里将 slave0 当作消费者，消费并接收消息，需要在一个新的终端上执行如下的命令。

```
[root@slave0 kafka_2.13-3.5.0]# bin/kafka-console-consumer.sh --bootstrap-server
master:9092 --topic test --from-beginning
```

按 Enter 键后，即可接收到从消息生产者发送到 test 主题中的消息，如图 8-8 所示。

图 8-8　创建消费者并接收消息

要查看主题中的信息，执行如下命令。

```
[root@slave0 kafka_2.13-3.5.0]# bin/kafka-topics.sh --bootstrap-server master:9092
--describe --topic test
```

可以看到，消息生产者和消息消费者通过 Kafka 的消息中间件联系起来了，消息生产者是产生消息的一方，消息消费者只需要从主题中接收消息。这种应用模式在很多数据处理系统中都可以发挥积极作用。例如，在一些实时大数据应用中，Kafka 可以保存从数据源产生的数据，接收者（消息消费者）则可以按照自己的数据传输速率接收数据，因此，Kafka 起到了缓冲作用。

由于 Kafka 是一个分布式的消息分发系统，因此也可以在集群中的任何节点接收消息，例如，在 slave0 上通过执行"bin/kafka-console-consumer.sh--bootstrap-server master:9092--topic test--from- beginning"命令能够接收到从 master 发送的消息。同样，还可以在 slave 上创建消息生产者向 Kafka 服务器（Server）发送消息，使得集群的任何节点都可以接收消息。图 8-9 给出了一个简单的消息分发架构。

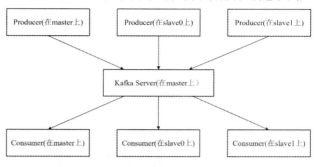

图 8-9 一个简单的消息分发架构

8.4.3 Kafka 集成 Flume

Flume 是一个在大数据开发中常用的组件，可以用于 Kafka 的生产者，也可以用于 Flume 的消费者。

1. Flume 生产者

本案例是侦听目录"/home/swxy/data/log/behavior/"下的文件。

（1）启动 Kafka 集群。

执行"zkServer.sh start"启动 ZooKeeper。进入 Kafka 安装目录，执行"bin/kafka-server-start.sh config/server.properties"命令启动 Kafka。

（2）启动 Kafka 消费者。

执行以下命令启动 Kafka 消费者。

```
[root@slave0 kafka_2.13-3.5.0]# bin/kafka-console-consumer.sh --bootstrap-server
master:9092 --topic test
```

（3）配置 Flume。

在 Flume 的 jobs 目录下创建文件 file_to_kafka.conf。配置文件内容如下，配置文件参考 Flume 官网，单击"Documentation→Flume User Guide→Taildir Source、Memory Channel、Kafka Sink"，官网的表格中加粗部分是必需配置项，参考提供的示例。

```
#1.组件定义
a1.sources = r1
a1.channels = c1
a1.sinks = k1
#2.配置 source
a1.sources.r1.type = TAILDIR
a1.sources.r1.filegroups = f1
a1.sources.r1.filegroups.f1 = /home/swxy/data/log/behavior/.*
a1.sources.r1.positionFile = /home/swxy/flume-1.9.0/taildir_position.json
#3.配置 channel
a1.channels.c1.type = memory
a1.channels.c1.capacity = 1000
a1.channels.c1.transactionCapacity = 100
#4.配置 sink
```

```
a1.sinks.k1.type = org.apache.flume.sink.kafka.KafkaSink
a1.sinks.k1.kafka.bootstrap.servers= master:9092,slave0:9092,slave1:9092
a1.sinks.k1.kafka.topic = test
a1.sinks.k1.kafka.flumeBatchSize = 20
a1.sinks.k1.kafka.producer.acks = 1
a1.sinks.k1.kafka.producer.linger.ms = 1
#5.拼接组件
a1.sources.r1.channels = c1
a1.sinks.k1.channel= c1
```

（4）启动 Flume。

执行以下命令启动 Flume。

```
[root@master flume-1.9.0]# bin/flume-ng agent -c conf/ -n a1 -f jobs/file_to_kafka.conf
```

进入 master 目录 "/home/swxy/data/log/behavior/"，创建文件 test.log，输入 "hi,kafka"，进入虚拟机 slave0 观察控制台输出，接着在 master 执行 "echo hello>>test.log"，进入 slave0 观察控制台输出。

2. Flume 消费者

（1）配置 Flume。

在 Flume 的 jobs 目录下创建文件 kafka_to_file.conf，配置文件内容如下。

```
#1.组件定义
a1.sources = r1
a1.channels = c1
a1.sinks = k1
#2.配置 source
a1.sources.r1.type = org.apache.flume.source.kafka.KafkaSource
a1.sources.r1.batchSize = 50
a1.sources.r1.batchDurationMillis = 200
a1.sources.r1.kafka.bootstrap.servers = master:9092,slave0:9092,slave1:9092
a1.sources.r1.kafka.topics = test
a1.sources.r1.kafka.consumer.group.id = custom.g.id
#3.配置 channel
a1.channels.c1.type = memory
a1.channels.c1.capacity = 1000
a1.channels.c1.transactionCapacity = 100
#4.配置 sink
a1.sinks.k1.type = logger
#5.拼接组件
a1.sources.r1.channels = c1
a1.sinks.k1.channel= c1
```

（2）启动 Flume。

执行以下命令启动 Flume。

```
[root@master flume-1.9.0]# bin/flume-ng agent -c conf/ -n a1 -f jobs/kafka_to_file.conf -Dflume.root.logger=INFO,console
```

（3）启动 Kafka 生产者。在此之前在 3 台虚拟机已启动 ZooKeeper 和 Kafka。

执行以下命令启动 Kafka 生产者。

```
[root@slave0 kafka_2.13-3.5.0]# bin/kafka-console-producer.sh --bootstrap-server master:9092 --topic test
```

输入数据 "hello world"，如图 8-10 所示。

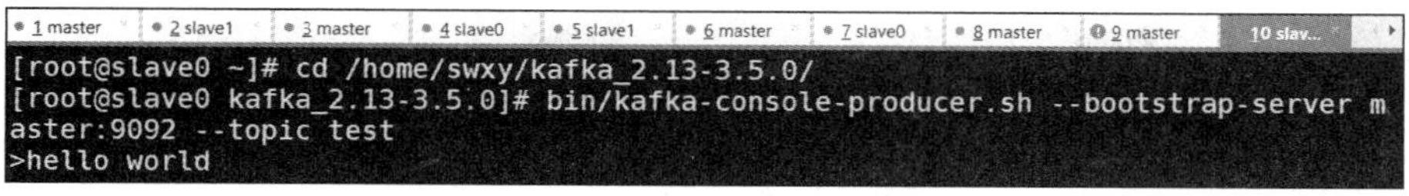

图 8-10   slave0 发送数据

（4）观察控制台输出的日志，出现图 8-11 所示的界面表示输出成功。

图 8-11   master 下观察输出日志

3. 测试

Flume 生产者和 Flume 消费者一起测试。首先将 3 台虚拟机启动 ZooKeeper 和 Kafka。

【123】zkServer.sh start

【123】bin/kafka-server-start.sh config/server.properties

启动 Flume，命令如下。

```
[root@master flume-1.9.0]# bin/flume-ng agent -c conf/ -n a1 -f jobs/file_to_kafka.conf
[root@master flume-1.9.0]# bin/flume-ng agent -c conf/ -n a1 -f jobs/kafka_to_file.
conf -Dflume.root.logger=INFO,console
```

执行命令 "echo jyp >> all.log"，在侦听目录 "/home/swxy/data/log/behavior/" 下创建文件 "all.log"。

```
[root@master behavior]# echo jyp >> all.log
```

最后在 master 节点观察控制台输出的日志。

在生产环境，一般 Flume 的 Sink 配置为 HDFS，在上面基础上只需修改 kafka_to_file.conf 文件的 "配置 Sink" 部分，修改内容如下。

```
#配置 Sink
a1.sinks.k1.type = hdfs
a1.sinks.k1.hdfs.path = /kafka/log/%Y-%m-%d
a1.sinks.k1.hdfs.filePrefix = log-
a1.sinks.k1.hdfs.round = false
a1.sinks.k1.hdfs.rollInterval = 10
a1.sinks.k1.hdfs.rollSize = 134217728
a1.sinks.k1.hdfs.rollCount = 0
#控制输出文件是原生文件
a1.sinks.k1.hdfs.fileType = DataStream
```

在目录 "/home/swxy/data/log/behavior/" 下增加文件后，该文件就会被采集到 HDFS，并存放在以采集日期命名的目录中。启动 Flume 时，如果不想在控制台查看，则可以去掉后面的参数 "-Dflume.root.logger = INFO,console"，直接到 HDFS 查看结果。

注意：在 HDFS 创建目录时出现异常 "Cannot create directory/kafka/log/abc. Name node is in safe mode."。出现该异常的原因是当分布式文件系统处于安全模式的情况下，文件系统中的内容不允许修改，也不允许删除，直到安全模式结束。安全模式主要是为了系统启动的时候检查各个 DataNode 上数据块的有效性，同时根据策略必要地复制或者删除部分数据块。只需在 master 节点执行"hdfs dfsadmin-safemode forceExit"就可以解决这个问题。

8.5　本章小结

本章介绍了 Kafka 的基本概念以及工作原理。它主要应用于大数据实时处理领域，具有高吞吐量、可伸缩性、可靠性和可扩展性等特点。Kafka 是一个通用的消息中间件。消息中间件是一种分布式系统架构中常用的软件组件，用于在不同应用程序之间传递消息；它提供了一种可靠、异步和解耦的通信机制，使得应用程序可以通过发送和接收消息来实现彼此之间的通信和数据交换。

思考与练习

1．填空题

（1）Kafka 消息队列包括两种模式，分为_____和_____。

（2）在 Kafka 中，为了提升消息的消费速度，可以为每个 Topic 分配_____Partition。

（3）启动 Kafka 的命令为_____。

（4）在 Kafka 中，同一时间内，一个 Partition 只能被_____消费。

（5）Consumer Group 是由_____组成的。

2．选择题

（1）Kafka 是一种（　　　），可用作分布式系统的消息传递平台。

    A．消息队列　　　　B．数据库　　　　C．前端框架　　　　D．操作系统

（2）Kafka 的核心概念包括（　　　）、Producer、Consumer 和 Broker。

    A．Block　　　　　B．Topic　　　　　C．Slot　　　　　D．Job

（3）下面哪个不是 Kafka 的应用场景？（　　　）

    A．消息系统　　　　B．网站活性跟踪　　C．日志收集　　　　D．资源管理

（4）关于 Kafka，下列说法错误的是（　　　）。

    A．Kafka 可以使用自带的 ZooKeeper

    B．Kafka 可以使用 HBase 的 ZooKeeper

    C．Kafka 可以使用独立安装的 ZooKeeper

    D．Kafka 只能使用自带的 ZooKeeper

（5）在 Kafka 中，只能有一个 Leader 和（　　　）。

    A．可以有多个 Follower　　　　　　　B．只能有一个 Follower

    C．不需要 Follower　　　　　　　　　D．以上都不对

3．思考题

（1）使用 Kafka 的命令在 master 终端中创建一个名为"swxy"的 Topic，然后实现 test 主题消息的发送。该消息具体的内容为"welcome to swxy"。

（2）开启另外一个终端，消费 test 主题消息。

第 4 篇
大数据计算

- 第 9 章　MapReduce 计算框架与应用
- 第 10 章　基于内存的计算框架 Spark
- 第 11 章　Spark 的安装与应用

第9章
MapReduce 计算框架与应用

MapReduce 是 Hadoop 系统中的计算引擎，它不仅直接支持交互式应用、基于程序的应用，而且还是 Hive 等组件的基础。MapReduce 将复杂的、运行于大规模集群上的并行计算过程高度抽象为两个函数：map 和 reduce。

本章将介绍 MapReduce 模型，详细阐述 Map 阶段、Reduce 阶段和 Shuffle 阶段，最后，还主要介绍基于 MapReduce 的 Java 程序设计方法，从任务分析和任务实现两方面讲解 MapReduce 编程实践。

9.1 MapReduce 计算框架

9.1.1 计算框架概览

分布式计算框架（Distributed Computing Framework）是指利用多台计算机进行协作计算的一种计算模式。MapReduce 就是分布式计算框架的一种，它采取了"分而治之"的基本思想，将一个大的作业分解成若干小的任务，提交给集群的多台计算机处理，这样就大大提高了完成作业的效率。

举个简单例子来理解"分而治之"的思想，假如制作三明治，一个人准备吐司、生菜、鸡蛋，每个步骤分别需要 2min，完成三明治需要 6min 时间，如果 3 个人同时准备，只需要 2min 准备时间，再加上 1min 组合的时间，只用 3min 的时间，速度提高了一倍。这就是 MapReduce 分而治之的思想。

在 Hadoop 平台上，MapReduce 框架负责处理并行编程中的分布式存储、工作调度、负载均衡、容错及网络通信等复杂工作，把处理过程高度抽象为两个函数：map 和 reduce。map 就是"分而治之"中的分，reduce 就是治。map 负责把作业分解成多个任务，拆分的前提是这些小任务可以并行计算，彼此间几乎没有依赖关系，reduce 负责把分解后多任务处理的结果汇总起来。MapReduce 隐藏底层细节，开发人员仅需要关注业务层的具体计算问题，不需要考虑任务调度和分配、拆分文件块等细节，编写少量业务代码就能完成复杂的业务需求。

在 Hadoop 中，用于执行 MapReduce 作业（job）的机器角色有两个：JobTracker 和 TaskTracker。JobTracker 用于调度作业，TaskTracker 用于跟踪任务的执行情况。一个 Hadoop 集群只有一个 JobTracker。

需要注意的是，用 MapReduce 来处理的数据集必须具备这样的特点：数据集可以分解成许多小的数据集，而且每个小数据集都可以完全独立地并行处理。

最简单的 MapReduce 应用程序至少包含 3 个部分：一个 map 函数、一个 reduce 函数和一个 main 函数。在运行一个 MapReduce 程序的时候，整个处理过程被分为两个阶段：Map 阶段和 Reduce

阶段，每个阶段都是用键值对<Key,Value>作为输入（Input）和输出（Output）。main 函数负责将作业控制和文件输入/输出结合起来，是 MapReduce 程序的入口。

用户自定义的 map 函数接收一个输入的<Key,Value>，然后产生一个中间<Key,Value>的集合，接着 MapReduce 把这个中间结果中的所有具有相同 Key 的 Value 值集合在一起，最后传递给 reduce 函数。

用户自定义的 reduce 函数接收一个中间 Key 值和相关的一个 Value 值的集合之后，立即合并这些 Value 值，从而形成一个较小的 Value 值的集合。一般情况下，reduce 函数每次调用只产生 0 个或 1 个输出 Value 值。通常经过一个迭代器把中间 Value 值提供给 reduce 函数，这样就可以处理无法全部放入内存中的大量 Value 值的集合了。

map 函数和 reduce 函数都是以<Key,Value>为输入，以另一个或一批<Key,Value>为输出，如表 9-1 所示。

表 9-1　　　　　　　　map 函数和 reduce 函数的输入、输出说明

函数	输入	输出	说明
map	<k1,v1>	List(<k2.v2>)	数据集解析成<Key,Value>对，输入 map 函数，处理后输出一批<Key,Value>中间结果
reduce	<k2,List(v2)>	<k3,v3>	map 函数的输出经过合并、排序处理后就是 reduce 函数的输入，List(v2)表示一批属于同一个 k2 的 value 值

在 MapReduce 程序中计算的数据可以来自多个数据源，如本地文件、HDFS、数据库等。最常用的是 HDFS，因为可以利用 HDFS 的高吞吐性能读取大规模的数据进行计算，同时，在计算完成后，也可以将数据存储到 HDFS。MapReduce 读取 HDFS 数据或者存储数据到 HDFS 中比较简单。当 MapReduce 运行 Task 时，会基于用户编写的业务逻辑进行读取或存储数据。

9.1.2　主要组件分析

MapReduce 包含 4 个组成部分，分别是 Client、JobTracker、TaskScheduler 和 TaskTracker，MapReduce 基本架构如图 9-1 所示。

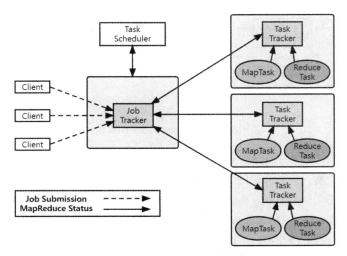

图 9-1　MapReduce 基本架构

（1）Client 客户端。每一个 Job 都会在客户端通过 Client 类将应用程序以及作业的配置参数打包成 Jar 文件存储在 HDFS，并把路径提交到 JobTracker 的 master 服务，然后由 master 创建每一个 Task（即 MapTask 和 ReduceTask），将它们分发到各个 TaskTracker 服务中去执行。

（2）JobTracker。JobTracker 主要完成作业的控制和资源的管理。JobTracker 监控所有的 TaskTracker 与 Job 的健康状况，一旦发现失败，就将相应的任务转移到其他节点；同时 JobTracker 会跟踪任务的执行进度、资源使用量等信息，并将这些信息告诉任务调度器，调度器会在资源出现空闲时，选择合适的任务使用这些资源。在 Hadoop 中，任务调度器是一个可插拔的模块，用户可以根据自己的需要设计相应的调度器。

（3）TaskScheduler。根据作业跟踪器 JobTracker 发送的任务进度和资源使用信息，决定把哪个任务分发给哪个节点的任务跟踪器 TaskTracker 执行。在 Hadoop 中，任务调度器是一个可插拔的模块，用于可以根据自己的需要设计相应的调度器。

（4）TaskTracker。TaskTracker 会周期性地通过 HeartBeat 将本节点上资源的使用情况和任务的运行进度汇报给 JobTracker，同时执行 JobTracker 发送过来的命令，并且执行相应的操作。TaskTracker 使用"slot"等量划分本节点上的资源量。"slot"代表计算资源，一个 Task 获取到一个 slot 之后才有机会运行，Hadoop 调度器的作用就是将各个 TaskTracker 上的空闲 slot 分配给 Task 使用。slot 分为 MapSlot 和 ReduceSlot 两种，分别提供 MapTask 和 ReduceTask 使用。TaskTracker 通过 slot 数量（可配置参数）限定 Task 的并发度。

9.2 计算过程分析

MapReduce 编程模型专门为并行计算海量数据而设计，开发简单，功能强大，工作流程如图 9-2 所示。

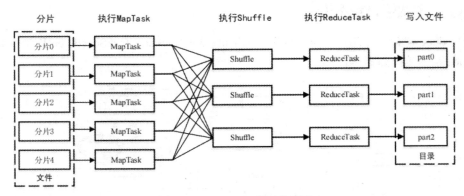

图 9-2 MapReduce 的工作流程

MapReduce 的工作流程一般分为分片、执行 MapTask、执行 Shuffle、执行 ReduceTask、写入文件 5 个步骤。接下来做一些更详细的介绍，输入 Map 的数据源被划分为大小相等的 Block（Hadoop 2.x/3.x 默认为 128MB），也就是图 9-2 中的分片，并将分片格式化为<key,Value>形式的数据，每一个分片对应一个 MapTask。MapTask 处理分片数据后，将数据写入内存缓冲区（假设 100MB），当达到内存缓冲区的阈值（80MB）时，就启动溢写过程，把 80MB 数据写入磁盘，剩余 20MB 空间供 Map 结果继续写入。如果中间数据比较大，会形成多个文件，最后会合并所有文件为一个文件。执行 Shuffle 时会将 MapTask 处理后的数据分发给 ReduceTask，并对数据按 Key 进行分区和排序。ReduceTask 执行完后，以<Key,Value>形式传入 OutputFormat 的 write()方法，进行文件的写入操作。

9.2.1　Map 阶段

Map 阶段执行过程如图 9-3 所示。Map 阶段对输入的<Key,Value>对进行处理，然后产生一系列的中间结果，通常一个 Split 分片对应一个 Map 任务。

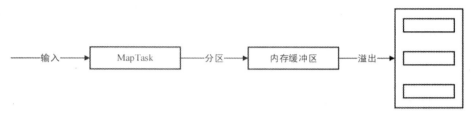

图 9-3　Map 阶段执行过程

Map 阶段具体执行过程如下。

（1）将输入文件进行逻辑切片，默认切片大小和块大小一致，每一个切片由一个 MapTask 处理。切片大小小于块大小时称为计算密集型，要进行大量的计算，主要消耗 CPU 资源；切片大小大于块大小时称为 I/O 密集型，大部分的时间都用在 I/O 操作上。

（2）读取切片中的数据，并解析成<Key,Value>对形式。默认情况下，这里的 Key 是每一行起始位置的偏移量，Value 是当前行的文本内容。

（3）每读取一个<Key,Value>对，便调用一次 Map 方法。

（4）对 Map 输出的<Key,Value>对进行分区。分区的数量就是 ReduceTask 的数量。默认分区方式是将 Key 的散列值与 ReduceTask 数量取模，这样，就可以把 MapTask 结果分配给多个 ReduceTask 进行并行计算。

（5）MapTask 输出数据写入内存缓冲区，数据量大时溢出到磁盘上，溢出过程中对 Key 进行排序。MapTask 输出结果不是立即写入磁盘，是因为寻址开销很大，当积累到一定数量的输出数据后，再一次性批量写入磁盘，只需要一次寻址，然后连续写入，降低了开销。如果用户定义了 Combiner 函数，还需要执行合并操作，从而减少溢写到磁盘的数据量。"合并"就是把相同 Key 的 Value 加起来。比如有两个键值对<k1,v1>和<k1,v2>，合并后就得到一个键值对<k1,v1+v2>。

（6）归并溢出文件，形成一个文件。"归并"是指把具有相同 Key 的键值对归并成一个新的键值对。比如，具有相同 Key 的键值对<k1,v1>、<k1,v2>、<k1,v3>被归并为一个新的键值对<k1,<v1,v2,v3>>。

以上 6 个步骤就是 Map 阶段执行过程，最终生成一个存放在本地磁盘中的大文件。这个大文件中的数据是被分区的，会被发送到不同的 ReduceTask 进行并行处理。JobTracker 一直监测 Map 任务，监测到 Map 任务完成就会通知 Reduce 任务拉取数据，接下来就进入 Reduce 端的 Shuffle 过程。

9.2.2　Reduce 阶段

Reduce 阶段执行过程如图 9-4 所示，具体执行过程如下。

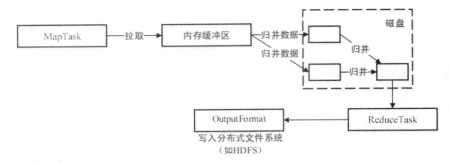

图 9-4 Reduce 阶段执行过程

（1）ReduceTask 从 MapTask 拉取数据。每个 ReduceTask 通过 RPC 向 JobTracker 询问 MapTask 是否完成，JobTracker 监测到一个 Map 任务完成后，马上通知相关的 ReduceTask 来拉取数据。接下来 ReduceTask 会到该 MapTask 所在机器拉取属于自己处理的分区数据。

（2）归并拉取过来的数据，再对归并后的数据进行排序。此过程与 Map 阶段相同，启动溢写过程时，具有相同 Key 的键值对会被归并，如果用户定义了 Combiner，则归并后的数据还会执行合并操作，减少写入磁盘的数据量。

（3）数据输入给 ReduceTask。键值相同的<Key,Value>对调用一次 reduce()方法。最后把该阶段输出的数据写入 HDFS 文件中。

9.2.3 Shuffle 阶段

Shuffle 是指将 Map 端无规则的输出数据转换成有规则的输出数据，位于 MapTask 输出与 ReduceTask 拉取数据之间。Map 阶段对小块数据进行分类，Shuffle 阶段将同类型的数据进行合并，方便 ReduceTask 接收处理。

Shuffle 机制的缺点是频繁涉及内存、磁盘之间的数据移动，大量的数据序列化和反序列化、压缩和解压缩操作会消耗大量 CPU。

如图 9-5 所示，虚线部分就是 Shuffle 阶段，位于 Map 与 Reduce 之间，Map 阶段的输出作为 Shuffle 的输入，Shuffle 阶段的输出作为 Reduce 的输入。

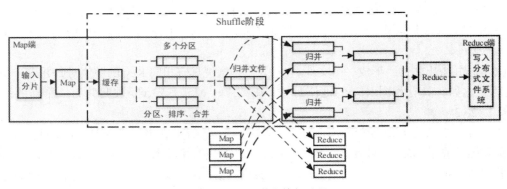

图 9-5 Shuffle 阶段执行过程

Shuffle 阶段主要执行以下操作。

（1）在 Map 端的 Shuffle 过程。Map 的输出首先被写入缓存，当缓存满时，就溢写到磁盘文件，并清空缓存。启动溢写操作时，首先对缓存中的数据进行分区，然后对每个分区的数据进行排序、合并，再写入磁盘。每次溢写操作会生成一个新的磁盘文件，Map 任务全部结束之前，这些溢写文件会被归并成一个大的磁盘文件，然后通知相应的 Reduce 任务来"领取"属于自己处理的数据。（注意：合并是对内存中数据的操作，归并是对磁盘文件的操作）

（2）在 Reduce 端的 Shuffle 过程。Reduce 任务从 Map 端的不同 Map 机器"领取"属于自己处理的那部分数据，然后对数据进行归并后交给 Reduce 任务。

9.3　编程实践

9.3.1　第一个 MapReduce 程序：WordCount

1. 任务分析

下面我们以 WordCount 程序为例，分析一下 MapReduce 程序的执行过程。设输入若干文本文件，我们的目标是统计所有文件中每一个单词出现的次数（频次）。以图 9-6 所示的两个输入文件为例，直观地看，Bye 出现 2 次，Hello 出现 2 次，World 出现 4 次。WordCount 程序就是要实现这样的统计。

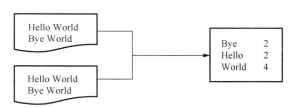

图 9-6　WordCount 作业的目标

结合上面的示例，我们来分析 MapReduce 程序的执行过程，可分为下面几个步骤。

（1）拆分输入数据。拆分数据（Split）属于 Map 的输入阶段，系统会逐行读取文件的数据，得到一系列的 <Key,Value>，如图 9-7 所示。

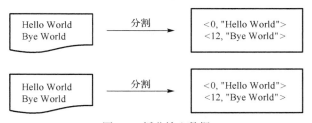

图 9-7　拆分输入数据

注意：如果只有一个文件，且很小，这时系统只分配一个 Split；如果有多个文件，或者文件很大，系统会根据需要分配多个 Split。这一步由 MapReduce 框架自动完成。图 9-7 中的数值是一个偏移量（即 Key 值），它是包括回车符在内的字符数。

（2）执行 map() 方法。分割完成后，系统会将分割好的 <Key,Value> 交给用户定义的 map() 方法进行处理，生成新的 <Key,Value>，如图 9-8 所示。

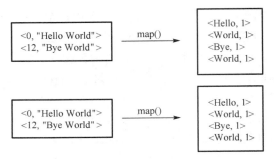

图 9-8　执行用户定义的 map()方法

（3）排序与合并处理。系统在得到 map()方法输出的<Key,Value>后，Mapper 会将它们按照 Key 值进行排序，并执行 Combine 过程，将 Key 值相同的 Value 值累加，得到 Mapper 的最终输出结果，如图 9-9 所示。

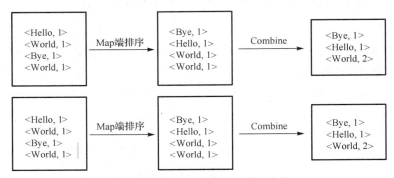

图 9-9　执行 Map 阶段的排序与合并

（4）Reduce 阶段的排序与合并，如图 9-10 所示。

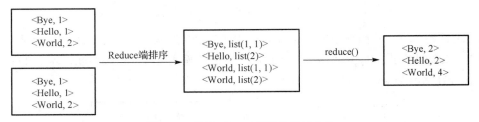

图 9-10　执行 Reduce 端的排序与合并

Reducer 先对从 Mapper 接收的数据进行排序，再交由用户自定义的 reduce()方法进行处理，得到新的（Key-Value），并作为 WordCount 的结果输出。

图 9-10 的中间部分出现的 list（数据列表）是与 MapReduce 内部合并机制（Combine）有关的一个函数，其中 list(1,1)表示尚未合并的两个等于 1 的 Value，而 list(2)则表示已经合并为 2 的一个 Value。例如，<World,list(1,1)>表示两个“World”的等于 1 的 Value，但还没有合并；而<World,list(2)>也表示两个“World”的等于 1 的 Value，但已经合并。为什么会出现有的 Value 已经合并，而有的还没有合并？这与 MapReduce 的内部资源调度管理机制有关，但最后的 reduce()能够进行最后的合并。

实际上，上面的分析是一种直观的理解。如果结合源代码分析，就可以看到处理流程的更多细节。

（1）Map 阶段可以概括为如下 5 个步骤。

① Read：MapTask 通过用户编写的 RecordReader，从输入 InputSplit 中解析出（Key,Value）。

② Map：该步骤主要将解析出的<Key,Value>交给用户编写的 map()处理，并产生一系列新的<Key,Value>。

③ Collect：在用户编写的 map()中，数据处理完成后，一般会调用 OutputCollector.collect()收集结果。在该函数内部，它会将生成的<Key,Value>通过 Partitioner 分片，并写入一个环形内存缓冲区中。

④ Spill：溢写，指当环形缓冲区填满后，MapReduce 会将数据写到本地磁盘上，生成一个临时文件。将数据写入本地磁盘之前，先要对数据进行一次本地排序，并在必要时对数据进行合并、压缩等操作。

⑤ Combine：当所有数据处理完成后，MapTask 对所有临时文件进行一次合并，以确保最终只会生成一个数据文件。

（2）Reduce 阶段可分解为如下 5 个步骤。

① Shuffle：也称为 Copy 阶段。ReduceTask 从各个 MapTask 上远程复制一片数据，并针对某一片数据进行判断，如果其大小超过一定阈值，则写到磁盘上，否则直接放到内存中。

② Merge：在远程复制的同时，ReduceTask 启动了两个后台线程对内存和磁盘上的文件进行合并，以防止内存使用过多或者磁盘上文件过多。

③ Sort：按照 MapReduce 语义，用户编写的 reduce()输入数据是按 Key 进行聚集的一组数据。为了将 Key 相同的数据聚在一起，Hadoop 采用了基于排序的策略。由于各个 MapTask 已经实现了对自己的处理结果进行局部排序，因此，ReduceTask 只需对所有数据进行一次归并排序即可。

④ Reduce：在该阶段中，ReduceTask 将每组数据依次交给用户编写的 reduce 函数处理。

⑤ Write：reduce()将计算结果写到 HDFS。

2．任务实现

现有一篇或多篇文件，统计这些文件中每个词出现的次数。文件可以是英文、中文或其他语言，本案例以英文文本为例进行分析。

WordCount 编程实现思路如下。

（1）输入一系列键值对<K1,V1>

从文件中读取文本，每一行的偏移量作为键 K1，每一行的文本作为值 V1。

（2）map()和 reduce()方法进行处理

MapReduce 处理的数据类型是<Key,Value>对，map()和 reduce()方法简略表示如下。

map()方法：(K1,V1) → list(K2,V2)。

reduce()方法：(K2,list(V2)) → list(K3,V3)。

首先使用 IDEA 创建 maven 项目，并修改 pom.xml 文件，具体步骤请参考 4.3 节内容。不同之处是 resources 目录下需要添加 core-site.xml、hdfs-site.xml、mapred-site.xml、yarn-site.xml、log4j.properties 文件，这 5 个文件从任意一台虚拟机的/home/swxy/hadoop-3.3.4/etc/hadoop/目录传输到本机即可。如果出现错误 "Caused by: java.io.IOException: Input path does not exist: file:/jyp/College EntranceExamination.txt"，只需把 resources 下的 5 个文件复制到 target→classes 下即可。

（1）编写 Map 处理逻辑

创建类 WordCountMapper，重写 Mapper 中的 map()，具体代码如下。

```
package com.jyp;
    import org.apache.hadoop.io.IntWritable;
    import org.apache.hadoop.io.LongWritable;
    import org.apache.hadoop.io.Text;
    import org.apache.hadoop.mapreduce.Mapper;
    import java.io.IOException;
    public class WordCountMapper extends Mapper<LongWritable,Text, Text, IntWritable> {
        private IntWritable one = new IntWritable(1);     //创建对象
        @Override
        protected void map(LongWritable key, Text value, Context context)
          throws IOException, InterruptedException {
            String valueString = value.toString();
            valueString = valueString.replaceAll("[^a-zA-Z0-9'\\s]", "");
                                                            //替换特殊字符
            String[] values = valueString.split(" ");     //切分字符串
            for (String val : values) {
                context.write(new Text(val), one);         //向里面添加数据
            }
        }
    }
```

（2）编写 Reduce 处理逻辑

创建类 WordCountReducer，重写 Reducer 中的 reduce()方法。以下为 Reducer 类的具体代码。

```
package com.jyp;
    import org.apache.hadoop.io.IntWritable;
    import org.apache.hadoop.io.Text;
    import org.apache.hadoop.mapreduce.Reducer;
    import java.io.IOException;
    import java.util.Iterator;
    public class WordCountReducer extends Reducer<Text, IntWritable,Text,IntWritable> {
        @Override
        protected void reduce(Text key, Iterable<IntWritable> values, Context context)
          throws IOException, InterruptedException {
            Iterator<IntWritable> iterator = values.iterator();     //获取迭代器
            int count = 0;     //声明一个计数器
            while (iterator.hasNext()) {
                count += iterator.next().get();
            }
            context.write(key, new IntWritable(count));     //输出数据
        }
    }
```

（3）编写 Job 任务

创建类 WordCountJob，添加 main()方法。以下为 Reducer 类的具体代码。

```
package com.jyp;
    import org.apache.hadoop.conf.Configuration;
    import org.apache.hadoop.fs.Path;
    import org.apache.hadoop.io.IntWritable;
    import org.apache.hadoop.io.Text;
    import org.apache.hadoop.mapreduce.Job;
    import org.apache.hadoop.mapreduce.lib.input.FileInputFormat;
    import org.apache.hadoop.mapreduce.lib.output.FileOutputFormat;
```

```
import java.io.IOException;
public class WordCountJob {
public static void main(String[] args) throws IOException, InterruptedException,
    ClassNotFoundException  {
        Configuration configuration = new Configuration(true);   //获取配置文件
        configuration.set("mapreduce.framework.name", "local"); //本地模式运行
        Job job = Job.getInstance(configuration);    //创建任务
        job.setJarByClass(WordCountJob.class);         //设置任务主类
        job.setJobName("jyp-wordcount-" + System.currentTimeMillis()); //设置任务
        job.setNumReduceTasks(2);     //设置 Reduce 的数量
        //设置数据的输入、输出路径
        FileInputFormat.setInputPaths(job, new Path("/jyp/CollegeEntraExam.
txt"));
        FileOutputFormat.setOutputPath(job, new
        Path("/jyp/result/wordcount_" + System.currentTimeMillis()));
        job.setMapOutputKeyClass(Text.class);           //设置 Map 的输出的 key 类型
        job.setMapOutputValueClass(IntWritable.class);   //设置 Map 的输出的 value 类型
        job.setMapperClass(WordCountMapper.class);       //设置 Map 的处理类
        job.setReducerClass(WordCountReducer.class);     //设置 Reduce 的处理类
        job.waitForCompletion(true);    //提交任务
    }
}
```

（4）编译打包代码以及运行程序

接下来介绍 3 种运行程序的方法。

方式一：直接运行程序。

启动 Hadoop 集群，打开浏览器，输入"http://master:9870"，单击菜单"Utilities→Browse the file system"。单击工具栏图标"🖿"，输入 jyp/result，然后进入"jyp/result"目录，再单击工具栏图标"🖉"，上传文件 CollegeEntraExam.txt。以 WordCountJob 类的 main()方法为入口运行程序。进入 HDFS 的"jyp/result"目录，查看词频统计结果的目录，如图 9-11 所示，接着单击 wordcount_ 开头的目录，里面 part-r 开头的文件就是词频统计结果的文件，如图 9-12 所示，最后单击 part-r 开头的文件就可以查看词频统计的结果。

Permission	Owner	Group	Size	Last Modified	Replication	Block Size	Name
drwxr-xr-x	root	supergroup	0 B	Aug 30 09:16	0	0 B	wordcount_1693358172955 🗑

图 9-11　词频统计结果的目录

Permission	Owner	Group	Size	Last Modified	Replication	Block Size	Name
-rw-r--r--	root	supergroup	0 B	Aug 30 09:16	3	128 MB	_SUCCESS 🗑
-rw-r--r--	root	supergroup	5.65 KB	Aug 30 09:16	3	128 MB	part-r-00000 🗑
-rw-r--r--	root	supergroup	5.24 KB	Aug 30 09:16	3	128 MB	part-r-00001 🗑

图 9-12　词频统计结果的文件

方式二：通过命令运行程序。

首先单击 IDEA 界面右侧"Maven→mr_wordcount→Lifecycle→clean→compile→package"进

行清理、编译及打包,然后上传左侧项目 target 下的 mr_wordcount-1.0-SNAPSHOT.jar 文件到 HDFS 的 "/opt/jyp/hadoop-3.3.4" 目录,接着运行程序,命令如下。

```
[root@master hadoop-3.3.4]# ./bin/hadoop jar mr_wordcount-1.0-SNAPSHOT.jar com.jyp
.WordCountJob
```

最后,我们可以执行下面的命令查看结果。

```
[root@master hadoop-3.3.4]# ./bin/hadoop fs -cat /jyp/result/wordcount_1689317480822/*
```

注意:这里 wordcount_ 后面的数字是程序运行的当前系统时间,可以在 HDFS 的 Web 界面查看。

方式三:在 Hadoop 平台打包代码以及运行程序。

这种方式的源代码在前两种方式的基础上做了如下改动。

① 类 WordCountMapper 和 WordCountReducer 作为 WordCount 的内部类,并改成 static 修改的静态类。

② 修改 main()方法,待处理的文件位置和分析后要保存的位置通过参数设置。

在第 2 章我们已经安装了 Java 开发工具包 JDK,所以这里可以直接用 JDK 包中的工具对代码进行编译。执行以下命令设置 Java 环境。

```
[root@master hadoop-3.3.4]# cd /home/swxy/hadoop-3.3.4/
[root@master hadoop-3.3.4]# export CLASSPATH="/home/swxy/hadoop-3.3.4/share/hadoop
/common/hadoop-common-3.3.4.jar:/home/swxy/hadoop-3.3.4/share/hadoop/mapreduce/hadoop-
mapreduce-client-core-3.3.4.jar:/home/swxy/hadoop-3.3.4/share/hadoop/common/lib/commons-
cli-1.2.jar:$CLASSPATH"
```

编译命令如下。

```
[root@master hadoop-3.3.4]# javac WordCount.java
```

打包命令如下。

```
[root@master hadoop-3.3.4]# jar -cvf WordCount.jar *.class
```

启动 Hadoop 之后,我们可以运行程序,命令如下。

```
[root@master hadoop-3.3.4]# ./bin/hadoop jar WordCount.jar WordCount /jyp/College-
EntraExam.txt /jyp/result/wordcount_jyp
```

最后,我们可以执行以下命令查看结果。

```
[root@master hadoop-3.3.4]# ./bin/hadoop fs -cat /jyp/result/wordcount_jyp/*
```

查看目录 "home/swxy/hadoop-3.3.4" 下的文件,如图 9-13 所示。

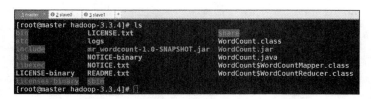

图 9-13　查看 hadoop 目录

下面给出 WordCount 类的完整代码。

```
package com.jyp;
    import org.apache.hadoop.conf.Configuration;
    import org.apache.hadoop.fs.Path;
    import org.apache.hadoop.io.IntWritable;
    import org.apache.hadoop.io.LongWritable;
    import org.apache.hadoop.io.Text;
```

```java
import org.apache.hadoop.mapreduce.Job;
import org.apache.hadoop.mapreduce.Mapper;
import org.apache.hadoop.mapreduce.Reducer;
import org.apache.hadoop.mapreduce.lib.input.FileInputFormat;
import org.apache.hadoop.mapreduce.lib.output.FileOutputFormat;
import org.apache.hadoop.util.GenericOptionsParser;
import java.io.IOException;
import java.util.Iterator;
public class WordCount {
    public static void main(String[] args) throws IOException, Interrupted-
Exception, ClassNotFoundException {
        Configuration configuration = new Configuration(true);    //获取配置文件
        String[] otherArgs = (new GenericOptionsParser(configuration,args)).
getRemainingArgs();
        configuration.set("mapreduce.framework.name", "local");   //本地模式运行
        Job job = Job.getInstance(configuration);    //创建任务
        job.setJarByClass(WordCount.class);              //设置任务主类
        job.setJobName("jyp-wordcount-" + System.currentTimeMillis());   //设置任务
        job.setNumReduceTasks(2);      //设置 Reduce 的数量
        //设置数据的输入路径（除最后一个参数外的所有参数）
          for(int i=0;i<otherArgs.length-1;++i) {
              FileInputFormat.setInputPaths(job, new Path(otherArgs[i]));
          }
        //设置数据的输出路径（最后一个参数，默认为/jyp/result/wordcount_jyp）
        FileOutputFormat.setOutputPath(job, new
          Path(otherArgs[otherArgs.length-1]));
        job.setMapOutputKeyClass(Text.class);                //设置 Map 的输入的 Key 类型
        job.setMapOutputValueClass(IntWritable.class);       //设置 Map 的输入的 Value 类型
        job.setMapperClass(WordCount.WordCountMapper.class);   //设置 Map 的处理类
        job.setReducerClass(WordCount.WordCountReducer.class);
                                                           //设置 Reduce 的处理类
        job.waitForCompletion(true);      //提交任务
    }
    public static class WordCountMapper extends Mapper<LongWritable,Text,
Text, IntWritable> {
        private IntWritable one = new IntWritable(1);     //创建对象
        @Override
        protected void map(LongWritable key, Text value, Context context)
            throws IOException, InterruptedException {
                String valueString = value.toString();
                valueString = valueString.replaceAll("[^a-zA-Z0-9'\\s]", "");
                                            //替换特殊字符
                String[] values = valueString.split(" ");   //切分字符串
                for (String val : values) {
                    context.write(new Text(val), one);        //向里面添加数据
                }
            }
        }
    }
    public static class WordCountReducer extends Reducer<Text, IntWritable,
Text,IntWritable> {
        @Override
        protected void reduce(Text key, Iterable<IntWritable> values,
            Context context) throws IOException, InterruptedException {
```

```
        Iterator<IntWritable> iterator = values.iterator();        //获取迭代器
        int count = 0;    //声明一个计数器
        while (iterator.hasNext()) {
            count += iterator.next().get();
        }
        context.write(key, new IntWritable(count));        //输出数据
        }
    }
}
```

中文词频统计在 Map 阶段需要用分词器处理，与英文不一样，代码如下。

```
protected void map(LongWritable key, Text value, Context context) throws IOException,
InterruptedException {
        //IKAnalyzer 分词
        IKSegmenter ik = new IKSegmenter(new StringReader(value.toString().replace
All("\\s+"," ")),true);
        Lexeme word = null;
        while((word = ik.next()) != null){
                context.write(new Text(word.getLexemeText()),new IntWritable(1));
        }
}
```

9.3.2 第二个 MapReduce 程序

1. 任务分析

近年来，湖南省大力推进制造强省建设，制造业增加值占全省地区生产总值比例提升至28.2%，4 个先进制造业集群进入"国家队"。因此，湖南省制造业产生了海量的各类数据。为响应国家"东数西算"工程（我国于 2022 年提出），建设数字强国。这里准备了部分制造业数据，并将这些数据上传到 HDFS 上。准备的制造业成长能力指标如表 9-2 所示。

表 9-2　　　　　　　　　　　　　　湖南省 4 个先进制造业成长能力指标

公司	年份	营业总收入（亿元）	毛利润（亿元）	归属净利润（亿元）	扣非净利润（亿元）	营业总收入同比增长（%）	归属净利润同比增长（%）	扣非净利润同比增长（%）
三一重工	2022	808.2	192.2	42.73	31.27	−24.38	−64.49	−69.62
	2021	1069	274.3	120.3	102.9	6.81	−22.04	−26.22
	2020	1001	296.2	154.3	139.5	31.25	36.28	33.96
中联重科	2022	416.3	90.88	23.06	12.93	−37.98	−63.22	−77.82
	2021	671.3	158.5	62.70	58.28	3.11	−13.88	−7.61
	2020	651.1	186.2	72.81	63.09	50.34	66.55	79.51
铁建重工	2022	101.0	34.42	18.44	17.16	6.14	6.26	8.91
	2021	95.17	30.82	17.35	15.75	25.05	10.74	12.53
	2020	76.11	26.17	15.67	14.00	4.52	2.45	−0.44
山河智能	2022	73.02	15.59	−11.38	−12.31	−35.99	−457.26	−655.81
	2021	114.1	26.46	3.185	2.216	21.65	−43.62	−49.72
	2020	93.77	25.92	5.649	4.407	26.25	12.35	4.39

我们要分析的评价指标体系包括产品市场相对占有率和主营业务收入增长率。计算公式如下。

产品市场相对占有率 = 销售收入/主营业务相同上市公司销售收入之和（经营规模以及产品被顾客接受的程度）

主营业务收入增长率 =(当年主营业务收入–去年主营业务收入)/去年主营业务收入(主营产品在市场中受顾客接受程度的发展情况)

2. 任务实现

制造业成长能力指标分析步骤与第一个 MapReduce 程序类似，这里只给出核心部分。首先上传数据 GrowthAbility.txt 到 HDFS 的目录 "/jyp/"。

（1）产品市场相对占有率分析

① 编写企业实体类 Enterprice。

```java
public class Enterprice implements WritableComparable<Enterprice>{
    String company;      //公司
    int year;            //年份
    double totalIncome;              //营业总收入（亿元）
    double grossProfit;              //毛利润（亿元）
    double netProfit;                //归属净利润（亿元）
    double nonNetProfit;             //扣非净利润（亿元）
    double totalIncomeGrowth;        //营业总收入同比增长(%)
    double netProfitGrowth;          //归属净利润同比增长(%)
    double nonNetProfitGrowth;       //扣非净利润同比增长(%)

    @Override
    public String toString() {
        return "Enterprice{" +
                "company='" + company + '\'' +
                ", year=" + year +
                ", totalIncome=" + totalIncome +
                ", grossProfit=" + grossProfit +
                ", netProfit=" + netProfit +
                ", nonNetProfit=" + nonNetProfit +
                ", totalIncomeGrowth=" + totalIncomeGrowth +
                ", netProfitGrowth=" + netProfitGrowth +
                ", nonNetProfitGrowth=" + nonNetProfitGrowth +
                '}';
    }
    public String getCompany() {
        return company;
    }
    public void setCompany(String company) {
        this.company = company;
    }
    //省略其他getter/setter方法
    ......

    @Override
    public boolean equals(Object o) {
        if (this == o) return true;
        if (o == null || getClass() != o.getClass()) return false;
        Enterprice enterprice = (Enterprice) o;
        return Objects.equals(company, enterprice.company) &&
                Objects.equals(year, enterprice.year) &&
                Objects.equals(totalIncome, enterprice.totalIncome) &&
                Objects.equals(grossProfit, enterprice.grossProfit) &&
```

```
                    Objects.equals(netProfit, enterprice.netProfit) &&
                    Objects.equals(nonNetProfit, enterprice.nonNetProfit) &&
                    Objects.equals(totalIncomeGrowth, enterprice.totalIncomeGrowth) &&
                    Objects.equals(netProfitGrowth, enterprice.netProfitGrowth) &&
                    Objects.equals(nonNetProfitGrowth, enterprice.nonNetProfitGrowth);
        }
        @Override
        public int hashCode() {
            return Objects.hash(company, year, totalIncome, grossProfit, netProfit,
nonNetProfit, totalIncomeGrowth, netProfitGrowth, nonNetProfitGrowth);
        }
        @Override
        public int compareTo(Enterprice other) {
            return Long.compare(other.getYear(),this.getYear());
        }
        @Override
        public void write(DataOutput dataOutput) throws IOException {
            dataOutput.writeUTF(this.getCompany());
            dataOutput.writeInt(this.getYear());
            dataOutput.writeDouble(this.getTotalIncome());
            dataOutput.writeDouble(this.getGrossProfit());
            dataOutput.writeDouble(this.getNetProfit());
            dataOutput.writeDouble(this.getNonNetProfit());
            dataOutput.writeDouble(this.getTotalIncomeGrowth());
            dataOutput.writeDouble(this.getNetProfitGrowth());
            dataOutput.writeDouble(this.getNonNetProfitGrowth());
        }
        @Override
        public void readFields(DataInput dataInput) throws IOException {
            this.setCompany(dataInput.readUTF());
            this.setYear(dataInput.readInt());
            this.setTotalIncome(dataInput.readDouble());
            this.setGrossProfit(dataInput.readDouble());
            this.setNetProfit(dataInput.readDouble());
            this.setNonNetProfit(dataInput.readDouble());
            this.setTotalIncomeGrowth(dataInput.readDouble());
            this.setNetProfitGrowth(dataInput.readDouble());
            this.setNonNetProfitGrowth(dataInput.readDouble());
        }
}
```

② 编写 Map 处理逻辑。

创建类 GrowthAbilityMarketMapper，重写 Mapper 中的 map()。以下为 Mapper 类的具体代码。

```
public class GrowthAbilityMarketMapper extends Mapper<LongWritable, Text, Text,
    Enterprice> {
    @Override
    protected void map(LongWritable key, Text value, Context context)
        throws IOException, InterruptedException {
        try {
            String[] strings = value.toString().split(",");    //将读取的数据拆分
            //判断数组长度可以去除一部分脏数据
            if (strings != null && strings.length == 9) {
                Enterprice enterprice = new Enterprice();    //创建一个 Enterprice 对象
                enterprice.setCompany(strings[0]);
```

148

```
                  enterprice.setYear(Integer.parseInt(strings[1]));
                  enterprice.setTotalIncome(Double.parseDouble(strings[2]));
                  enterprice.setGrossProfit(Double.parseDouble(strings[3]));
                  enterprice.setNetProfit(Double.parseDouble(strings[4]));;
                  enterprice.setNonNetProfit(Double.parseDouble(strings[5]));
                  enterprice.setTotalIncomeGrowth(Double.parseDouble(strings[6]));
                  enterprice.setNetProfitGrowth(Double.parseDouble(strings[7]));
                  enterprice.setNonNetProfitGrowth(Double.parseDouble(strings[8]));
                  //写出数据
                  context.write(new Text(String.valueOf(enterprice.getYear())),
enterprice);
              }
          } catch (Exception e) {
              e.printStackTrace();
          }
      }
  }
```

③ 编写 Reduce 处理逻辑。

创建类 GrowthAbilityMarketReducer，重写 Reducer 中的 reduce()。以下为 Reducer 类的具体代码。

```
public class GrowthAbilityMarketReducer extends Reducer<Text, Enterprice, Text,
    String> {
    @Override
    protected void reduce(Text key, Iterable<Enterprice> values,
        Context context) throws IOException, InterruptedException {
        List<Enterprice> list =new ArrayList<>();     //容器
        for(Enterprice e : values){
            Enterprice newBean = new Enterprice();
            try {
                BeanUtils.copyProperties(newBean,e);
            } catch (IllegalAccessException ex) {
                ex.printStackTrace();
            } catch (InvocationTargetException ex) {
                ex.printStackTrace();
            }
            list.add(newBean);
        }
        double total=0;     //上市公司的销售总收入
        for(int i=0;i<list.size();i++)
        {
            Enterprice e = list.get(i);
            total+=e.getTotalIncome();
        }

        //求产品市场相当占有率
        String str_rate=""; //年份
        for(int i=0;i<list.size();i++)
        {
            Enterprice e = list.get(i);
            double rate =e.getTotalIncome()/total;
            DecimalFormat format=new DecimalFormat("0.00");
            str_rate+=e.getCompany()+"("+format.format(rate)+"%)\t";
        }
```

```
        context.write(new Text(key.toString()+"\t"),str_rate);    //写出结果
    }
}
```

④ 编写 Job 任务。

创建类 GrowthAbilityMarketJob，添加 main()方法。以下为该类的具体代码。

```
public class GrowthAbilityMarketJob {
    public static void main(String[] args) throws IOException,
        ClassNotFoundException, InterruptedException {
        Configuration configuration = new Configuration(true);    //获取配置文件
        configuration.set("mapreduce.framework.name", "local");    //本地模式运行
        Job job = Job.getInstance(configuration);        //创建任务
        job.setJarByClass(GrowthAbilityMarketJob.class);    //设置任务主类
        job.setJobName("jyp-growthability-market-" + System.currentTimeMillis());
                                                            //设置任务
        job.setNumReduceTasks(2);    //设置 Reduce 的数量
        //设置数据的输入路径
        FileInputFormat.setInputPaths(job, new Path("/jyp/GrowthAbility.txt"));
        //设置数据的输出路径
        FileOutputFormat.setOutputPath(job, new
            Path("/jyp/result/growthability_market_" + System.currentTimeMillis()));
        job.setMapOutputKeyClass(Text.class);    //设置 Map 的输入的 Key 类型
        job.setMapOutputValueClass(Enterprice.class);    //设置 Map 的输入的 Value 类型
        //设置 Map 和 Reduce 的处理类
        job.setMapperClass(GrowthAbilityMarketMapper.class);    //设置 Map 的处理类
        job.setReducerClass(GrowthAbilityMarketReducer.class);    //设置 Reduce 的处理类
        job.waitForCompletion(true);    //提交任务
    }
}
```

⑤ 编译打包代码以及运行程序。请参照"第一个 MapReduce 程序：WordCount"。

⑥ 分析结果，如表 9-3 所示。

表 9-3　　　　　　湖南省 4 个先进制造业"产品市场相对占有率"分析

年份	比例			
2022	三一重工（0.58%）	中联重科（0.30%）	铁建重工（0.07%）	山河智能（0.05%）
2021	三一重工（0.55%）	中联重科（0.34%）	山河智能（0.06%）	铁建重工（0.05%）
2020	三一重工（0.55%）	中联重科（0.36%）	山河智能（0.05%）	铁建重工（0.04%）

（2）主营业务收入增长率分析

① 编写企业实体类 Enterprice，代码同上。

② 编写 Map 处理逻辑。

创建类 GrowthAbilityMapper，重写 Mapper 中的 map()。以下为 Mapper 类的具体代码。

```
public class GrowthAbilityMapper extends Mapper<LongWritable, Text, Text,
    Enterprice> {
    @Override
    protected void map(LongWritable key, Text value, Context context)
        throws IOException, InterruptedException {
```

```
        try {
            String[] strings = value.toString().split(",");      //将读取的数据拆分
            //判断数组长度可以去除一部分脏数据
            if (strings != null && strings.length == 9) {
                Enterprice enterprice = new Enterprice();      //创建一个 Enterprice 对象
                enterprice.setCompany(strings[0]);
                enterprice.setYear(Integer.parseInt(strings[1]));
                enterprice.setTotalIncome(Double.parseDouble(strings[2]));
                enterprice.setGrossProfit(Double.parseDouble(strings[3]));
                enterprice.setNetProfit(Double.parseDouble(strings[4]));;
                enterprice.setNonNetProfit(Double.parseDouble(strings[5]));
                enterprice.setTotalIncomeGrowth(Double.parseDouble(strings[6]));
                enterprice.setNetProfitGrowth(Double.parseDouble(strings[7]));
                enterprice.setNonNetProfitGrowth(Double.parseDouble(strings[8]));
                context.write(new Text(enterprice.getCompany()),enterprice);
                                                              //写出数据
            }
        } catch (Exception e) {
            e.printStackTrace();
        }
    }
}
```

③ 编写 Reduce 处理逻辑。

创建类 GrowthAbilityReducer，重写 Reducer 中的 reduce()。以下为 Reducer 类的具体代码。

```
public class GrowthAbilityReducer extends Reducer<Text, Enterprice, Text,
    DoubleWritable> {
    @Override
    protected void reduce(Text key, Iterable<Enterprice> values,
        Context context) throws IOException, InterruptedException {
        List<Enterprice> list =new ArrayList<>();      //容器
        for(Enterprice e : values){
            Enterprice newBean = new Enterprice();
            try {
                BeanUtils.copyProperties(newBean,e);
            } catch (IllegalAccessException ex) {
                ex.printStackTrace();
            } catch (InvocationTargetException ex) {
                ex.printStackTrace();
            }
            list.add(newBean);
        }
        Collections.sort(list);      //根据企业的年份排序
        for (int i = 0; i < list.size(); i++) {
            System.out.println(list.get(i));
        }
        for(int i=0;i<list.size()-1;i++)
        {
            double y1 = list.get(i).getTotalIncome();
            double y2 = list.get(i+1).getTotalIncome();
            double incomeRate= (y1-y2)/y2;
            Text str_key =new Text( key+"("+new Text(list.get(i).getYear()+"")+")");
            context.write(str_key,new DoubleWritable(incomeRate));      //写出结果
        }
    }
}
```

④ 编写 Job 任务。

创建类 GrowthAbilityJob，添加 main()方法。以下为该类的具体代码。

```java
public class GrowthAbilityJob {
    public static void main(String[] args) throws IOException,
            ClassNotFoundException, InterruptedException {
        Configuration configuration = new Configuration(true);    //获取配置文件
        configuration.set("mapreduce.framework.name", "local");    //本地模式运行
        Job job = Job.getInstance(configuration);    //创建任务
        job.setJarByClass(GrowthAbilityJob.class);    //设置任务主类
        job.setJobName("jyp-growthability-" + System.currentTimeMillis());    //设置任务
        job.setNumReduceTasks(2);    //设置 Reduce 的数量
        FileInputFormat.setInputPaths(job, new Path("/jyp/GrowthAbility.txt"));
        FileOutputFormat.setOutputPath(job, new
                Path("/jyp/result/growthability_" + System.currentTimeMillis()));
        job.setMapOutputKeyClass(Text.class);
        job.setMapOutputValueClass(Enterprice.class);
        job.setMapperClass(GrowthAbilityMapper.class);
        job.setReducerClass(GrowthAbilityReducer.class);
        job.waitForCompletion(true);
    }
}
```

⑤ 编译打包代码以及运行程序。请参照 "第一个 MapReduce 程序：WordCount"。

⑥ 分析结果，如表 9-4 所示。

表 9-4 　　　　　　　湖南省 4 个先进制造业 "主营业务收入增长率" 分析

制造业	主营业务收入增长率
三一重工（2022）	−0.24396632366697843
三一重工（2021）	0.06793206793206794
三一重工（2020）	0.3131313131313132
山河智能（2022）	−0.3600350569675723
山河智能（2021）	0.21680708115602004
山河智能（2020）	0.2625555405951259
铁建重工（2022）	0.061258800042030034
铁建重工（2021）	0.2504270135330443
铁建重工（2020）	0.04517989563306793
中联重科（2022）	−0.3798599731863548
中联重科（2021）	0.031024420211948903
中联重科（2020）	0.503347956592011

9.4　本章小结

本章介绍了 MapReduce 计算框架、主要组件，分析了 Map 阶段、Reduce 阶段和 Shuffle 阶段。这些知识是我们掌握 Hadoop 平台的重要基础。本章重点介绍了如何设计 MapReduce 程序，并给

出 MapReduce 应用的两个小案例来让读者更加深入地理解 MapReduce 的设计理念和应用方法。

思考与练习

1．填空题

（1）Hadoop MapReduce 的核心思想可以用_____来描述。

（2）Hadoop MapReduce 计算的流程是 Map 任务、_____和_____。

（3）MapReduce 编程模型，键值对<Key,Value>的 Key 必须实现_____接口。

（4）MapReduce 计算过程中，相同的_____默认会被发送到同一个 Reduce 任务处理。

（5）MapReduce 设计的一个理念就是_____靠拢，因为移动数据需要大量的网络传输开销。

（6）reduce()所在的类必须继承自_____类，map()所在的类必须继承自_____类。

2．选择题

（1）Mapper 类输出的<Key,Value>对类型和 Reducer 类输入的<Key,Value>对类型（　　　）。

　　　A．一致　　　　　B．分离　　　　　C．不一致　　　　D．合并

（2）下面哪一项是将大规模的数据处理工作拆分成互相独立的任务并行处理?（　　　）

　　　A．GFS　　　　　B．HDFS　　　　　C．MapReduce　　　D．YARN

（3）在词频统计中，对于文本行"hello jyp hello charles"，经过 WordCount 的 Reduce()处理后的结果是（　　　）。

　　　A．<"hello",2><"jyp",1><"charles",1>

　　　B．<"hello",1><"jyp",2><"charles",1>

　　　C．<"hello",2><"jyp",1><"charles",2>

　　　D．<"hello",2><"jyp",2><"charles",1>

3．思考题

（1）试述 map()和 reduce()各自的输入、输出以及处理过程。

（2）试述 MapReduce 从读取数据开始到将最终结果写入 HDFS 经过了哪些步骤。

（3）试画出使用 MapReduce 对英语句子"A friend in need is a friend indeed"进行单词统计的过程。

第 10 章
基于内存的计算框架 Spark

为了避免 MapReduce 框架中多次读写磁盘的开销，更充分地利用内存，加州大学伯克利分校 AMP Lab 提出了一种新的、开源的、类 Hadoop MapReduce 的内存编程模型，即 Spark。本章首先介绍 Spark 系统架构和主要组件，然后描述 Spark 的核心概念 RDD，最后对 Spark 的工作流程进行深入分析。

10.1 Spark 系统架构

10.1.1 架构概览

图 10-1 给出了 Spark 的系统架构，表 10-1 详细给出了 Spark 中各个模块的说明。Spark 的核心组件是集群管理器（Cluster Manager）和运行任务的节点（Worker），此外还有每个应用的任务控制节点（Driver）和每个节点上有具体任务的执行进程（Executor）。

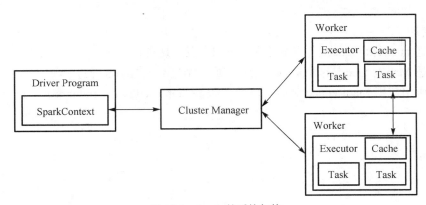

图 10-1　Spark 的系统架构

表 10-1　　　　　　　　　　　　　　　Spark 中模块的说明

模块	说明
Driver Program	Spark 应用程序在运行时包含一个 Driver 进程，也是应用程序的主进程，负责应用程序的解析，生成 Stage 并将 Task 调度到 Executor 上
Cluster Manager	集群管理器，Spark 支持多种集群管理器，包括 Spark 自带的 Standalone 集群管理器、Mesos 或 YARN

模块	说明
Executor	真正执行应用程序的地方,一个集群一般包含多个 Executor,每个 Executor 接收到 Driver Program 的命令后来执行 Task,一个 Executor 可以执行一个或多个 Task
Master Node	集群的主节点,负责接收客户端提交的任务,管理 Worker,并命令 Worker 启动 Driver Program 和 Executor
Work Node	负责运行集群中的 Spark 应用程序,负责管理本节点的资源,定期向 Master 发送"心跳"消息,接收 Master 的命令
SparkContext	面向用户的 Spark 应用程序入口,控制 Spark 应用程序,负责分布式任务的执行和调度。SparkContext 是用户基于业务逻辑定义的类,里面包含 DAG(有向无环图),可基于用户的业务逻辑来划分 Stage 并生成 Task
Task	承载业务逻辑的运算单元,是 Spark 平台中可执行的最小工作单元,可根据执行计划以及计算量将一个应用分为多个 Task
Cache	分布式缓存,可将每个 Task 的结果保存在 Cache 中,供后续的 Task 读取

与 MapReduce 框架相比,Executor 有两个优点:一是采用多线程来执行具体的任务(Task),而不是像 MapReduce 那样采用进程模型,从而减少了任务的启动开销;二是 Executor 上会有一个 Block Manager 存储模块,类似于 Key-Value 系统(内存和磁盘共同作为存储设备),当需要进行多轮迭代时,可以将中间过程的数据先放到 Block Manager 存储模块上,下次需要时直接读取 Block Manager 存储模块上的数据,而不需要读写 HDFS 等文件系统;或者在交互式查询场景下,事先将数据表缓存到 Block Manager 存储模块上,从而提高读写 I/O 性能。此外,Spark 在进行 Shuffle 操作时,在 Groupby、Join 等场景下去掉了不必要的 Sort 操作;同时,相比于 MapReduce 只有 Map 和 Reduce 两种操作,Spark 还提供了更加丰富全面的运算操作,如 Filter、Groupby、Join 等。

Spark 应用的执行过程如下。

(1)构建 Spark 应用的运行环境,启动 SparkContext。

(2)SparkContext 向资源管理器(可以是 Standalone 集群管理器、Mesos 或 YARN)申请运行 Executor,并启动 StandaloneExecutorbackend。

(3)Executor 向 SparkContext 申请 Task。

(4)SparkContext 将应用分发给 Executor。

(5)SparkContext 构建 DAG,将 DAG 分解成 Stage,将 TaskSet 发送给 Task 调度器,最后由 Task 调度器将 Task 发送给 Executor 运行。

(6)Task 在 Executor 上运行,运行完释放所有资源。

10.1.2　主要组件

1. Spark SQL

Spark SQL 是 Spark 的一个组件,用于结构化数据的计算。作为 Spark 大数据框架的一部分,Spark SQL 主要用于结构化数据处理,以及对 Spark 数据执行类似于 SQL 的查询。通过 Spark SQL,可以对不同格式的数据执行 ETL 操作,如 JSON、Parquet(一种面向分析型业务的列存储格式)和关系型数据库,然后完成特定的查询操作。

Spark SQL 提供了十分友好的 SQL 接口,可以与来自多种数据源的数据进行交互。除了文本文件,也可以从其他数据源加载数据,如 JSON 数据文件、Hive 表,甚至可以通过 JDBC 数据源加载关系型数据库中的数据。由于采用的语法是大众熟知的 SQL，这对于非技术类的项目成员（如数据分析师和数据库管理员）来说，也是非常友好的。

使用 Spark SQL 时，最主要的两个组件就是 DataFrame 和 SQLContext。

2. DataFrame

DataFrame 是一个分布式的、按照命名列的形式组织的数据集合。DataFrame 基于 R 语言中的 DataFrame 概念，与关系型数据库中的数据库类似。之前版本的 Spark SQL API 中的 SchemaRDD 已经更名为 DataFrame。通过调用将 DataFrame 的内容作为行 RDD（RDD of Row）返回的 RDD 方法，可以将 DataFrame 转换成 RDD。

我们可以通过已有的 RDD、结构化数据文件、JSON 数据集、Hive 表和外部数据库等数据源创建 DataFrame。

Spark SQL 和 DataFrame 的 API 已经在 Scala、Java、Python 和 R 语言中得到了实现。

3. SQLContext

Spark SQL 提供的 SQLContext 封装了 Spark 中所有的关系型功能，可以用前面提到的 SparkContext 创建 SQLContext。下述代码片段展示了如何创建一个 SQLContext 对象。

```
val sqlContext = new org.apache.Spark.sql.SQLContext(sc)
```

此外，Spark SQL 中的 HiveContext 可以提供 SQLContext 所提供功能的超集，可以通过 HiveSQL 解析器编写查询语句，以及从 Hive 表中读取数据时被使用，在 Spark 应用程序中使用 HiveContext 无须 Hive 环境。

4. JDBC 数据源

Spark SQL 的其他功能还包括数据源，如 JDBC 数据源。JDBC 数据源可用于通过 JDBC API 读取关系型数据库中的数据。相比于使用 JDBCRDD，更应该将 JDBC 数据源的方式作为首选，因为 JDBC 数据源能够将结果作为 DataFrame 对象返回，可直接使用 Spark SQL 进行处理或与其他数据源连接。

10.1.3 Spark 和 HDFS 的配合关系

通常，Spark 中计算的数据可以来自多个数据源，如本地文件、HDFS 等。最常用的是 HDFS，它可以一次读取大规模的数据进行并行计算，在计算完成后也可以将数据存储到 HDFS。

分解来看，Spark 分为调度器（Scheduler）和执行器（Executor），调度器负责任务的调度，执行器负责任务的执行。Spark 读文件的过程如图 10-2 所示。

（1）读取文件的详细步骤如下。

① Spark 调度器与 HDFS 交互获取 File A 的信息。

② HDFS 返回该文件具体的 Block 信息。

③ Spark 调度器根据具体的 Block 数量，决定一个并行度，创建多个 Task 去读取这些文件的 Block。

④ 执行器执行 Task 并读取具体的 Block，作为 RDD（弹性分布数据集）的一部分。

（2）HDFS 文件写入的详细步骤如下。

① Spark 调度器创建要写入文件的目录。

② 根据 RDD 分区、分块情况，计算出写数据的 Task 数量，并下发这些任务到执行器。

③ 执行器执行这些 Task，将具体 RDD 的数据写入第①步创建的目录下。

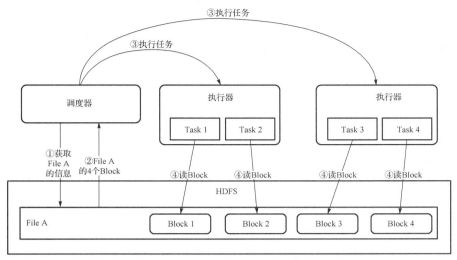

图 10-2　Spark 读文件的过程

10.2　Spark 的核心概念

10.2.1　RDD 及其特性

RDD（Resilient Distributed Datasets，弹性分布式数据集）是 Spark 提供的最重要的抽象概念，其可被理解为一个分布式存储在集群中的大型数据集合。不同 RDD 之间可以通过转换操作形成依赖关系实现管道化，从而避免了中间结果的 I/O 操作，提高数据处理的速度和性能。传统的 MapReduce 虽然具有自动容错、平衡负载和可扩展性的优点，但是其最大缺点是采用非循环式的数据流模型，使得在迭代计算时要进行大量的磁盘 I/O 操作。Spark 中的 RDD 可以很好地解决这一问题。

我们可以简单地把 RDD 理解成一个提供了许多操作接口的数据集合。与一般数据集不同的是，其实际数据分布存储于一批机器（内存或磁盘）中。

RDD 示例：将一个 Array 数组转换为一个 RDD，并将名称定义为"myRDD"，RDD 数据被划分到多个分区中，不同分区的数据实际存储在不同机器的内存或磁盘中，如图 10-3 所示。

RDD 主要有两大类操作，分别为转换（Transformation）和行动（Action）。转换主要是指把原始数据集加载到 RDD 以及把一个 RDD 转换为另外一个 RDD，行动主要指把 RDD 存储到硬盘或触发转换执行。例如，map()方法是一个 Transformation 操作，该转换作用于数据集上的每一个元素，并且返回一个新的 RDD 作为结果。reduce()方法是一个 Action 操作，该操作通过一些函数聚合 RDD 中的所有元素并返回最终的结果给 Driver 程序。

Spark 中常见转换操作的说明如表 10-2 所示。

Spark 中常见行动操作的说明如表 10-3 所示。

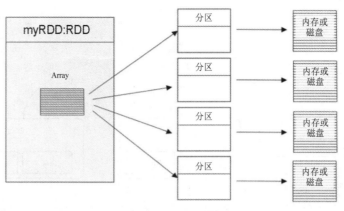

图 10-3　RDD 示例

表 10-2　　　　　　　　　　　　　　　　　Spark 中常见转换操作的说明

转换操作	说明
filter(func)	筛选出满足函数 func 的元素，并返回一个新的数据集
map(func)	将每个元素传递到函数 func 中，返回的结果是一个新的数据集
flatMap(func)	与 map() 相似，但是每个输入的元素都可以映射到 0 个或者多个输出结果
groupByKey()	应用于 <Key,Value> 键值对的数据集时，返回一个新的 <Key,Iterable <Value>> 形式的数据集
reduceByKey(func)	应用于 <Key,Value> 键值对的数据集时，返回一个新的 <Key,Value> 形式的数据集。其中，每个 Value 值是将每个 Key 键传递到函数 func 中进行聚合后的结果

表 10-3　　　　　　　　　　　　　　　　　Spark 中常见行动操作的说明

行动操作	说明
count()	返回数据集中的元素个数
first()	返回数组的第一个元素
take(n)	以数组的形式返回数组集中的前 n 个元素
reduce(func)	通过函数 func（输入两个参数并返回一个值）聚合数据集中的元素
collect()	以数组的形式返回数据集中的所有元素
foreach(func)	将数据集中的每个元素传递到函数 func 中运行

　　RDD 采用了惰性计算模式，在 RDD 的处理过程中，真正的计算发生在 RDD 的"行动"操作；对于"行动"之前的所有的"转换"操作，Spark 只是记录下"转换"操作应用的一些基础数据集以及 RDD 相互之间的依赖关系，而不会触发真正的计算处理，如图 10-4 所示。

　　例如，在图 10-4 所示的 Spark RDD 转换操作和行动操作示例中，使用转换操作 textFile() 方法将数据从 HDFS 加载到 RDDA、RDDC 中，但其实 RDDA 和 RDDC 中当前都是没有数据的，包括后续的 flatMap()、map()、reduceByKey() 等方法，这些操作其实都是没有执行的。读者可以理解为转换操作只做了一个计划，但是并没有具体执行，只有最后遇到行动操作 saveAsSequenceFile() 方法才会触发转换操作并开始执行计算。

　　RDD 是一个容错的、并行的数据结构，可以让用户显式地将数据存储到磁盘和内存中，并且还可以控制数据的分区。每个 RDD 都具有下列五大特征。

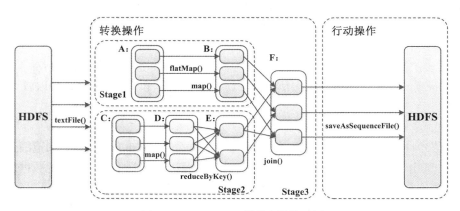

图 10-4　Spark RDD 转换和操作示例

1．分区列表

每个 RDD 被分为多个分区，这些分区运行在集群中的不同节点，每个分区都会被一个计算任务处理，分区数决定了计算的数量，创建 RDD 可以指定 RDD 分区的个数。如果不指定分区数量，当 RDD 从集合创建时，默认分区数量为该程序所分配到的资源的 CPU 核数（每个 Core 可以承载 2～4 个 Partition），如果是从 HDFS 文件创建，默认为文件的 Block 数。

2．每个分区都有一个计算函数

RDD 的计算函数是以分片为基本单位的，每个 RDD 都会实现 compute()函数，对具体的分片进行计算。

3．与其他 RDD 的依赖关系

RDD 的每次转换都会生成一个新的 RDD，所以 RDD 之间就会形成类似于流水线一样的前后依赖关系。在部分分区数据丢失时，Spark 可以通过这个依赖关系重新计算丢失的分区数据，而不是对 RDD 的所有分区进行重新计算。

4．<Key,Value>数据类型的 RDD 分区器

当前的 Spark 中实现了两种类型的分区函数：一个是基于散列的 HashPartitioner；另外一个是基于范围的 RangePartitioner。只有对于<Key,Value>的 RDD，才会有 Partitioner（分区），非<Key,Value>的 RDD 的 Partitioner 值是 None。Partitioner()函数不但决定了 RDD 本身的分区数量，也决定了 parent RDD Shuffle 输出时的分区数量。

5．每个分区都有一个优先位置列表

优先位置列表会存储每个 Partition 的优先位置，对于一个 HDFS 文件来说，每个 Partition 块的位置都在 RDD 中得到描述。按照"移动数据不如移动计算"的理念，Spark 在进行任务调度的时候，会尽可能地将计算任务分配到其所要处理数据块的存储位置。

上述 5 个特征中，前 3 个是主要特征。

10.2.2　RDD 的依赖关系

在分布式程序中，网络通信的开销是很大的，因此控制数据分布以获得最少的网络传输可以极大地提升程序的整体性能。Spark 程序可以通过控制 RDD 分区方式来减少通信开销。Spark 中所有的 RDD 都可以进行分区，系统会根据一个针对键的函数对元素进行分区。虽然 Spark 不能控制每个键具体划分到哪个节点上，但是可以确保相同的键出现在同一个分区上。

RDD 的分区原则是分区的个数尽量等于集群中的 CPU 核心（Core）数量。对于不同的 Spark 部署模式而言，都可以通过设置 spark.default.parallelism 这个参数值来配置默认的分区数量。一般而言，各种模式下的默认分区数量如下。

Local 模式：默认为本地机器的 CPU 数量。若设置了 local[N]，则默认值为 N。

Standalone/yarn 模式：在"集群中所有 CPU 核数总和"和"2"这两者中取较大值作为默认值。

Mesos 模式：默认的分区数是 8。

Spark 框架为 RDD 提供了两种分区方式，分别是散列分区（Hash Partitioner）和范围分区（Range Partitioner）。其中，散列分区是根据散列值进行分区；范围分区是将一定范围的数据映射到一个分区中。这两种分区方式已经可以满足大多数应用场景的需求。Spark 也支持自定义分区方式，即通过一个自定义的 Partitioner 对象来控制 RDD 的分区，从而进一步减少通信开销。

RDD 中不同的操作，会使不同 RDD 之间产生不同的依赖关系。DAG 调度器根据 RDD 之间的依赖关系，把 DAG 划分成若干个阶段。RDD 之间的依赖关系分为窄依赖（Narrow Dependency）与宽依赖（Wide Dependency），二者的主要区别在于是否包含 Shuffle 过程，如图 10-5 所示。

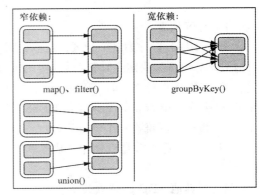

图 10-5　宽依赖和窄依赖

在图 10-5 中，每个小方格代表一个分区，而一个大方格（包含 2~4 个小方格）则代表一个 RDD，竖线左边显示的是窄依赖，竖线右边显示的是宽依赖。窄依赖指的是子 RDD 的一个分区只依赖于某个父 RDD 中的一个分区。窄依赖的表现一般分为两类，第一类表现为一个父 RDD 的分区对应于一个子 RDD 的分区；第二类表现为多个父 RDD 的分区对应于一个子 RDD 的分区。一个父 RDD 的一个分区不可能对应一个子 RDD 的多个分区。为了便于理解，我们通常把窄依赖形象地比喻为独生子女。RDD 做 map、filter 和 union 算子操作时，是属于窄依赖的第一类表现；RDD 做 join 算子操作（对输入进行协同划分）时，是属于窄依赖表现的第二类。输入协同划分是指多个父 RDD 的某一个分区的所有 Key，被划分到子 RDD 的同一分区。当子 RDD 做算子操作，因为某个分区操作失败导致数据丢失时，只需要重新对父 RDD 中对应的分区做算子操作即可恢复数据。

宽依赖指的是子 RDD 的每一个分区都依赖于某个父 RDD 中一个以上的分区。为了便于理解，我们通常把宽依赖形象地比喻为超生。父 RDD 做 groupByKey 和 join（输入未协同划分）算子操作时，子 RDD 的每一个分区都会依赖于所有父 RDD 的所有分区。当子 RDD 做算子操作，因为某个分区操作失败导致数据丢失时，则需要重新对父 RDD 中的所有分区进行算子操作才能恢复数据。

要理解宽、窄依赖的区别，需要先了解父 RDD 和子 RDD。在图 10-5 中，map()、filter()方法上方箭头左边的 RDD 是父 RDD，而右边的 RDD 是子 RDD。union()方法上方箭头左边的两个 RDD 均为右边 RDD 的父 RDD，因此图 10-5 所示的 union()方法是有两个父 RDD 的。

10.2.3　DAG 与 Stage 划分

DAG（Directed Acyclic Graph）称为有向无环图，Spark 中的 RDD 通过一系列的转换算子操作和行动算子操作形成了一个 DAG。DAG 是一种非常重要的图论数据结构。如果一个有向图无法从任意顶点出发经过若干条边回到该点，则这个图就是有向无环图。

　　根据 RDD 之间依赖关系的不同，DAG 可划分成不同的 Stage（调度阶段）。Spark 中还有一个重要的概念，即 Stage（阶段）。一般而言，一个作业会被划分成一定数量的 Stage，各个 Stage 之间按照顺序执行。在 Spark 中，一个作业会被拆分成多组任务，每组任务即一个 Stage。Spark 中有两类任务，分别是 ShuffleMapTask 和 ResultTask。ShuffleMapTask 的输出是 Shuffle 所需的数据，ResultTask 的输出则是最终的结果。因此，Stage 是以任务的类型为依据进行划分的，Shuffle 之前的所有操作属于一个 Shuffle，Shuffle 之后的操作则属于另一个 Shuffle。例如，"rdd.parallize(1 to 10).foreach(println)" 这个操作并没有 Shuffle，直接就输出了，说明任务只有一个，即 ResultTask，Stage 也只有一个。如果是 "rdd.map(x->(x,1)).reduceByKey(_+_).foreach(println)"，因为有 reduceByKey() 方法，所以有一个 Shuffle 过程，那么 reduceByKey() 方法之前属于一个 Stage，执行的任务类型为 ShuffleMapTask，而 reduceByKey() 方法及最后的 foreach() 方法属于一个 Stage，直接输出结果。如果一个作业中有多个 Shuffle 过程，那么每个 Shuffle 过程之前都属于一个 Stage。

　　对窄依赖来说，RDD 分区的转换处理是在一个线程里完成，所以窄依赖会被 Spark 划分到同一个 Stage 中；对宽依赖来说，由于 Shuffle 的存在，因此只能在父 RDD 处理完成后，下一个 Stage 才能开始接下来的计算，故宽依赖是划分 Stage 的依据，当 RDD 进行转换操作，遇到宽依赖类型的转换操作时，就划为一个 Stage。将一个作业划分成多个 Stage，如图 10-6 所示。

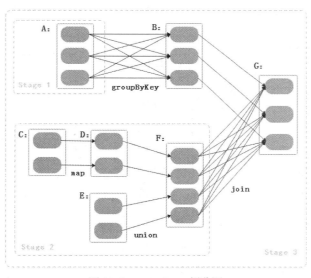

图 10-6　RDD Stage 划分图

　　在图 10-6 中，可以看到有 3 个 Stage，分别是 Stage1、Stage2、Stage3，A、C、E 是 3 个 RDD 的实例。当 A 做 groupByKey 转换操作生成 B 时，由于 groupByKey 转换操作属于宽依赖类型，因此就把 A 划分为一个 Stage，如 Stage1；当 C 做 map 转换操作生成 D 时，D 与 E 做 union 转换操作生成 F。由于 map 和 union 转换操作都属于窄依赖类型，因此不进行 Stage 的划分，而是将 C、D、E、F 加入同一个 Stage 中；当 F 与 B 进行 join 转换操作时，由于这时的 join 操作是非协同划分，属于宽依赖，因此会划分为一个 Stage，如 Stage2；剩下的 B 和 G 被划分为一个 Stage，如 Stage3。

10.3 Spark 工作流程

10.3.1 流程分析

Spark 有 3 种运行模式，即 Standalone、YARN 和 Mesos。其中，在 Mesos 模式和 YARN 模式下，Spark 作业的运行流程类似。目前用得比较多的是 Standalone 模式和 YARN 模式。

1. Spark 和 YARN 的配合关系

Spark 的计算调度方式可以通过 YARN 模式实现。Spark 利用 YARN 集群提供的丰富计算资源，将任务分布式地运行起来。Spark on YARN 分两种模式：YARN-cluster 和 YARN-client。

Spark on YARN-cluster 运行框架如图 10-7 所示。

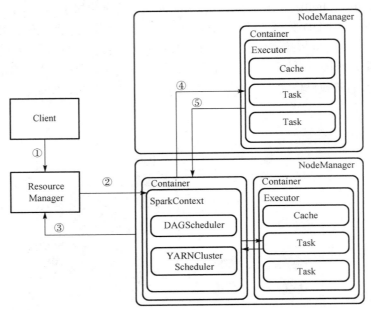

图 10-7　Spark on YARN-cluster 运行框架

2. Spark on YARN–cluster 实现流程

① 由客户端生成应用信息，提交给 ResourceManager。

② ResourceManager 为 Spark 应用分配第一个 Container，并在指定节点的 Container 上启动 SparkContext。

③ SparkContext 向 ResourceManager 申请资源以运行 Executor。ResourceManager 分配 Container 给 SparkContext，SparkContext 与相关的 NodeManager 通信，在获得的 Container 上，开始向 SparkContext 注册并申请 Task。

④ SparkContext 分配 Task。

⑤ 执行 Task 并向 SparkContext 汇报运行状况。

3. Spark on YARN–client 实现流程

Spark on YARN-client 的运行框架如图 10-8 所示。

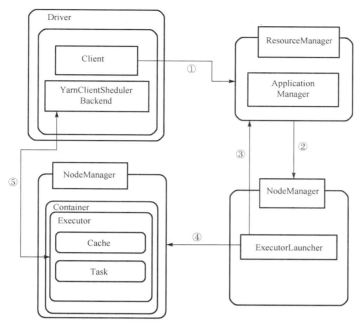

图 10-8　Spark on YARN-client 运行框架

① 客户端向 ResourceManager 发送 Spark 应用提交请求，ResourceManager 为其返回应答，该应答中包含多种信息(如 ApplicationId、可用资源使用上限和下限等)。Client 将启动 ApplicationMaster 所需的所有信息打包，提交给 ResourceManager。

② ResourceManager 收到请求后，会为 ApplicationMaster 寻找合适的节点，并在该节点上启动它。ApplicationMaster 是 YARN 中的角色，在 Spark 中的进程名字是 ExecutorLauncher。

③ 根据每个任务的资源需求，ApplicationMaster 可向 ResourceManager 申请一系列用于运行任务的 Container。

④ 当 ApplicationMaster（ 从 ResourceManager 端 ）收到新分配的 Container 列表后，会向对应的 NodeManager 发送信息以启动 Container。ResourceManager 分配 Container 给 SparkContext，SparkContext 与相关的 NodeManager 通信，在获得的 Container 上，开始向 SparkContext 注册并申请 Task。

⑤ SparkContext 分配 Task 给 YarnClientShedulerBackend 执行，YarnClientShedulerBackend 执行 Task 并向 SparkContext 汇报运行状况。

通过上述对 RDD 概念、依赖关系和阶段划分的介绍，结合之前介绍的 Spark 运行基本流程，这里再总结一下 RDD 在 Spark 架构中的运行过程（见图 10-9）。

Spark 的任务调度流程，即 RDD 在 Spark 中的运行流程分为 RDD Objects、DAGScheduler、TaskScheduler 以及 Worker 4 个部分。

RDD Objects：当 RDD 对象创建后，SparkContext 会根据 RDD 对象构建 DAG，然后将 Task 提交给 DAGScheduler。

DAGScheduler：将作业的 DAG 划分成不同 Stage，每个 Stage 都是 TaskSet 任务集合，并以 TaskSet 为单位提交给 TaskScheduler。

TaskScheduler：通过 TaskSetManager 管理 Task，并通过集群中的资源管理器把 Task 发给集群中 Worker 的 Executor。

Worker：Spark 集群中的 Worker 接收到 Task 后，把 Task 运行在 Executor 进程中，一个进程中可以有多个线程在工作，从而处理多个数据分区。

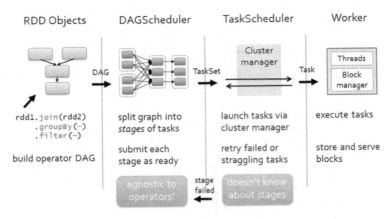

图 10-9　RDD 在 Spark 中的运行流程

10.3.2　流程特点

在 Spark 中，RDD 采用惰性求值，即每次调用行动算子操作都会从头开始计算，这样对迭代计算来说代价很大，因为迭代计算经常需要多次重复地使用同一组数据集。为了避免重复计算的开销，我们可以让 Spark 对数据集进行持久化操作。其具体会涉及两种方法，分别是 cache() 方法和 persist() 方法。cache() 方法的存储级别是使用默认的存储级别（即 StorageLevel.MEMORY_ONLY）；persist() 方法的存储级别是通过 StorageLevel 对象设置的。

当 Spark 集群中的某一个节点由于宕机导致数据丢失时，则可以通过 Spark 中的 RDD 进行容错处理以恢复已经丢失的数据。RDD 提供了两种故障恢复的方式，分别是血统（lineage）方式和设置检查点（checkpoint）方式。血统方式根据 RDD 之间依赖关系对丢失数据的 RDD 进行数据恢复。若丢失数据的子 RDD 进行窄依赖运算，则只需要把丢失数据的父 RDD 的对应分区进行重新计算，不依赖其他节点，并且在计算过程中不存在冗余计算；若丢失数据的子 RDD 进行宽依赖运算，则需要父 RDD 的所有分区都进行从头到尾计算，计算过程中存在冗余计算。设置检查点方式本质是将 RDD 写入磁盘存储。当 RDD 进行宽依赖运算时，只要在中间阶段设置一个检查点进行容错，即 Spark 中的 SparkContext 调用 setCheckpoint() 方法，设置容错文件系统目录作为检查点，将检查点的数据写入之前设置的容错文件系统中进行持久化存储，若后面有节点宕机导致分区数据丢失，则从做检查点的 RDD 开始重新计算，不需要从头到尾地计算，从而减少开销。

10.4　本章小结

深刻理解 Spark 的设计与运行原理是学习 Spark 的基础。作为一种分布式计算框架，Spark 在设计上充分借鉴并吸收了 MapReduce 的核心思想，并对 MapReduce 中存在的问题进行了改进，获得了很好的实时性能。

RDD 是 Spark 的数据抽象，一个 RDD 是一个只读的分布式数据集，我们可以通过转换操作在转换过程中对 RDD 进行各种变换。一个复杂的 Spark 应用程序，就是通过一次又一次的 RDD 操作组合完成的。RDD 操作包括两种类型，即转换操作和行动操作。Spark 采用了惰性计算机制，在代码中遇到转换操作时，并不会马上开始计算，只是记录转换的轨迹；只有当遇到行动操作时，才会触发从头到尾的计算。当遇到行动操作时会生成一个作业，这个作业会被划分成若干个阶段，每个阶段包含若干个任务，各个任务会被分发到不同的节点上并行执行。

　　本章首先简单介绍了 Spark 的系统架构、主要组件，然后介绍了 Spark 的核心概念，带领读者认识 Spark，接着重点介绍了 Spark 的作业运行流程和 Spark 的核心数据集 RDD，为读者之后学习 Spark 编程奠定基础。

思考与练习

1．选择题

（1）不属于 Spark 四大组件的是（　　　）。

　　A．Spark Streaming　　　　　　　B．MLlib

　　C．GraphX　　　　　　　　　　　D．Spark

（2）下面哪个不是 RDD 的特点?（　　　）

　　A．可分区　　　B．可序列化　　　C．可修改　　　D．可持久化

（3）下面哪个操作一定属于宽依赖?（　　　）

　　A．Map　　　　B．flatMap　　　C．reduceByKey　　D．sample

（4）Spark 的集群部署模式不包括以下哪一项?（　　　）

　　A．Standalone　　　　　　　　　B．Spark on Mesos

　　C．Spark on YARN　　　　　　　D．Local

（5）下面哪个操作属于窄依赖?（　　　）

　　A．join　　　　B．filter　　　C．group　　　D．sort

2．简答题

（1）请阐述 Spark 的几个主要概念：RDD、DAG、阶段、分区、窄依赖、宽依赖。

（2）Spark 对 RDD 的操作主要分为行动操作和转换操作两种类型，两种操作的区别是什么?

（3）请简述搭建 Spark 开发环境的关键步骤。

第 **11** 章
Spark 的安装与应用

Spark 采用 Scala 语言开发实现，Scala 具有面向对象组织项目工程的优势，且具备计算大规模数据的能力。本章将首先介绍 Scala 编程环境的安装和 Scala 语言的特点，然后介绍 Spark 的安装与使用。

11.1 Scala 编程语言

11.1.1 安装编程环境

由于本书后面安装的是 Spark-3.3.2，而该版本的 Spark 建议使用 2.12.0 以上的 Scala，因此建议读者可以从 Scala 官网下载合适的 Scala 版本，如 scala-2.12.15.tgz，也可以在本书第 11 章软件资源中找到 Scala 安装包 scala-2.12.15.tgz，并将 scala-2.12.15.tgz 文件复制到 master 的 "/home/swxy/" 目录下。

1. 安装 Scala

进入 "/home/swxy/" 目录，执行 "tar -zxvf scala-2.12.15.tgz" 命令即可解压缩 scala-2.12.15.tgz 安装包，系统自动生成 Scala 的安装目录为 "scala-2.12.15"，具体命令如下。

```
cd /home/swxy
tar -zxvf scala-2.12.15.tgz
```

切换到安装目录 "scala-2.12.15"，执行 "ls -l" 命令，可以看到 Scala 系统文件目录，如图 11-1 所示。

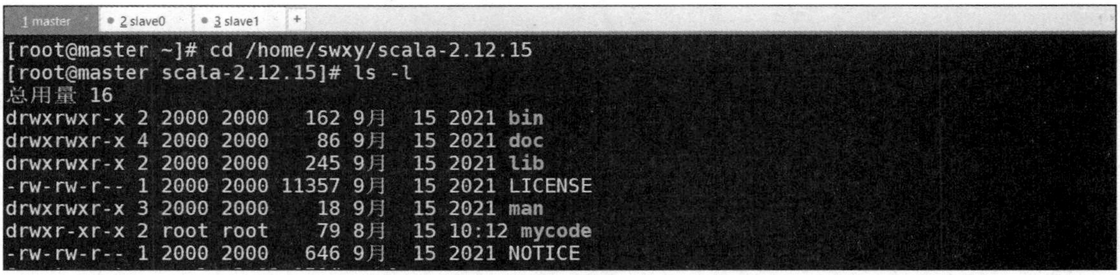

图 11-1 Scala 系统文件目录

2. 启动并应用 Scala

为了方便使用 Scala 编程，首先进行环境变量的配置。执行 "vi /etc/profile"，打开配置文件，配置 Scala 环境变量，保存并退出后，使用命令 "source /etc/profile" 重新加载/etc/profile 配置文件，代码如下所示。

```
export SCALA_HOME=/home/swxy/scala-2.12.15
export PATH=$PATH:$SCALA_HOME/bin
```

Scala 解释器也被称为 REPL（Read-Evaluate-Print-Loop，读取-执行-输出-循环）。这里已在 Linux 虚拟机中安装了 Scala 并配置好了 Scala 环境变量。在命令行中输入 "scala"，即可进入 REPL。具体地，首先进入 "/home/swxy/scala-2.12.15/" 目录，执行 "scala" 命令即可启动 Scala，如图 11-2 所示。

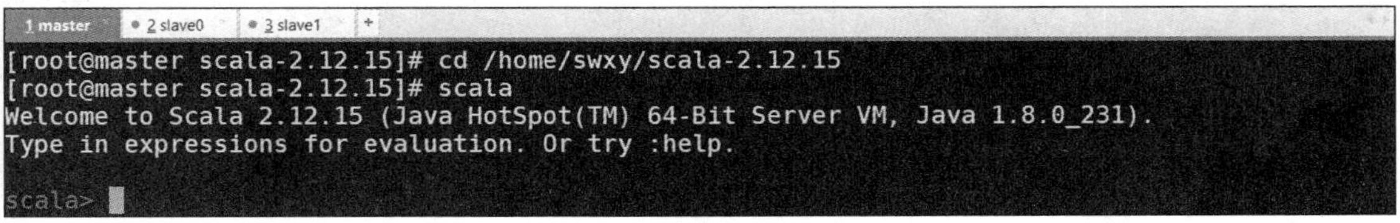

图 11-2　启动 Scala 的命令

REPL 是交互式的界面，用户输入命令，即可执行并给予反馈。在图 11-2 所示的 Scala Shell 中，用户可以输入各种 Scala 命令，代码如下所示。

```
scala>println("Hello,World")
Hello,World
scala>5*9
res1:  Int = 45
scala>2*res1
res2:  Int = 90
scala>:help
```

":help" 会显示各种 Scala 命令的使用方法。注意，命令前面不要少了符号 ":"。

```
scala>:quit
```

":quit" 是退出 Scala 的命令。注意，一定要正确退出 Scala 系统，否则有可能丢失数据。

Scala 的 REPL 提供了 paste 模式，可以定义和运行多行代码块，用于粘贴大量的代码。在 REPL 中输入":paste"，进入 paste 模式，即可输入大量的代码，代码编写完成后按 Enter 键，再通过 Ctrl+D 组合键提交代码并退出 paste 模式，代码如下所示。

```
:paste
val x = 10
val y = 20
val sum = x + y
println(sum)
```

按 Ctrl+D 组合键后，REPL 会立即执行这些代码，并输出结果 30，这样就可以方便地定义和执行多行代码块，如图 11-3 所示。

注意：Scala 语句末尾的分号是可选的。若一行中仅有一个语句，则可不加；若一行中包含多条语句，则需要使用分号将不同语句分隔开。

对于初学者，交互式和 paste 模式可以更好地进行代码实验，理解 Scala 的语法特性，加深对语言的理解和掌握。然而在实际项目开发过程中，我们通常会将代码写入独立的源代码文件中，并使用工具（如 SBT 或 Maven）进行编译和运行。通过脚本模式就可以实现创建一个文件来执行代码,在 Scala 的 REPL 中用":load 文件名"进行装载并执行,如在"/home/swxy/scala-2.12.15/mycode"目录下创建一个 HelloWorld.scala 文件来执行代码。HelloWorld.scala 代码如下所示。

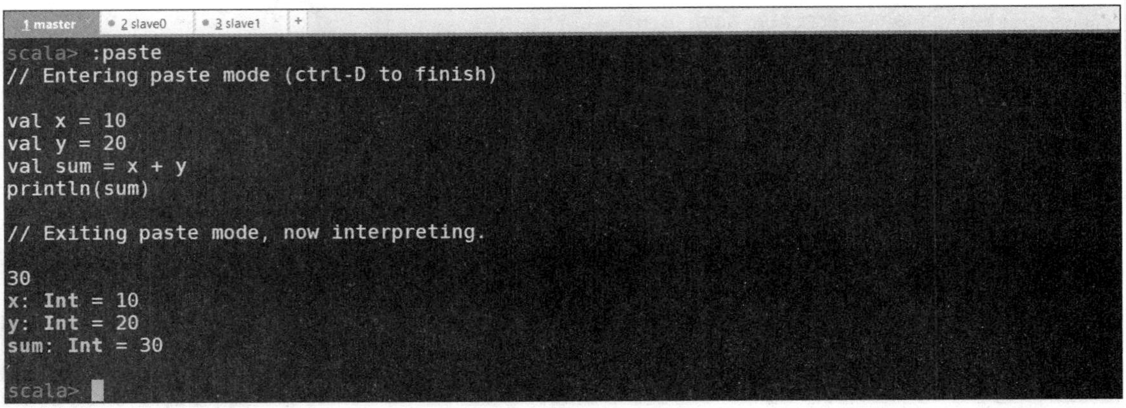

图 11-3　REPL 的 paste 模式案例

```scala
Object HelloWorld {
    /* 这是我的第一个 Scala 程序
     * 以下程序将输出 "Hello World!"
     */
    def main(args: Array[String]):Unit = {
      println("Hello, World!") //输出 Hello, World
    }
}
```

REPL 的 load 命令执行如下。

```
:load /home/swxy/scala-2.12.15/mycode/HelloWorld.scala
:quit
```

在 Linux Shell 中用"scala 文件名"这种形式的命令来运行:首先使用 scalac 命令进行编译,编译后在当前目录下生成了文件名.class 文件,该文件可以在 Java Virtual Machine(JVM)上运行;编译后,使用"scala 文件名"运行程序,如图 11-4 所示。

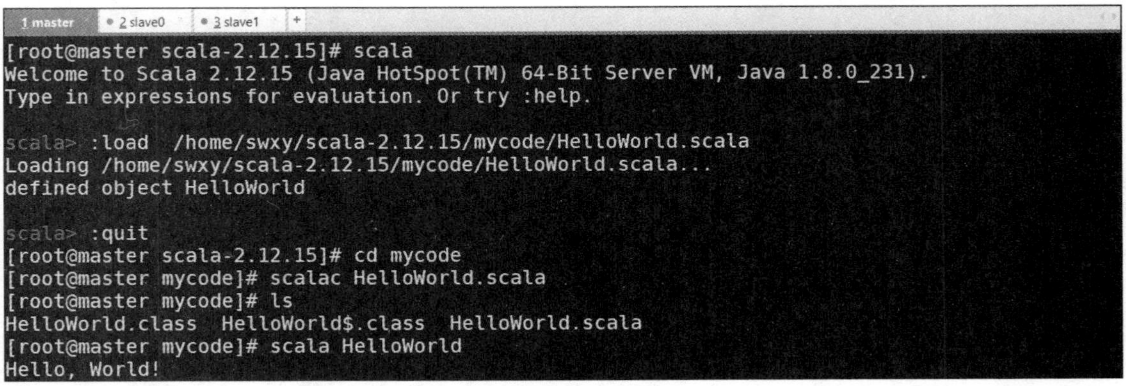

图 11-4　Scala 脚本模式案例

11.1.2　Scala 语言的特点

Scala 于 2001 年由洛桑联邦理工学院的编程方法实验室研发，由马丁·奥德斯基（Martin Odersky）创建。目前，许多公司依靠 Java 进行的关键性业务应用正在转向 Scala，以提高其开发效率、应用程序的可扩展性和整体的可靠性。

Scala 是一种纯面向对象的语言，每一个值都是对象。对象的数据类型及行为由类和特征描述。类抽象机制的扩展有两种途径：一种途径是子类继承；另一种途径是灵活的混入（Mixins）机制。这两种途径都能避免多重继承产生的种种问题。

Scala 也是一种函数式语言，提供轻量级的语法用来定义匿名函数，支持高阶函数，允许嵌套多层函数。Scala 的样例类（case class）及其内置的模式匹配相当于函数式编程语言中常用的代数类型（Algebraic Type）。

在函数表达上，Scala 具有天然的优势，因此表达复杂的机器学习算法的能力比其他语言更强且更简单易懂。Spark 提供各种操作函数来建立 RDD 的 DAG 计算模型，Spark 把每一个操作都看成构建一个 RDD 来对待，而 RDD 表示的则是分布在多个节点上的数据集合，并且可以拥有各种操作函数。

Scala 运行于 Java 平台（Java 虚拟机），并兼容现有的 Java 程序，它也能运行于 Java ME 的 CLDC（Connected Limited Device Configuration，有限连接设备配置）上。

11.2　Spark 的安装、配置与基本应用

11.2.1　Spark 的安装与配置

Spark 有两种安装模式：一种是本地模式（又称为单机模式），即仅在一台计算机上安装 Spark，显然这是最小安装，主要用于学习和研究；另一种是集群模式，即在 Linux 集群上安装 Spark 集群。集群模式又可分为以下 3 种。

Standalone 模式：又称为独立部署模式，该模式采用 Spark 自带的简单集群管理器，不依赖第三方提供的集群管理器。这种模式比较方便、快捷。

YARN 模式：这种模式采用 Hadoop 2.0 以上版本中的 YARN 充当集群管理器。本书采用了这种模式，因此下面的安装需要确保 Hadoop 3.3 已经安装好，并且在启动 Spark 或在提交 Spark 应用程序时，Hadoop 3.3 已经正常启动。

Mesos 模式：Mesos 是由加州大学伯克利分校 AMPLab 开发的通用群集管理器，支持 Hadoop、ElasticSearch、Spark、Storm 和 Kafka 等系统。Mesos 内核运行在每个机器上，在整个数据中心和云环境内向分布式系统（如 Spark）提供集群管理的 API 接口。

下面开始安装 Spark，这里采用 YARN 模式安装 Spark。

本书使用的 Spark 完全分布式共有 3 个节点，分别为一个主节点（master）和两个子节点（slave）。

1. 下载 Spark 安装包

读者可以从 Spark 官网下载 Spark 安装包。图 11-5 是下载 Spark 的网站页面，本书选择下载 spark-3.3.2-bin-hadoop3.tgz。由于 Spark 是一个较为庞大的系统，因此下载时间相对较长。读者也可以在本书第 11 章软件资源目录中找到 spark-3.3.2-bin-hadoop3.tgz，将其复制到 "/home/swxy/" 下。

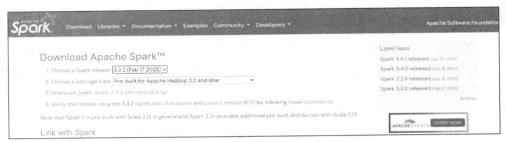

图 11-5　下载 Spark 的网站页面

2. 解压 Spark 安装包

为了将 Spark 安装在已经成功部署了 Hadoop 的集群上，我们需要确保 Hadoop 已经正常启动。首先在 master 上进行安装和配置，然后将 master 的安装目录复制到 slave 上。

进入"/home/swxy/"目录，执行解压命令"tar -zxvf spark-3.3.2-bin-hadoop3.tgz"，系统生成的 Spark 安装目录为"spark-3.3.2-bin-hadoop3"，如图 11-6 所示。用户可以进入该目录查看 Spark 的系统文件。

```
1 master    ● 2 slave0    ● 3 slave1    +
[root@master mycode]# cd /home/swxy/spark-3.3.2-bin-hadoop3/
[root@master spark-3.3.2-bin-hadoop3]# ls
bin    data    jars    LICENSE    logs    NOTICE    R    RELEASE    work
conf   examples kubernetes licenses myproject2.jar python README.md sbin  yarn
[root@master spark-3.3.2-bin-hadoop3]#
```

图 11-6　解压缩 Spark 安装包

3. 配置 Spark 环境变量

执行"vi /etc/profile"，打开配置文件，配置 Spark 环境变量。保存并退出后，使用命令"source /etc/profile"重新加载/etc/profile 配置文件，代码如下所示。

```
export SPARK_HOME=/home/swxy/spark-3.3.2-bin-hadoop3
export PATH=$PATH:$SPARK_HOME/bin
```

输入完后，按 Esc 键，然后输入冒号，最后输入 wq 进行保存并退出，接着执行"source /etc/profile"命令可以使配置文件生效。

上述代码主要解决了 Spark 在 YARN 上运行时访问路径的问题。

4. 修改模板文件

进入 Spark 安装目录，"/conf"目录中存放了 Spark 环境配置、节点配置以及日志配置文件等模板，在模板文件中有相关配置项的文字性描述，复制 spark-env.sh.template 到 spark-env.sh、复制 log4j2.properties.template 到 log4j2.properties、复制 workers.template 到 workers，启动 Spark 后，其便会对文件中的配置项进行读取，否则找不到配置，命令如下。

```
cd /home/swxy/spark-3.3.2-bin-hadoop3/conf        //进入 Spark 配置文件夹中
cp spark-env.sh.template spark-env.sh
cp log4j2.properties.template log4j2.properties
cp workers.template workers
```

5. 配置 spark-env.sh 文件

进入 Spark 安装目录，执行"vi conf/spark-env.sh"命令，然后输入如下代码。

```
export SPARK_MASTER_IP=192.168.88.101
export SPARK_MASTER_PORT=7077
```

```
export SPARK WORKER MEMORY=512m
export SPARK WORKER CORES=1
export SPARK EXECUTOR MEMORY=512m
export SPARK EXECUTOR CORES=1
export SPARK WORKER INSTANCES=1
export JAVA_HOME=/usr/java/jdk1.8.0_231-amd64/jre
export SCALA_HOME=/home/swxy/scala-2.12.15/
export HADOOP_CONF_DIR=/home/swxy/hadoop-3.3.4/etc/hadoop
```

配置结果如图 11-7 所示。注意，读者应当根据自己系统的具体情况来配置 Spark 环境变量。保存文件后退出编辑器即可。

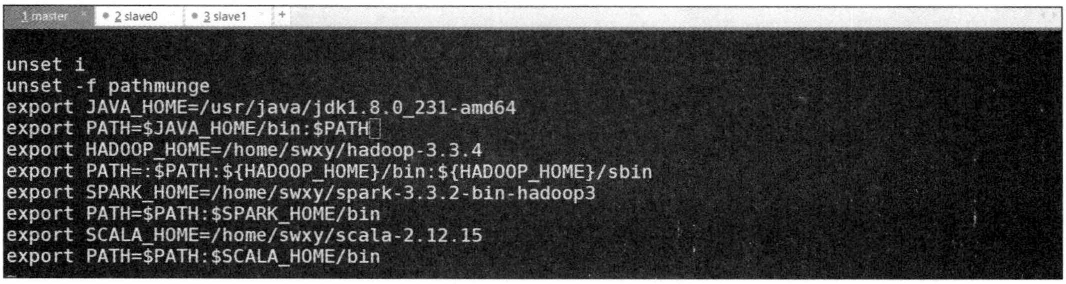

图 11-7　配置 spark-env.sh 环境变量

6. 配置 workers 文件

复制 workers.template 文件，并重命名为 workers，执行 "vi conf/workers" 命令，在编辑区输入如下代码。

```
slave0
slave1
```

输入情况如图 11-8 所示。保存文件后退出编辑器即可。

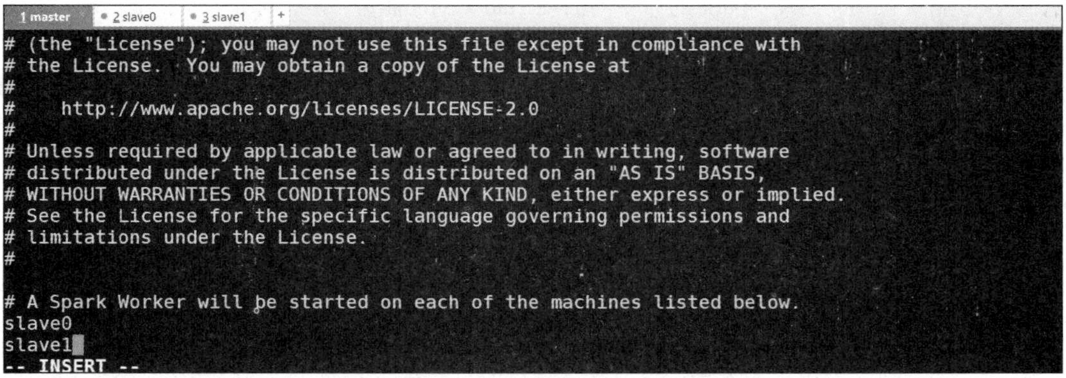

图 11-8　配置 workers 文件

7. 配置 spark–defaults.conf 文件

复制 spark-defaults.conf.template 文件，并重命名为 spark-defaults.conf，执行 "vi spark-defaults.conf" 命令，命令如下。

```
cd /home/swxy/spark-3.3.2-bin-hadoop3/conf        //进入 Spark 配置文件夹中
cp spark-defaults.conf.template spark-defaults.conf
vi spark-default.conf
```

在编辑区输入如下代码。

```
spark.master                                spark://master:7077
spark.eventLog.enabled                           true
spark.eventLog.dir
hdfs://master:8020/spark-logs
spark.history.fs.logDirectory
hdfs://master:8020/spark-logs
```

8. 复制 master 上的 Spark 到 slave 节点

通过复制 master 节点上的 Spark，能够大大提高系统部署效率。由于有 slave0 和 slave1，因此要复制两次。其中一条复制命令是"scp -r /home/swxy/spark-3.3.2-bin-hadoop3 root@slave0:/home/swxy"，如图 11-9 所示。

```
[root@master conf]# scp -r /home/swxy/spark-3.3.2-bin-hadoop3 root@slave0:/home/swxy
```

图 11-9　将 Spark 安装目录复制到 slave0

如果有 slave1 或更多节点，也需要进行类似的复制操作。至此，就完成了 Spark 的安装。

9. 启动并验证 Spark

启动 Spark 集群之前首先启动 Hadoop 集群，在 master 上，进入 Hadoop 安装目录，执行"start-all.sh"命令，切换至 Spark 安装目录的 sbin 目录下，即可启动 Spark，命令如下。

```
cd /home/swxy/hadoop-3.3.4
./sbin/start-dfs.sh
./sbin/start-yarn.sh
./sbin/mr-jobhistory-daemon.sh start historyserver
hdfs dfs -mkdir /spark-logs
cd /home/swxy/spark-3.3.2-bin-hadoop3
sbin/start-all.sh
```

读者可能注意到，启动 Spark 的命令与启动 Hadoop 的命令一样，都是"start-all.sh"。但是，当用户明确指定目录时，就可以区分这两个不同的命令了。由于这里已经进入了 Spark 的安装目录，并且在"start-all.sh"前面加上了"sbin"，因此就确保了执行的是启动 Spark 的命令；如果没有"sbin"目录的限制，而是简单地使用"start-all.sh"，则是启动 Hadoop 的命令。

启动后，可以通过"jps"命令查看 master 和 slave 上 Spark 的进程。可以看到，在 master 上增加了一个 Master 进程，它就是 Spark 的主控进程，如图 11-10 所示。

```
1 master    2 slave0    3 slave1    +
WARNING: YARN_CONF_DIR has been replaced by HADOOP_CONF_DIR. Using value of YARN_CONF_DIR.
slave1: Warning: Permanently added 'slave1,192.168.88.103' (ECDSA) to the list of known host
s.
slave0: Warning: Permanently added 'slave0,192.168.88.102' (ECDSA) to the list of known host
s.
master: Warning: Permanently added 'master,192.168.88.101' (ECDSA) to the list of known host
s.
[root@master hadoop-3.3.4]# cd /home/swxy/spark-3.3.2-bin-hadoop3/
[root@master spark-3.3.2-bin-hadoop3]# jps
7344 DataNode
8324 Jps
6824 Master
7179 NameNode
7931 NodeManager
7775 ResourceManager
[root@master spark-3.3.2-bin-hadoop3]#
```

图 11-10　查看 Spark 进程

如果在 slave 节点（如 slave0）上执行 "jps" 命令，则可以看到增加的 Spark 的 Worker 进程，如图 11-11 所示。

图 11-11　slave0 上的 Spark 的 Worker 进程

通过 Spark 提供的 Web 接口可以查看系统状态。打开 master（也可以是任何其他节点）上的浏览器，在地址栏中输入 "http://master:7077"，可看到图 11-12 所示的监控界面。

图 11-12　基于 Web 的 Spark 监控界面

要退出 Spark，可以在进入 Spark 安装目录后执行 "sbin/stop-all.sh" 命令，如图 11-13 所示。

```
1 master       ● 2 slave0    ● 3 slave1    +
[root@master spark-3.3.2-bin-hadoop3]# sbin/stop-all.sh
slave0: Warning: Permanently added 'slave0,192.168.88.102' (ECDSA) to the list of known host
s.
slave1: Warning: Permanently added 'slave1,192.168.88.103' (ECDSA) to the list of known host
s.
slave0: stopping org.apache.spark.deploy.worker.Worker
slave1: stopping org.apache.spark.deploy.worker.Worker
stopping org.apache.spark.deploy.master.Master
[root@master spark-3.3.2-bin-hadoop3]#
```

图 11-13　退出 Spark

11.2.2　Spark 的基本应用

下面运行 Spark 安装好后自带的样例程序 SparkPi，它的功能是计算 π 的值，以体验 Spark 集群提交任务的流程。通过 Shell 命令行向 Spark 集群提交计算 SparkPi 程序，相当于其他编程语言中的 "Hello, World" 程序。

为了使读者能够顺利执行 SparkPi 程序，建议读者首先浏览一下 Spark 安装目录下"examples/jars/"中的示例程序文件。

进入 "/home/swxy/spark-3.3.2-bin-hadoop3/examples/jars/"，执行 "ls -l" 命令查看文件，可以看到系统提供的两个 jar 包，如图 11-14 所示。

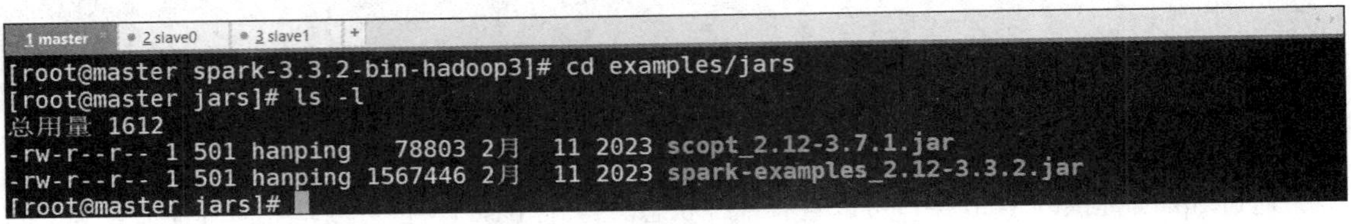

图 11-14　系统提供的两个 jar 包

执行 SparkPi 程序的命令如下，图 11-15 所示是输入该命令后的实际状态。

```
spark-submit --class org.apache.spark.examples.SparkPi --master yarn --deploy-mode
cluster --executor-memory 2g --num-executors 4 --executor-cores 1 ./examples/jars/spark
-examples_2.12-3.3.2.jar
```

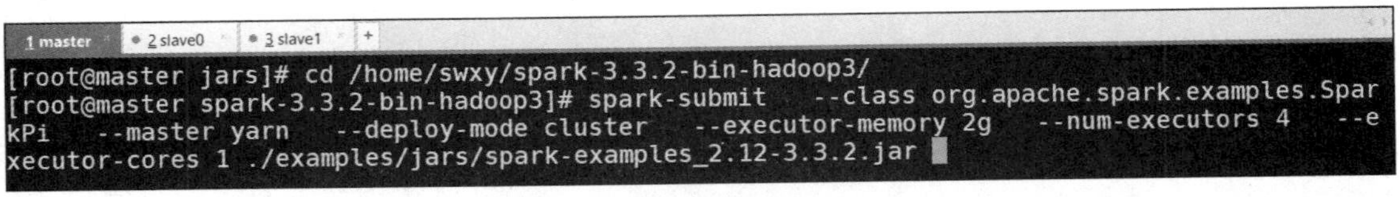

图 11-15　准备执行 SparkPi 程序

按 Enter 键后程序开始执行，终端出现滚动显示状态。执行完后，系统给出的状态信息如图 11-16 所示，如果有 "final status: SUCCEEDED"，表示提交执行成功；如果显示的状态信息中出现 "final status: FAILED"，则表示执行不成功，需要排查问题。

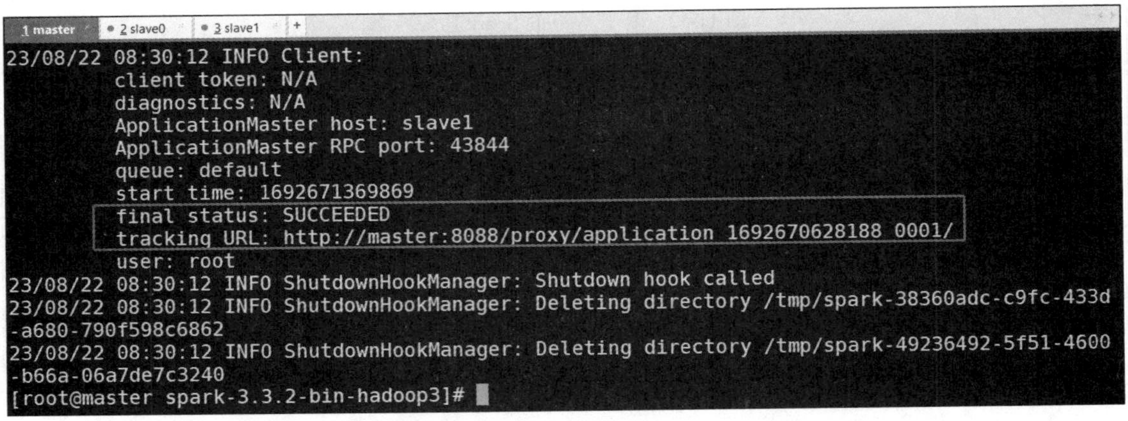

图 11-16　SparkPi 程序执行成功后显示的状态信息

要查看执行结果，读者可以打开图 11-16 中的跟踪 URL（tracking URL）：http://master:8088/proxy/application_ 1692670628188_0001/。

实际上，只要将鼠标指针移到该链接上，单击鼠标右键，在弹出的快捷菜单中选择 "open link" 即可通过 Firefox 浏览器打开需要的界面，如图 11-17 所示。

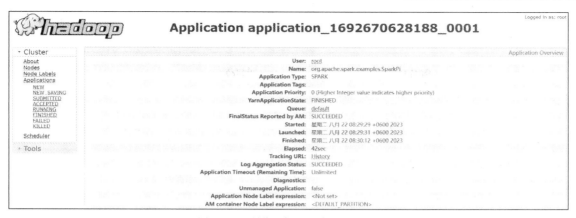

图 11-17　浏览器打开跟踪 URL 界面

在图 11-17 所示界面中，将界面往下滚动，可以看到在 Application Metrics 栏下，有"Started""Node""Logs"等显示内容，如图 11-18 所示。

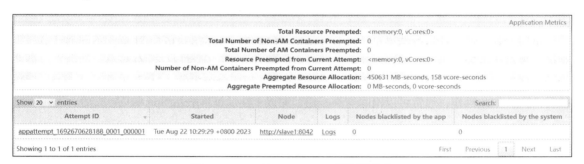

图 11-18　Application Metrics 栏下的信息

单击"Logs"可进入图 11-19 所示的日志文件界面。

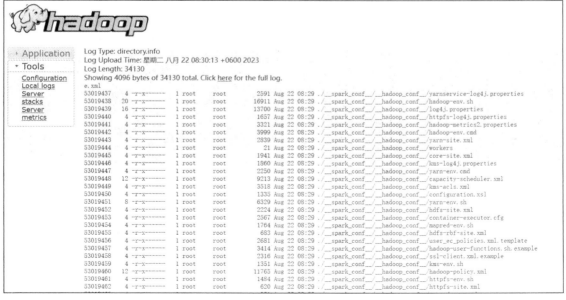

图 11-19　日志文件界面

单击其中的“showing 4096 bytes of 34136 total”可看到最后的计算结果，如图 11-20 所示。

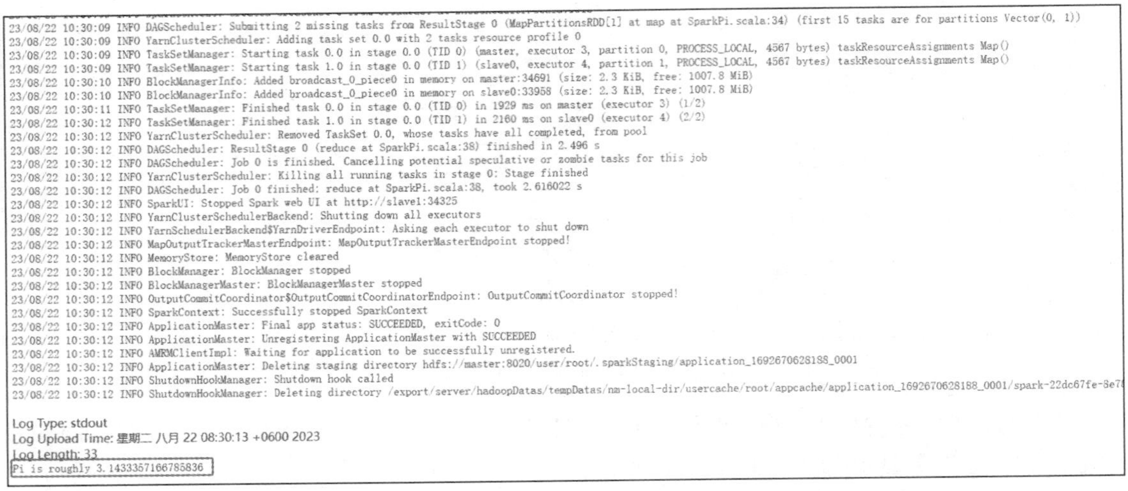

```
23/08/22 10:30:09 INFO DAGScheduler: Submitting 2 missing tasks from ResultStage 0 (MapPartitionsRDD[1] at map at SparkPi.scala:34) (first 15 tasks are for partitions Vector(0, 1))
23/08/22 10:30:09 INFO YarnClusterScheduler: Adding task set 0.0 with 2 tasks resource profile 0
23/08/22 10:30:09 INFO TaskSetManager: Starting task 0.0 in stage 0.0 (TID 0) (master, executor 3, partition 0, PROCESS_LOCAL, 4567 bytes) taskResourceAssignments Map()
23/08/22 10:30:09 INFO TaskSetManager: Starting task 1.0 in stage 0.0 (TID 1) (slave0, executor 4, partition 1, PROCESS_LOCAL, 4567 bytes) taskResourceAssignments Map()
23/08/22 10:30:10 INFO BlockManagerInfo: Added broadcast_0_piece0 in memory on master:34691 (size: 2.3 KiB, free: 1007.8 MiB)
23/08/22 10:30:10 INFO BlockManagerInfo: Added broadcast_0_piece0 in memory on slave0:33958 (size: 2.3 KiB, free: 1007.8 MiB)
23/08/22 10:30:11 INFO TaskSetManager: Finished task 0.0 in stage 0.0 (TID 0) in 1929 ms on master (executor 3) (1/2)
23/08/22 10:30:12 INFO TaskSetManager: Finished task 1.0 in stage 0.0 (TID 1) in 2160 ms on slave0 (executor 4) (2/2)
23/08/22 10:30:12 INFO YarnClusterScheduler: Removed TaskSet 0.0, whose tasks have all completed, from pool
23/08/22 10:30:12 INFO DAGScheduler: ResultStage 0 (reduce at SparkPi.scala:38) finished in 2.496 s
23/08/22 10:30:12 INFO DAGScheduler: Job 0 is finished. Cancelling potential speculative or zombie tasks for this job
23/08/22 10:30:12 INFO YarnClusterScheduler: Killing all running tasks in stage 0: Stage finished
23/08/22 10:30:12 INFO DAGScheduler: Job 0 finished: reduce at SparkPi.scala:38, took 2.616022 s
23/08/22 10:30:12 INFO SparkUI: Stopped Spark web UI at http://slave1:34325
23/08/22 10:30:12 INFO YarnClusterSchedulerBackend: Shutting down all executors
23/08/22 10:30:12 INFO YarnSchedulerBackend$YarnDriverEndpoint: Asking each executor to shut down
23/08/22 10:30:12 INFO MapOutputTrackerMasterEndpoint: MapOutputTrackerMasterEndpoint stopped!
23/08/22 10:30:12 INFO MemoryStore: MemoryStore cleared
23/08/22 10:30:12 INFO BlockManager: BlockManager stopped
23/08/22 10:30:12 INFO BlockManagerMaster: BlockManagerMaster stopped
23/08/22 10:30:12 INFO OutputCommitCoordinator$OutputCommitCoordinatorEndpoint: OutputCommitCoordinator stopped!
23/08/22 10:30:12 INFO SparkContext: Successfully stopped SparkContext
23/08/22 10:30:12 INFO ApplicationMaster: Final app status: SUCCEEDED, exitCode: 0
23/08/22 10:30:12 INFO ApplicationMaster: Unregistering ApplicationMaster with SUCCEEDED
23/08/22 10:30:12 INFO AMRMClientImpl: Waiting for application to be successfully unregistered.
23/08/22 10:30:12 INFO ApplicationMaster: Deleting staging directory hdfs://master:8020/user/root/.sparkStaging/application_1692670628188_0001
23/08/22 10:30:12 INFO ShutdownHookManager: Shutdown hook called
23/08/22 10:30:12 INFO ShutdownHookManager: Deleting directory /export/server/hadoopDatas/tempDatas/nm-local-dir/usercache/root/appcache/application_1692670628188_0001/spark-22dc67fe-8e7

Log Type: stdout
Log Upload Time: 星期二 八月 22 08:30:13 +0600 2023
Log Length: 33
Pi is roughly 3.1433357166785836
```

图 11-20　最后的计算结果

可以看到，这次计算的结果是“Pi is roughly 3.1433357166785836”。注意，不同的计算机得到的结果可能不同。另外，如果在执行上述命令时遇到异常，则可以仔细分析显示的信息。倘若发现是虚拟内存太小的原因，此时可以把执行 SparkPi 程序命令中的“512”提高到“1024”后再执行一次。如此操作，通常可以消除这类报错。完成上述验证即表示 Spark 安装成功。

注意：

1. 关于执行模式

上面执行 SparkPi 程序的命令中采用了“yarn-cluster”这个参数，表明是通过 YARN 集群模式来运行 SparkPi 程序的。实际上，可以有 3 种执行模式。除了已经验证的 YARN 集群模式，还有本地模式和终端模式。例如，用“local”代替“yarn-cluster”，表示通过本地模式运行程序；用“yarn-client”代替“yarn-cluster”，则表示通过终端模式运行程序。如果系统安装和配置成功，也都能顺利完成任务，那么运行的结果都会显示在终端上，例如图 11-21 给出了本地模式的运行结果。

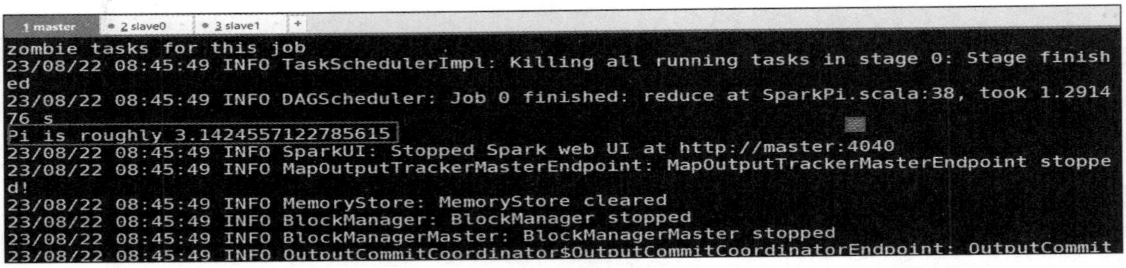

```
1 master | 2 slave0 | 3 slave1
zombie tasks for this job
23/08/22 08:45:49 INFO TaskSchedulerImpl: Killing all running tasks in stage 0: Stage finish
ed
23/08/22 08:45:49 INFO DAGScheduler: Job 0 finished: reduce at SparkPi.scala:38, took 1.2914
76 s
Pi is roughly 3.1424557122785615
23/08/22 08:45:49 INFO SparkUI: Stopped Spark web UI at http://master:4040
23/08/22 08:45:49 INFO MapOutputTrackerMasterEndpoint: MapOutputTrackerMasterEndpoint stoppe
d!
23/08/22 08:45:49 INFO MemoryStore: MemoryStore cleared
23/08/22 08:45:49 INFO BlockManager: BlockManager stopped
23/08/22 08:45:49 INFO BlockManagerMaster: BlockManagerMaster stopped
23/08/22 08:45:49 INFO OutputCommitCoordinator$OutputCommitCoordinatorEndpoint: OutputCommit
```

图 11-21　本地模式的运行结果

2. 关于执行失败

在运行 SparkPi 程序时，有时会遇到异常，从而导致执行失败。大体上有以下几个原因。

一是采用 YARN 集群模式（包括 Client 模式和 Cluster 模式）提交时，YARN 没有启动，因此这时候没有集群管理器介入。这种情况系统会给出提示，解决办法是启动 YARN。实际上，启动 2.0 以上版本的 Hadoop 时，其自带的 YARN 也会一并启动，所以只要确保已经启动了 Hadoop 即可。

二是分配的内存太小。如果给驱动器、执行器分配的内存太少，系统给出的异常信息可能是

"SparkContext was shut down"。这时只要修改命令中的内存大小，例如，将驱动程序、执行器的内存都提高到 1GB，甚至更高，就可以解决这个问题。Spark 是基于内存的计算机框架，对内存的需求是可想而知的。

三是输入的命令有错误。如果是关键字或者 jar 包名称错误（包括路径错误），系统会给出提示，改正即可。但如果提交的类名有错误，并且与一种特定的提交模式组合在一起，系统并不会发现，更不会告诉用户出错的原因，而是抛出异常。例如，在上面的示例中，如果提交模式是"yarn-cluster"，且"org.apache.spark.examples.SparkPi"中没有写"spark"，就会出现下面这样的异常信息：

```
Diagnostics: Exception from container-launch.
Container id: container_1479864689832_0010_02_000001
Exit code: 10
Stack trace: ExitCodeException exitCode=10:
```

这时用户往往会陷入异常代码分析而无法找到症结的情境中，所以要仔细检查输入的命令是否正确。可见，应用经验有时候是非常有用的。

11.3　应用程序设计

11.3.1　安装集成开发环境 IDEA

1. IDEA 简介

IDEA 是一个通用的集成开发环境。Spark 通常采用 Scala 语言进行开发，IDEA 则是理想的 Scala 语言开发环境。

2. IDEA 的安装

从 IDEA 的官方网站下载安装文件，如图 11-22 所示，本书选择的 IDEA 安装文件是 ideaIC-2023.2.tar.gz，读者也可以在本书第 11 章的软件资源目录中找到 ideaIC-2023.2.tar.gz。

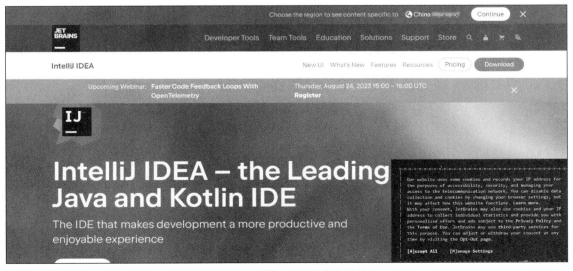

图 11-22　下载 IDEA 的官方网站

将 ideaIC-2023.2.tar.gz 文件复制到 master 的"/home/swxy/"目录下，然后执行解压缩命令"tar -zxvf ideaIC-2023.2.tar.gz"，如图 11-23 所示。

```
1 master    2 slave0    3 slave1    +
[root@master swxy]# tar -zxvf  ideaIC-2023.2.tar.gz
```

图 11-23 解压缩 IDEA 安装包

按 Enter 键后系统开始解压缩，等待片刻后系统将创建安装目录"idea-IC-232.8660.185"。进入该目录，执行"ls -l"命令可以查看 IDEA 的系统文件和目录，如图 11-24 所示。

```
1 master    2 slave0    3 slave1    +
[root@master swxy]# cd idea-IC-232.8660.185/
[root@master idea-IC-232.8660.185]# ls -l
总用量 48
drwxr-xr-x  2 root root    270 1月   20 1970 bin
-rw-r--r--  1 root root     15 1月   20 1970 build.txt
-rw-r--r--  1 root root   1825 1月   20 1970 Install-Linux-tar.txt
drwxr-xr-x  7 root root     83 1月   20 1970 jbr
drwxr-xr-x  7 root root   4096 1月   20 1970 lib
drwxr-xr-x  2 root root    195 1月   20 1970 license
-rw-r--r--  1 root root  11352 1月   20 1970 LICENSE.txt
-rw-r--r--  1 root root    128 1月   20 1970 NOTICE.txt
drwxr-xr-x 72 root root   4096 1月   20 1970 plugins
-rw-r--r--  1 root root  14122 1月   20 1970 product-info.json
[root@master idea-IC-232.8660.185]#
```

图 11-24 IDEA 的系统文件和目录

在"idea-IC-232.8660.185"目录下，执行"bin/idea.sh"命令可启动 IDEA，命令如下。

```
[root@master idea-IC-232.8660.185]# bin/idea.sh
```

按 Enter 键，首先出现的是设置对话框，如图 11-25 所示，单击"Continue"按钮即可。

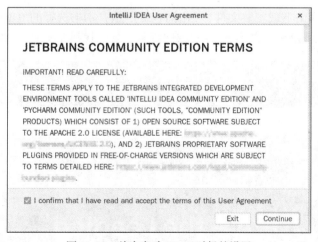

图 11-25 首次启动 IDEA 时候的设置

注意：在安装 CentOS 7 时，如果选择"最小化"安装，那么系统就只有命令行界面，但是没有图形化界面，所以启动不了 IDEA。这时，需要安装图形界面 GNOME 的程序包。先输入 yum 检查 yum 是否可正常使用，如果可以正常使用，输入命令"yum groupinstall "GNOME

Desktop" "Graphical Administration Tools""" 获取并安装 CentOS 默认的图形界面 GNOME 程序包（字母大小写不能改，Linux 是严格区分字母大小写的）。

　　安装过程中，会有提示类似 "…is ok?(y/b/n)"，直接选择 "y"，并按 Enter 键。然后等待自动安装，一直到提示 "Completed!"，表示已经安装 GNOME 程序包，修改 CentOS 7 默认启动模式为图形化模式，输入命令 "systemctl set-default multi-user.target"。输入重启命令 reboot 之后切换到 GUI 图形界面模式表示设置成功。以 swxy 登录系统，进入系统后也可以执行命令 "su root" 切换用户。执行命令 "systemctl set-default multi-user.target" 又可以由图形界面模式更改为命令行模式。

　　如果出现异常 "Error downloading packages:chrony-3.4-1.el7.x86_64: [Errno 256] No more mirrors to try."，那么需要更新 yum，命令如下。

```
yum clean all
yum makecache
yum update -y
```

　　之后出现界面风格设置选项和其他设置，建议读者选择跳过设置，直接进入欢迎界面，如图 11-26 所示，这表明 IDEA 可以使用了。

图 11-26　IDEA 启动后的欢迎界面

　　但是，在使用 IDEA 之前，还需要完成一些必要的配置。

3．IDEA 的配置

（1）Appearance & Behavior 的设置

　　在图 11-26 中，单击左边 "Customize" 选项，出现下拉式列表，单击 "All settings"，首先设置 "Appearance & Behavior"，如图 11-27 所示，这是对 IDEA 外观和表现模式进行的配置。

　　这里仅仅修改了 "Appearance" 中 "Theme"，如选择 "Light" 风格的主题。Light 是一种十分流行的界面主题，以白色调为主，具有简约大气的特点，深受广大用户喜欢。选择完毕，单击 "Apply" 按钮后会立即切换到 Light 主题，如图 11-28 所示。

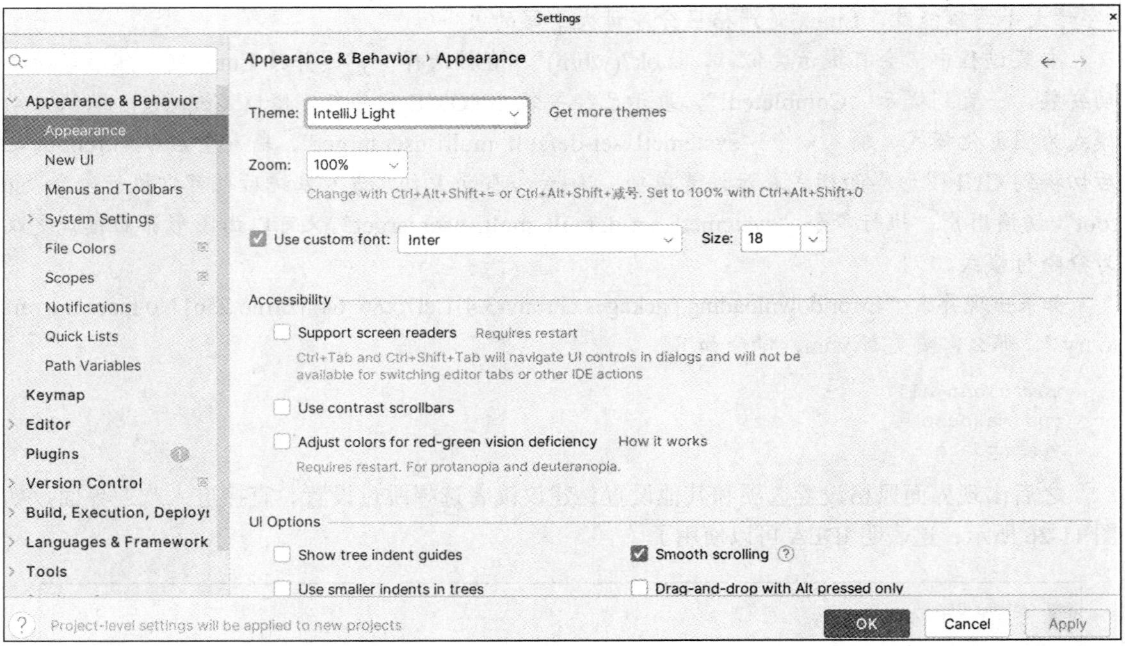

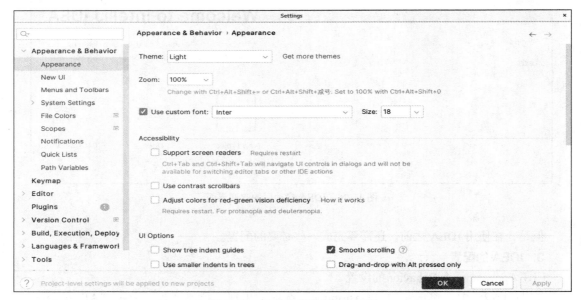

图 11-27 "Settings" 对话框

图 11-28 Light 主题的 IDEA 界面

（2）安装 Scala 插件

为了在 IDEA 中开发 Scala 程序，我们需要为 IDEA 安装 Scala 插件。

新版 IDEA 对安装插件的方式进行了改变，由以往的下载插件后手动安装转变为通过网络直接安装，如图 11-29 所示。要进入图 11-29 所示的界面，读者可以在出现的下拉式列表中选择"Plugins"。接着单击"Scala"下面的"Install"按钮，即可启动安装过程。

图 11-29　通过网络直接安装 Scala 插件

图 11-30 是下载进行中的界面，用户这时必须确保计算机能够访问互联网。

图 11-30　系统正在下载安装 Scala 插件

如果网络畅通，一般情况下不到 1min 即可下载完毕，这时系统会提示重启 IDEA，如图 11-31 所示。

当前软件发展的趋势就是直接从网络获取服务，省略了耗费开发人员大量精力的软件搜索、下载、版本控制、安装等过程。

至此，IDEA 开发环境的安装与配置完成了。接下来将介绍利用 IDEA 和 Scala 实现 Spark 应用程序设计。

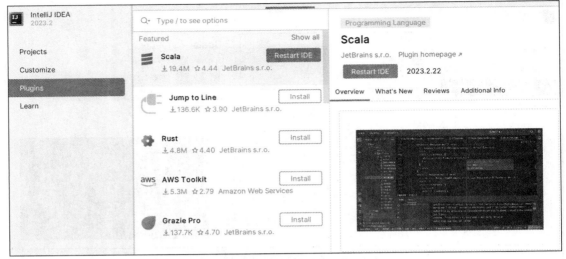

图 11-31　系统提示重启 IDEA

11.3.2　第一个 Spark 程序：分布式估算圆周率

1. 计算原理

计算圆周率 π 的方法有很多，这里介绍一种无限逼近的思想。设有一个正方形，边长是 x，正方形里面有一个内切圆，如图 11-32 所示。

图 11-32 中，正方形的面积 $S = x^2$，而圆的面积 $C = \pi \times (x/2)^2$。因此，圆面积与正方形面积之比 C/S 等于 $\pi/4$，可知 $\pi = 4 \times C/S$。

根据这个关系，可以利用计算机随机产生大量位于正方形内部的点，通过点的数量去近似表示面积，设位于正方形中点的数量为 P_s。显然，有一部分点会位于圆内，设其数量为 P_c。当随机点的数量趋近无穷时，$4 \times P_c/P_s$ 将逼近 π。

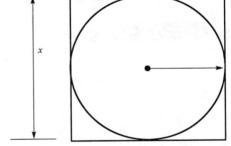

图 11-32　边长为 x 的正方形里面有一个内切圆

2. 程序设计

启动 IDEA，进入欢迎界面，选择"New Project"（见图 11-26），创建一个 Scala 新工程，如图 11-33 所示。

在图 11-33 中，开发人员需要设置工程名称（Name）、工程位置（Location）、Language、Bulid system、JDK 和 Scala SDK。这里给工程取名为 myProject（读者可以任意取一个名称）。"Location"中的"～/IdeaProjects/myProject"是系统自动创建的工作目录，如果需要，用户也可以修改，这里选择创建在"/home/swxy/IdeaProjects"目录下，所有的项目后续也会创建在此目录下。这个时候在下面会提示"Project will be created in:/home/swxy/ldeaProjects/myProject"，后续就可以在这个目录打开创建过的项目。在"Language"选项部分需要选择"Scala"，后续都是使用 Scala 语言进行项目的编写；如果需要，读者可以选择其他语言。Build system 选择"IntelliJ"。

在"JDK"选项部分，需要导入"Java SDK"。单击下拉列表框右侧的下拉按钮，在弹出的下拉列表中选择"Add　JDK",开始导入 Java SDK,如图 11-34 所示。

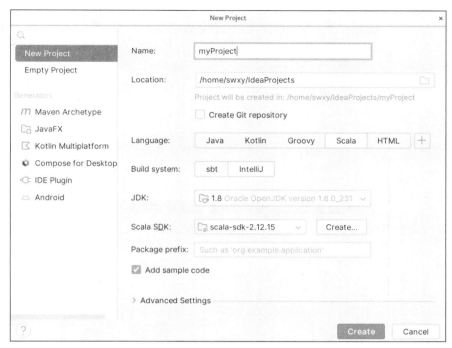

图 11-33　创建"New Project"

图 11-34　导入 JDK

单击"JDK…"后,在弹出的"Select Home Directory for JDK"对话框中选择 JDK 所在的位置,因为在前面章节 JDK 安装在默认的目录下,所以选择"/usr/java/jdk1.8.0_231-amd64",然后单击"OK"按钮,即可完成 JDK 的导入。JDK 的版本要与下面选择的 Scala 的版本匹配,否则会出现版本不兼容的问题。读者可以查阅 Scala 和 JDK 版本的匹配表，这里 JDK 选择的是 1.8 版本，如图 11-35 所示。

图 11-35　选择已安装的 jdk1.8.0_231-amd64

接着需要进行"Scala SDK"的配置。单击图 11-33 右下侧的"Create"按钮，开始导入 Scala SDK 依赖包，如图 11-36 所示。

图 11-36　选择 Scala SDK 依赖包

单击图 11-36 中的"Browse…"按钮，在弹出的"Scala SDK files"对话框中，展开目录找到"/home/swxy/scala-2.12.15/lib/"，然后选择所有的 jar 包，如图 11-37 所示。

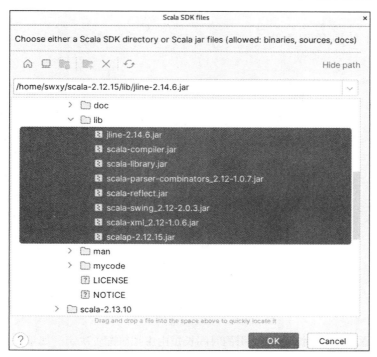

图 11-37　选择 "/home/swxy/ scala-2.12.15/lib" 下所有的 jar 包

单击 "OK" 按钮后返回 "New Project" 对话框，可以看到 scala-sdk-2.12.15 已经被导入，如图 11-38 所示。

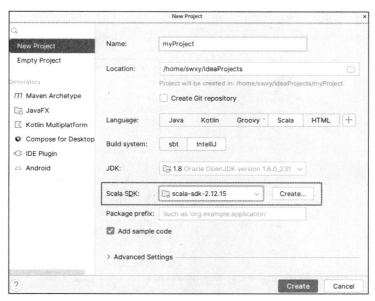

图 11-38　完成 Scala SDK 的配置

单击图 11-38 中的 "Create" 按钮可完成新工程设置，系统开始对设置进行索引（Indexing），并进入图 11-39 所示的开发环境主界面。

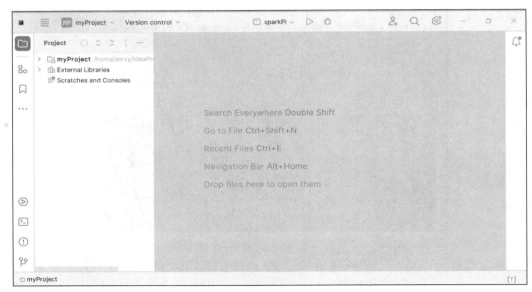

图 11-39　开发环境主界面

值得注意的是，IDEA 对新工程索引的时间长短由虚拟机配置决定。如果配置较好，如内存为 4GB、虚拟处理器有 4 个、硬盘达到 80GB，那么索引耗时仅需要几分钟；如果虚拟机配置较低，如内存为 1GB、处理器有 1 个、硬盘设置为 20GB，那么索引耗时可能会达到几个小时。可见，系统配置对运行效率的影响是非常大的。

下面开始设计程序。

在图 11-39 所示界面中，展开左侧的"myProject"，在展开的子目录中右击"src"，在弹出的快捷菜单中选择"New→Package"可创建一个 Scala 包，如图 11-40 所示。

图 11-40　创建一个 Scala 包

选择"Package"后，系统会弹出图 11-41 所示的对话框，要求输入新的 Package 名称，用户可自行命名，如输入 com.swxy，输入完成后单击"OK"按钮。

接下来配置 Project Structure，目的是导入 Spark 依赖包。依次选择主界面的"File→Project Structure"，在弹出的"Project Structure"对话框中选择"Libraries→+→Java"，如图 11-42 所示。

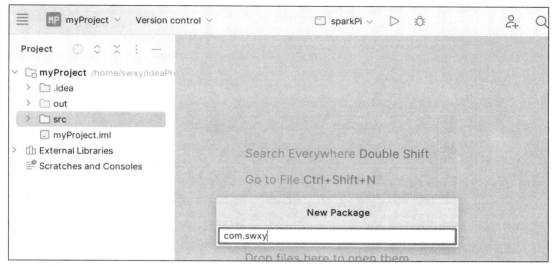

图 11-41　输入新的 Package 名称

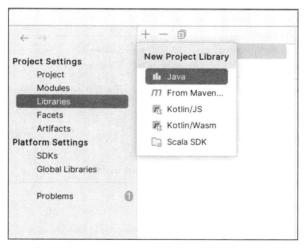

图 11-42　在"Project Structure"对话框中选择"Libraries→+→Java"

单击图 11-42 中的"Java"后会弹出"Select Library Files"对话框，导入 Spark 安装目录（如 spark- 3.3.2-bin-hadoop3）下"jars"子目录内的所有 jar 包，如图 11-43 所示。需要注意的是，在 Spark 2.0 以下的版本中，这些 jar 包是放在"lib"子目录中的，但是现在改为放在"jars"子目录下。

单击图 11-43 中的"OK"按钮，并在后续弹出的对话框中一直单击"OK"按钮，可回到 IDEA 主界面，这时系统会再次进行索引处理，该过程会比较耗时。

接下来开始创建 Scala 类。首先将鼠标指针放在包名（com.swxy）上并单击鼠标右键，在弹出的快捷菜单中选择"New→Scala Class"，然后在弹出的"Create New Scala Class"对话框中输入类名称，如"sparkPi"，并将"Kind"中的内容改为"Object"，代表所创建的是 Scala 类，如图 11-44 所示，单击"OK"按钮。

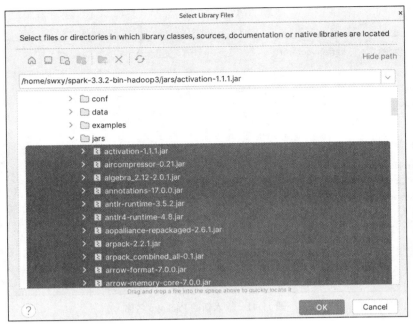

图 11-43　导入 Spark 安装目录下"jar"子目录内所有的 jar 包

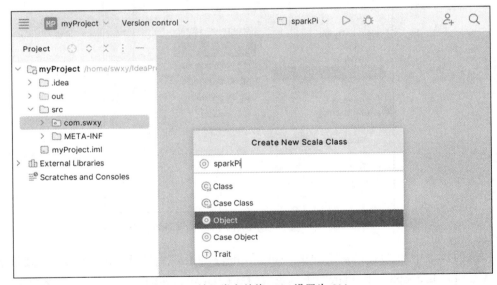

图 11-44　输入类名并将 Kind 设置为 Object

　　将下面给出的代码复制到图 11-45 所示的程序编辑区。请注意，IDEA 自动生成了部分代码，如 package com.swxy 等，读者复制代码时不要重复。

```
package com.swxy
import scala.math.random
import org.apache.spark._
/** Computes an approximation to pi */
object sparkPi {
```

```
def main(args: Array[String]) {
    val conf = new SparkConf().setAppName("spark Pi")
    val spark = new SparkContext(conf)
    val slices = if (args.length > 0) args(0).toInt else 2
    val n = 100000 * slices
    val count = spark.parallelize(1 to n, slices).map { i =>
        val x = random * 2 - 1
        val y = random * 2 - 1
        if (x*x + y*y < 1) 1 else 0
    }.reduce(_ + _)
    println("Pi is roughly " + 4.0 * count / n)
    spark.stop()
    }
}
```

图 11-45　将代码复制到程序编辑区

如果没有错误，这时就可以准备运行程序了。但是运行之前，还需要修改运行参数。在主菜单中选择"Run→Edit Configurations..."，如图 11-46 所示。

单击"Edit Configurations..."之后，在弹出的"Run/Debug Configurations"对话框中，单击左上角的"+"，并在下拉列表中选择"Application"。单击选择"Application"后，可在弹出对话框中设置参数，如图 11-47 所示，其中，"Name"设置为"sparkPi"；如果选项中没有"VM options"，单击"Modify options"按钮，选中"Add VM options"，设置"VM options"为"-Dspark.master = local -Dspark.app.name = sparkPi"；"Main class"设置为"com.swxy.sparkPi"；"Working directory"为系统自动设置的值；"Program arguments"不用填写；其余设置保持默认即可。

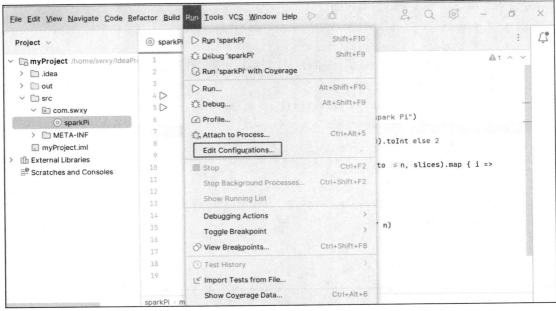

图 11-46　选择"Run→Edit Configurations…"修改运行参数

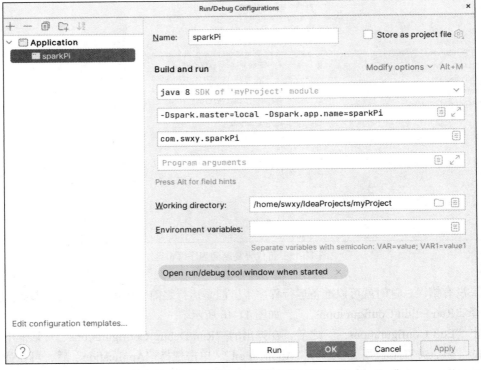

图 11-47　单击左上角的"+"并在下拉列表中选择"Application"

完成运行参数设置后单击"OK"按钮，可回到 IDEA 程序编辑区。用鼠标右键单击程序编辑区中的 sparkPi 文件（任意位置），在弹出的快捷菜单中选择"Run sparkPi"即可开始运行程序。图 11-48 是运行结果，在目前设置下，本次计算得到的 Pi 近似等于 3.14012，读者的结果可能与之有差异。实际上，再次运行这个程序得到的结果也可能会有不同，这是由随机函数导致的。

图 11-48　运行结果

3. 分布式运行

分布式运行是指在客户端（Client）以命令行的方式向 Spark 集群提交 jar 包的运行方式，所以需要将上述 sparkPi 程序编译成 jar 包（俗称打 jar 包）。

首先配置 jar 包信息，依次选择 "File→Project Structure"，在弹出的对话框中选择 "Artifacts→+→JAR→From modules with dependencies…"，如图 11-49 所示。

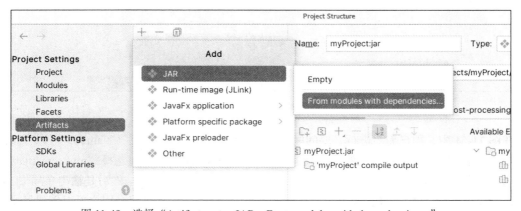

图 11-49　选择 "Artifacts→+→JAR→From modules with dependencies…"

单击图 11-49 中的 "From modules with dependencies…" 后会弹出图 11-50 所示的 "Create JAR from Modules" 对话框，在该对话框中将 "Main Class" 设置为 "com.swxy.sparkPi"，其余设置保持默认状态。

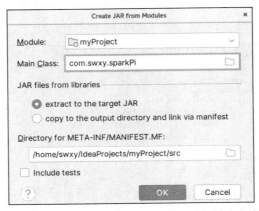

图 11-50　设置主类名、JAR 文件依赖库的输出方式

单击图 11-50 中的"OK"按钮后，会弹出图 11-51 所示的对话框。

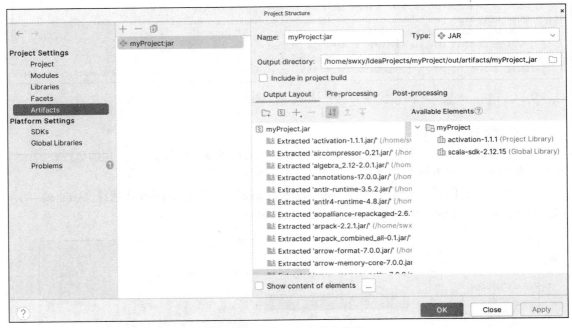

图 11-51　设置 jar 包输出目录

在图 11-51 中，用户需要进行必要的配置。首先是确定 jar 包的名称（Name），可以直接选择默认的"myProject:jar"，也可以修改为其他名称，如 MySpark 等，这里选择"myProject:jar"。其次是确定 jar 包的输出位置（Output directory），一般选择默认设置即可。然后是输出布局（Output Layout），该项设置比较关键。输出布局是指生成的 jar 包的结构和内容。用户可以创建目录和文档，给文档添加或删除模块、库、包、文件等。这里需要删除一些 jar 包，方法是单击选择（需要 Shift 键的配合）myProject.jar 文档下列出的所有 jar 包，删除所选择的，仅保留"'myProject'compile output"一项，如图 11-52 所示，最后单击"OK"按钮即可。

接着开始编译生成 jar 包，选择主菜单中的"Build→Build Artifacts..."，如图 11-53 所示。

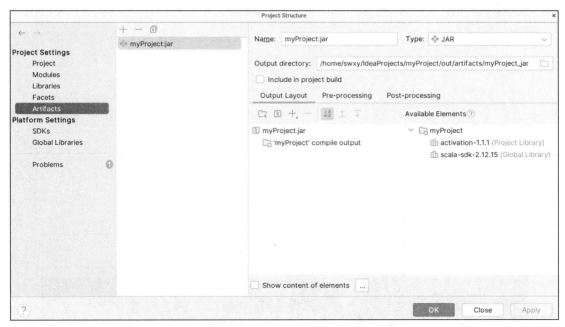

图 11-52　"Output Layout"的设置

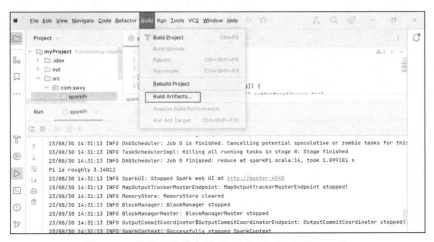

图 11-53　选择主菜单中的"Build→Build Artifacts…"

单击图 11-53 中的"Build Artifacts…"后将弹出图 11-54 所示的界面，用鼠标右键单击程序编辑区，在弹出的快捷菜单中选择"myProject:jar→Build"之后，IDEA 便开始编译生成 myProject.jar。

生成 myProject.jar 以后，就可以将其提交到 Spark 集群运行了。其步骤是，从输出目录（Output directory 见图 11-52）将 myProject.jar 复制到 Spark 的客户端某个目录下，如 "/home/swxy/spark-3.3.2-bin-hadoop3/"。接着进入 Spark 安装目录，执行如下命令。

```
cp/home/swxy/IdeaProjects/myProject/out/artifacts/myProject_jar/myProject.jar/home/
swxy/spark-3.3.2-bin-hadoop3/
bin/spark-submit --master local --class com.swxy.sparkPi myProject.jar
```

图 11-55 是运行结果，因为采用的是本地模式，所以运行结果直接显示在本地终端中，本次计算得到的 Pi 是 3.14102（需要在显示信息中回滚查找）。

图 11-54 选择"sparkPi"和"Build"后开始编译生成 myProject.jar

```
1 master    ● 2 slave0   ● 3 slave1    +
zombie tasks for this job
23/08/22 10:09:19 INFO TaskSchedulerImpl: Killing all running tasks in stage 0: Stage finish
ed
23/08/22 10:09:19 INFO DAGScheduler: Job 0 finished: reduce at sparkPi.scala:14, took 1.4729
95 s
Pi is roughly 3.14102
23/08/22 10:09:19 INFO SparkUI: Stopped Spark web UI at http://master:4040
23/08/22 10:09:19 INFO MapOutputTrackerMasterEndpoint: MapOutputTrackerMasterEndpoint stoppe
d!
23/08/22 10:09:19 INFO MemoryStore: MemoryStore cleared
23/08/22 10:09:19 INFO BlockManager: BlockManager stopped
23/08/22 10:09:19 INFO BlockManagerMaster: BlockManagerMaster stopped
23/08/22 10:09:19 INFO OutputCommitCoordinator$OutputCommitCoordinatorEndpoint: OutputCommit
Coordinator stopped!
23/08/22 10:09:19 INFO SparkContext: Successfully stopped SparkContext
23/08/22 10:09:19 INFO ShutdownHookManager: Shutdown hook called
```

图 11-55 本地模式提交运行结果

此外，也可以采用 YARN-client 或 YARN-cluster 模式提交。以下是采用 YARN-cluster 模式提交的命令。

```
spark-submit --class com.swxy.sparkPi --master yarn  --deploy-mode cluster --exec
utor-memory 2g --num-executors 4 --executor-cores 1 ./myProject.jar
```

图 11-56 是程序运行完后终端显示的信息。可以看到，sparkPi 程序分布式运行成功。由于这里采用了 YARN-cluster 模式，因此计算结果被放在 master 节点上。我们也可以通过 Web 查看作业的历史运行情况，该方式需要执行命令"mr -jobhistory-daemon.sh start historyserver"。

```
1 master    ● 2 slave0   ● 3 slave1    +
23/08/22 10:13:50 INFO Client:
         client token: N/A
         diagnostics: N/A
         ApplicationMaster host: slave0
         ApplicationMaster RPC port: 33491
         queue: default
         start time: 1692677577892
         final status: SUCCEEDED
         tracking URL: http://master:8088/proxy/application_1692670628188_0002/
         user: root
23/08/22 10:13:51 INFO ShutdownHookManager: Shutdown hook called
23/08/22 10:13:51 INFO ShutdownHookManager: Deleting directory /tmp/spark-2e5715a2-e592-4884
-ba05-519dbd788e1d
23/08/22 10:13:51 INFO ShutdownHookManager: Deleting directory /tmp/spark-3074d34f-54a5-4665
-9db0-66af086b9eba
[root@master spark-3.3.2-bin-hadoop3]#
```

图 11-56 程序运行完后在终端窗口显示的信息

　　读者也可以采用 YARN-client 模式运行程序，这时只需要将提交命令中的 "yarn" 和 "cluster" 改为 "yarn" 和 "client" 即可，输出结果将直接显示在提交作业的终端中。

　　要正确执行上述命令，必须确保 Spark 集群中的 YARN 已经启动。如果读者不能成功执行该命令，应首先检查系统是否启动了 YARN，如果没有，就需要设法启动它。例如，可以简单地通过启动 Hadoop 来启动 YARN，因为有的读者可能只安装了 Hadoop 自带的 YARN。

　　另一个注意事项是，com.swxy.sparkPi 类名也必须正确（以具体设置为准），而且区分字母大小写；同时，jar 包的名称与位置也必须正确，这里之所以将 myProject.jar 放在 Spark 的安装目录下，就是为了省掉路径，避免使用太多的路径参数，尽量降低出错的可能性。

11.4　本章小结

　　本章首先详细介绍了 Spark 的安装与配置。由于 Spark 主要支持 Scala 语言，因此本章也介绍了 Scala 的安装，同时介绍了支持 Scala 的集成开发环境。此外，本章举例说明了 Spark 程序分布式估算圆周率的原理和详细的操作步骤。

思考与练习

1. 单选题

（1）HDFS 是否启动成功，可以通过以下哪个命令判断?（　　　）

　　　A. hdfs　　　　　　B. spark　　　　　　C. jps　　　　　　D. start-dfs

（2）Spark-Shell 在启动时，<master-url>采用 local[*]，它的含义是（　　　）。

　　　A. 使用任意个线程来本地化运行 Spark

　　　B. 使用与逻辑 CPU 个数相同数量的线程来本地化运行 Spark

　　　C. 使用与逻辑 CPU 个数相同数量的进程来本地化运行 Spark

　　　D. 使用单个线程来本地化运行 Spark

（3）下面描述正确的是（　　　）。

　　　A. Hadoop 和 Spark 不能部署在同一个集群中

　　　B. Hadoop 只包含了存储组件，不包含计算组件

　　　C. Spark 是一个分布式计算框架，可以与 Hadoop 组合使用

　　　D. Spark 与 Hadoop 是竞争关系，二者不能组合使用

2. 多选题

（1）Spark 部署模式有哪几种?（　　　）

　　　A. Local 模式（单机模式）　　　　　　B. Standalone 模式

　　　C. YARN 模式　　　　　　　　　　　　D. Mesos 模式

（2）关于 Hadoop 与 Spark 的相互关系，以下说法正确的有（　　　）。

　　　A. Hadoop 和 Spark 可以相互协作

　　　B. Hadoop 负责数据的存储和管理

　　　C. Spark 负责数据的计算

　　　D. Spark 要操作 Hadoop 中的数据，需要先启动 HDFS

（3）HDFS 若启动成功，系统会列出以下哪些进程?（　　　）

    A.　NameNode　　　　　　　　　　B.　HDFS

    C.　DataNode　　　　　　　　　　　D.　SecondaryNameNode

（4）Spark-Shell 在启动时，采用 YARN-cluster 模式时，以下说法正确的有（　　　）。

    A.　当用户提交了作业之后，不能关掉 Client

    B.　当用户提交了作业之后，就可以关掉 Client

    C.　该模式适合运行交互类型的作业

    D.　该模式不适合运行交互类型的作业

（5）开发 Spark 独立应用程序的基本步骤通常有哪些?（　　　）

    A.　安装编译打包工具，如 SBT、Maven

    B.　编写 Spark 应用程序代码

    C.　编译打包

    D.　通过 spark-submit 运行程序

（6）集群上运行 Spark 应用程序的方法或步骤有哪些?（　　　）

    A.　启动 Hadoop 集群

    B.　启动 Spark 的 master 节点和所有 slave 节点

    C.　在集群中运行应用程序 jar 包

    D.　查看集群信息以获得应用程序运行的相关信息

3. 简答题

（1）Spark 的部署方式有哪几种? 各有什么特点?

（2）简述 Spark 运行的基本流程。

（3）请阐述搭建 Spark 开发环境的关键步骤。

第 5 篇
大数据应用

- 第 12 章　机器学习
- 第 13 章　基于 Hive 的交互式数据处理
- 第 14 章　数据同步工具与数据可视化
- 第 15 章　推荐算法与应用

第 12 章
机器学习

机器学习（Machine Learning）是人工智能的核心研究领域，其研究目的是让计算机系统具有类人的学习能力。

目前被广泛采用的机器学习的定义是利用经验来改善计算机系统自身的性能。由于"经验"在计算机系统中主要是以数据的形式存在的，因此我们需要运用机器学习技术对数据进行分析。这样，机器学习逐渐成为智能数据分析技术的创新源之一，并且因此而受到越来越多的关注。

本章首先介绍机器学习算法，然后介绍基于 Spark 的机器学习库，最后通过程序实例进行应用详解。

12.1　机器学习概述

12.1.1　机器学习算法

机器学习算法就是尝试从大量历史数据中挖掘出其中隐含的规律，并用于回归（预测）或者分类。从广义上来说，机器学习是一种能够赋予计算机学习的能力，以此让它完成直接编程无法完成的功能的方法；但从实践的意义上来说，机器学习是利用数据训练出模型，然后使用模型进行预测的一种方法。

按学习理论分类，机器学习模型可以分为监督学习、半监督学习、无监督学习、迁移学习和强化学习。监督学习是训练样本带有标签，主要分为回归和分类两大部分；半监督学习是训练样本部分有标签，部分无标签；无监督学习是训练样本无标签；迁移学习是把已经训练好的模型参数迁移到新的模型上以帮助新模型训练；强化学习是学习一个最优策略，可以让本体在特定环境中，根据当前状态，做出行动，从而获得最大回报。强化学习与监督学习最大的不同是，强化学习每次的决定没有对与错，而是希望获得最多的累计奖励。

在机器学习领域，有种说法叫作"世上没有免费的午餐"，它是指没有任何一种算法能在每个问题上都有最好的效果。如何选择算法是一个重要的问题，我们不仅要了解如何使用各类分析算法，还需要了解其中的原理，这样可以在参数优化和模型改进时减少无效的调整。下面介绍机器学习的分类算法、聚类算法和回归算法等。

（1）分类算法。分类算法是应用分类规则对记录进行目标映射，然后将其划分到不同的分类中，主要目的是将数据集划分成不同的类别，以便对数据进行分析和预测。在实际应用中，分类算法被广泛应用于文本分类、情感分析、图像识别、信用评级等领域。常见的分类算法包括 K-

近邻算法、决策树算法、朴素贝叶斯算法、支持向量机算法、逻辑回归算法、神经网络算法、随机森林算法、梯度提升算法、AdaBoost 算法和 XGBoost 算法。

（2）聚类算法。聚类是对原始数据进行标记，按照数据的内在结构特征进行聚集形成簇群，最终实现数据的分离，它涉及数据点的分组。给定一组数据点，我们可以使用聚类算法将每个数据点划分到一个特定的组。理论上，同一组中的数据点具有相似的属性和/或特征，而不同组中的数据点具有高度不同的属性和/或特征。聚类是一种无监督学习的方法，是许多领域中常用的统计数据分析技术。聚类方法分为基于层次的聚类、基于划分的聚类、基于密度的聚类、基于约束的聚类、基于网络的聚类等。常见的聚类算法包括 k-means、k-medoids、k-modes、k-medians、kernel k-means 等。

（3）回归算法。回归是一种机器学习的方法，通常用于预测唯一的因变量（响应变量），其结果可以是任何一种数字形式的输出结果，例如实数、整数等。回归算法的主要目标是建立一个方程，根据自变量（输入特征）来预测因变量（输出结果）。回归算法可分为线性回归、逻辑回归、多项式回归、岭回归、LASSO 回归等。线性回归要求自变量是连续型的，其用直线建立因变量和一个或多个自变量之间的关系。逻辑回归是数据分析中的常用算法，它的输出是概率估算值，将逻辑回归的结果用（sigmoid）函数映射到[0,1]区间，可用来实现样本分类。逻辑回归对样本量有一定要求，在样本量较少的情况下，概率估算的误差较大。在回归分析中有时会遇到线性回归的直线拟合效果不佳，如果发现散点图中数据点呈多项式曲线时，可以使用多项式回归。岭回归在共线性数据分析中应用得较多，它是一种有偏估计的回归算法。LASSO 回归与岭回归类似。

12.1.2　大数据与机器学习

大数据的核心是利用数据的价值，机器学习是利用数据价值的关键技术。对于大数据而言，机器学习是不可或缺的。相反，对于机器学习而言，数据越多越可能提升模型的精确性，同时复杂的机器学习算法的计算时间也迫切需要分布式计算与内存计算这样的关键技术。因此，机器学习的兴盛也离不开大数据的帮助。大数据与机器学习两者是互相促进、相依相存的关系。

虽然机器学习与大数据联系紧密，但是大数据并不等同于机器学习，同理，机器学习也不等同于大数据。大数据中包含分布式计算、内存数据库、多维分析等多种技术。单从分析方法来看，大数据也包含以下 4 种分析方法。

（1）大数据，小分析：即数据仓库领域的联机分析处理（Online Analytical Processing，OLAP）分析思路，也就是多维分析思想。

（2）大数据，大分析：主要指数据挖掘与机器学习分析法。

（3）流式分析：主要指事件驱动架构。

（4）查询分析：经典代表是 NoSQL 数据库。

也就是说，机器学习仅仅是大数据分析中的一种方法而已。机器学习的一些结果具有很大的魔力，在某种场合下是大数据价值最好的说明，然而这并不代表机器学习是大数据唯一的分析方法。

人类在成长、生活过程中积累了很多的经验。人类定期地对这些经验进行"归纳"，获得了生活的"规律"。当人类遇到未知的问题或者需要对未来进行"推测"的时候，人类使用这些"规律"对未知问题与未来进行"推测"，从而指导自己的生活和工作。机器学习的过程与此类似。首先，我们需要在计算机中存储历史的数据。接着，将这些数据通过机器学习算法进行处理，这个过程在机器学习中叫作"训练"，处理的结果可以用来对新的数据进行预测，这个结果一般称之为"模型"。对新数据的预测过程在机器学习中叫作"预测"。"训练"与"预测"是机器学习的两个过程，"模型"则是过程的中间输出结果，"训练"产生"模型"，"模型"指导"预测"。

机器学习中的"训练"与"预测"过程可以对应到人类的"归纳"和"推测"过程。通过这样的对应，我们可以发现，机器学习的思想并不复杂，仅仅是对人类在生活中学习成长的一个模拟。由于机器学习不是基于编程形成的结果，因此它的处理过程不是因果的逻辑，而是通过归纳思想得出的相关性结论。

从范围上来说，机器学习和模式识别、统计学习、数据挖掘是类似的。机器学习与其他领域的处理技术的结合，形成了计算机视觉、语音识别、自然语言处理等交叉学科。我们平常所说的机器学习应用，不仅仅局限在结构化数据，还有图像、音频等应用。

（1）模式识别

模式识别和机器学习的主要区别在于前者是从工业界发展起来的概念，后者则主要源自计算机学科。知名的《模式识别与机器学习》（*Pattern Recognition and Machine Learning*）一书中提到："模式识别源自工业界，而机器学习来自计算机学科。不过，它们中的活动可以被视为同一个领域的两个方面，同时在过去的 10 年间，它们都有了长足的发展"。

（2）数据挖掘

数据挖掘是通过分析数据，从大量数据中寻找其规律的技术，主要有数据准备、规律寻找和规律表示 3 个步骤。数据准备是从相关的数据源中选取所需的数据并整合成用于数据挖掘的数据集；规律寻找是用某种方法将数据集所含的规律找出来；规律表示是尽可能以用户可理解的方式（如可视化）将找出的规律表示出来。数据挖掘的任务有关联分析、聚类分析、分类分析、异常分析、特异群组分析和演变分析等。

（3）统计学习

统计学习近似等于机器学习。统计学习是一个与机器学习高度重叠的学科。因为机器学习中的大多数方法来自统计学，甚至可以认为，统计学的发展促进了机器学习的繁荣昌盛。例如，知名的支持向量机算法就是源自统计学科。但是在某种程度上两者是有区别的，这个区别在于：统计学习重点关注的是统计模型的发展与优化，偏数学，而机器学习更关注解决问题，偏实践。因此，机器学习研究者会重点研究如何提升学习算法在计算机上执行的效率与准确性。

（4）计算机视觉

图像处理技术将图像处理为适合机器学习模型的信息，机器学习则负责从图像信息中识别出相关的模式。计算机视觉相关的应用非常多，例如百度识图、手写字符识别、车牌识别等应用。这个领域的应用前景非常火热，也是研究的热门方向。随着机器学习的新领域深度学习的发展，大大促进了计算机图像识别的效果，因此未来计算机视觉的发展前景不可估量。

（5）语音识别

语音识别是音频处理技术与机器学习的结合。语音识别技术一般不会单独使用，而会结合自然语言处理相关技术。目前的相关应用有苹果的语音助手 Siri 等。

（6）自然语言处理

自然语言处理技术是让机器理解人类的语言的一门科学。在自然语言处理技术中，大量使用了编译原理相关的技术，例如词法分析、语法分析等。除此之外，在自然语言理解这个层面，则使用了语义理解、机器学习等技术。语言作为唯一由人类自身创造的符号，自然语言处理一直是机器学习不断研究的方向。按照百度机器学习专家余凯的说法"听与看，说白了就是阿猫和阿狗都会的，而只有语言才是人类独有的"。如何利用机器学习技术进行自然语言的深度理解，一直是工业和学术界关注的焦点。

机器学习与大数据的结合产生了巨大的价值。基于机器学习技术的发展，数据能够被"预测"。对人类而言，积累的经验越丰富，阅历越广泛，对未来的判断越准确。例如常说的"经验丰富"的人比"初出茅庐"的人更有工作上的优势，就在于经验丰富的人获得的规律比他人更准确。而在机器学习领域，已有实验证实了机器学习模型的数据越多，机器学习的预测效率就越好。因此，成功的机器学习应用不是拥有最好的算法，而是拥有最多的数据。

在大数据的时代，许多优势促使机器学习能够应用得更广泛。例如随着物联网和移动设备的发展，可获取的数据越来越多，种类也越来越多，包括图片、文本、视频等非结构化数据。同时大数据技术中的分布式计算 MapReduce 使得机器学习的速度越来越快，使用越来越方便。种种因素使得在大数据时代，机器学习的优势可以得到最佳的发挥。

12.2　基于 Spark 的机器学习库

12.2.1　Spark MLlib

MLlib 是 Spark 的机器学习库，特点是采用较为先进的迭代式、内存存储的分析与计算，对数据的计算处理速度大大高于普通的数据处理引擎。MLlib 旨在简化机器学习的工程实践工作，并方便扩展到更大规模。MLlib 采用 Scala 语言编写，借助了函数式编程设计思想，开发人员在开发过程中只需要关注数据，而不需要关注算法本身，所要做的就是传递参数和调试参数。MLlib 还在不停地更新中，Apache 的相关研究人员也在不停地为 MLlib 添加更多的机器学习算法。MLlib 由一些通用的学习算法和工具组成，包括分类、回归、聚类、协同过滤、降维等，同时还包括底层的优化原语和高层的管道 API。具体来说，主要包括以下几方面的内容。

算法工具：常用的学习算法，如分类、回归、聚类和协同过滤。

特征化工具：特征提取、转换、降维和选择工具。

管道（Pipeline）：用于构建、评估和调整机器学习管道的工具。

持久性：保存和加载算法、模型和管道。

实用工具：线性代数、统计、数据处理等工具。

Spark 机器学习库从 Spark 1.2 版本以后被分为两个包。spark.mllib 包含基于抽象弹性分布式数据集（RDD）的原始算法 API。Spark MLlib 历史比较长，在 Spark 1.0 以前的版本已经包含了 Spark MLlib，提供的算法实现都是基于原始的 RDD。spark.mllib 则提供了基于 DataFrames 高层次的 API，可以用来构建机器学习工作流（ML Pipeline）。ML Pipeline 弥补了原始 MLlib 的不足，向用户提供了一个基于 DataFrame 的机器学习工作流式 API 套件。使用 ML Pipeline API 可以很方便地把数据处理、特征转换、正则化等多个机器学习算法联合起来，构建一个单一完整的机器学习流水线。这种方式给我们提供了更灵活的方法，更符合机器学习过程的特点，也更容易从其他语言迁移。

Spark 官方推荐使用 spark.mllib。如果新的算法能够适用于机器学习管道的概念，就应该将其放到 spark.mllib 包中，如特征提取器和转换器。Spark 在机器学习方面的发展非常快，目前已经

支持主流的统计和机器学习算法。纵观所有基于分布式架构的开源机器学习库，MLlib 可以说是计算效率最高的。MLlib 支持 4 种常见的机器学习问题：分类、回归、聚类和协同过滤。表 12-1 列出了 MLlib 支持的主要机器学习算法。

表 12-1　　　　　　　　　　MLlib 支持的主要机器学习算法

	离散数据	连续数据
监督学习	Classification、LogisticRegression(with Elastic-Net)、SVM、DecisionTree、RandomForest、GBT、NaiveBayes、MultilayerPerceptron、OneVsRest	Regression、LinearRegression(with Elastic-Net)、DecisionTree、RandomForest、GBT、AFTSurvival Regression、IsotonicRegression
无监督学习	Clustering、KMeans、GaussianMixture、LDA、Power IterationClustering、BisectingKMeans	Dimensionality Reduction、matrix factorization、PCA、SVD、ALS、WLS

一个典型的机器学习过程从收集数据开始，要经历多个步骤，才能得到需要的输出。这非常类似于流水线式工作，即通常会包含源数据 ETL、数据预处理、指标提取、模型训练与交叉验证、新数据预测等步骤。在介绍工作流之前，先介绍几个重要概念。

DataFrame：Spark SQL 中的 DataFrame 是 Spark 平台下的分布式弹性数据集，它可以容纳各种数据类型。较之 RDD，包含了 Schema 信息，更类似传统数据库中的二维表格。它被 ML Pipeline 用来存储源数据。例如，DataFrame 中的列可以是存储的文本、特征向量、真实标签和预测的标签等。

Transformer：转换器，是一种可将一个 DataFrame 转换为另一个 DataFrame 的算法。一个模型可以看作一个 Transformer，它可以为一个不包含预测标签的测试数据集 DataFrame 添加标签，转换成另一个包含预测标签的 DataFrame。技术上，Transformer 实现了一个方法 transform()，它通过附加一个或多个列将一个 DataFrame 转换为另一个 DataFrame。

Estimator：估计器或评估器，它是学习算法或在训练数据上的训练方法的概念抽象。在 Pipeline 里通常是被用来操作 DataFrame 数据并生成一个 Transformer。从技术上讲，Estimator 实现了一个方法 fit()，它接收一个 DataFrame 并产生一个 Transformer。如一个随机森林算法就是一个 Estimator，它可以调用 fit()，通过训练特征数据而得到一个随机森林模型。

Parameter：Parameter 被用来设置 Transformer 或者 Estimator 的参数。现在，所有转换器和估计器可共享用于指定参数的公共 API。ParamMap 是一组(parameter,value)对。

Pipeline：即管道。管道将多个工作流阶段 PipelineStage（转换器和估计器）连接在一起，形成机器学习的工作流，并获得输出结果。

Stage：阶段，一个 Pipeline 可以划分为若干个 stage，每个 stage 代表一组操作。注意，stage 是一个逻辑分组的概念。

要构建一个 Pipeline 工作流，首先需要定义 Pipeline 中的各个工作流阶段（转换器和评估器），比如指标提取和转换模型训练等。有了这些处理特定问题的转换器和评估器，就可以按照具体的处理逻辑有序的组织 PipelineStage 并创建一个 Pipeline。比如：

```
val pipeline = new Pipeline().setStages(Array(stage1,stage2,stage3,…))
```

然后就可以把训练数据集作为输入参数，调用 Pipeline 实例的 fit()方法开始以流的方式来处理源训练数据。这个调用会返回一个 PipelineModel 类实例，被用来预测测试数据的标签。更具体地说，工作流的各个阶段按顺序运行，输入的 DataFrame 在通过每个阶段时被转换。对于 Transformer 阶段，在 DataFrame 上调用 transform()方法。对于估计器阶段，调用 fit()方法来生成一个转换器

（它成为 PipelineModel 的一部分或拟合的 Pipeline），并且在 DataFrame 上调用该转换器的 transform()
方法。

12.2.2　TensorFlowOnSpark

TensorFlowOnSpark 是一个可扩展的分布式深度学习框架。它可以在 Spark 上利用一个新的
Spark 概念——SparkSession（分布式机器学习上下文）无缝地运行 TensorFlow 程序。用户可以使用
普通的 TensorFlow 接口来编写机器学习和 DNN 程序，然后分布式运行它们，其底层机制对用户透
明。与 TensorFlow 节点的分布式模式相比，TensorFlowOnSpark 通过使用可靠、可扩展的分布式系
统（如 Hadoop 和 Spark）和更少的网络流量来更好地管理计算机资源和更快速地处理大容量数据。

TensorFlowOnSpark 的特点如下。

（1）便于大容量数据的准备。

（2）高效的计算机资源分配。

（3）可靠、灵活的并行参数更新。

（4）高度兼容 TensorFlow。

（5）低网络流量和高学习准确性。

SparkSession 是 TensorFlowOnSpark 的核心模块。每个 TensorFlow 会话（包括图形和相关联
的参数值）与 SparkSession 的实例一一对应，SparkSession 向用户公开 TensorFlow 模型图的单个
实例和模型参数。使用 SparkSession，用户可以像在单台计算机中构建 TensorFlow 学习模型一样构
建训练模型，并让 SparkSession 处理分布式 RDD 数据集的分布式训练和分布式模型参数值的同步。

SparkSession 采用主从架构，其中主节点是 Spark 作业的应用程序主节点，从节点是 Spark 执
行器。主节点维护 TensorFlow 模型图的单个实例和模型参数值，并托管 Tensor 参数服务器（TPS）
用于并行参数更新。每个 Worker 将 RDD 数据的分区作为训练输入进行前向反馈并周期性地与 TPS
同步以更新训练的参数值。

Executor 模块负责运行 Task 计算任务，并将计算结果回传到 Driver。Spark 支持多种资源调
度框架，这些资源框架在为计算任务分配资源后，最后都会使用 Executor 模块完成最终的计算。
每个 Spark 的 Application 都是从 SparkContext 开始的，它通过 Cluster Manager 和 Worker 上的
Executor 建立联系，由每个 Executor 完成 Application 的部分计算任务。不同的 Cluster Master，即
资源调度框架的实现模式会有区别，但是任务的划分和调度都是由运行 SparkContext 端的 Driver
完成的，资源调度框架在为 Application 分配资源后，将 Task 分配到计算的物理单元 Executor 去
处理。

在运行学习程序之前，用户需要建立学习模型并为模型准备训练输入数据。SparkSession 主
节点中模型图的构建与 TensorFlow 构建图完全相同，即用户将变量和操作定义为具有连接的图节点。
在 SparkSession 的数据准备阶段，训练输入数据通常存储在 HDFS 和 HBase 等的分布式存储系统中。
用户可以使用 Spark 导入并处理 RDD 格式的数据，其中 RDD 的每一项都是 Tensor 的数据输入。

建立 TensorFlow 模型后的训练工作流程如下。

（1）SparkSession 主节点将包括初始参数值的模型图持久化到 HDFS，以便从 Spark Executor
进一步检索。

（2）主节点向 Executor 广播 TPS 的信息和输入 Tensor（或 feed）、输出 Tensor（或 fetch）的
元数据信息。

（3）Executor 从 HDFS 检索模型图并在本地构造图，这与主节点中的一致。

（4）每个 Executor 将对应的 RDD 分区中准备好的数据反馈到图形并更新局部参数值。

（5）对于 Executor 中的每个指定的训练步骤，该 Executor 将新的参数值推送到 TPS 并从 TPS 中取回新更新的参数值。

（6）当每个 Executor 用完输入数据的整个分区时，训练的一个 epoch 结束。

（7）输入的 RDD 数据从步骤（4）开始可以重新分割并重新排序用于训练的下一个 epoch。

在步骤（5）中，Executor 在每个里程碑（milestone）处用 TPS 更新参数值，但不同的 Executor 不需要在同一里程碑处等待来同步参数。也就是说，不同的 Executor 异步更新 TPS。换句话说，不同里程碑的 Executor 可以同时用 TPS 更新参数。TPS 通过灵活的参数组合器控制异步参数更新。TPS 提供了几种高效的内置组合器，并允许用户自定义组合器。

12.3　机器学习应用示例

12.3.1　决策树与随机森林模型

Spark MLlib 是基于 DataFrame 的。DataFrame 提供了大量接口，可帮助用户创建和调优机器学习流程。用户通过 DataFrame 使用 MLlib，能够实现模型的智能优化，从而提升模型效果。

1. 特征与标签

分类算法是一类有监督的机器学习算法，它根据已知标签的样本（如已经明确交易是否存在欺诈）来预测其他样本所属的类别（如是否属于欺诈性的交易）。

分类问题需要一个已经标记过的数据集和预先设计好的特征，然后基于这些数据来给新样本添加标签。所谓特征，就是一些"是与否"的问题。标签就是这些问题的答案。例如，一个动物的行走姿态、游泳姿势和叫声都像鸭子，那么就给它打上鸭子的标签，否则就不是鸭子，如图 12-1 所示。

下面来看一个贷款风险预测的例子。我们需要预测某个人是否会按时还款，是否会按时还款就是标签，即此人的信用度。用来预测"是与否"的属性就是申请人的基本信息和社会身份信息，包括职业、年龄、储蓄存款、婚姻状态等，这些就是特征。特征可以用来构建一个分类模型，开发人员从中可以提取出对分类有帮助的信息。

图 12-1　鸭子的特征与标签

2. 决策树模型

决策树是一种基于输入特征来预测类别或者标签的分类模型，工作原理是在每个节点都计算特征在该节点的表达式值，然后基于运算结果选择一个分支通往下一个节点。图 12-2 展示了一种用来预测信用风险的决策树模型。

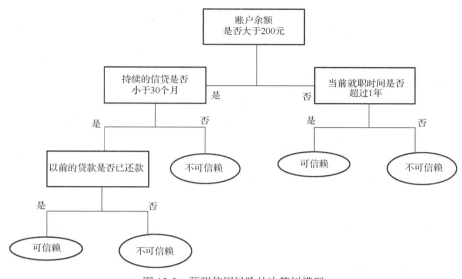

图 12-2   预测信用风险的决策树模型

每个决策问题就是模型的一个节点，"是与否"的答案通往子节点的分支。在图 12-2 给出的决策树中，第一个问题是：账户余额是否大于 200 元？如果答案是否定的，那么就需要继续解答第二个问题，即当前就职时间是否超过 1 年？如果答案也是否定的，那么该用户是不可信赖的，也就是该用户的信用标签是否定的。

3．随机森林模型

随机森林（Random Forest）指的是利用多棵树对样本进行训练并预测的一种分类器。该分类器最早由里奥·布莱曼（Leo Breiman）和阿黛尔·卡特勒（Adele Cutler）提出，并被注册成了商标。在机器学习算法中，融合学习算法结合了多个机器学习的算法，能够得到更好的分类效果。

随机森林算法是分类和回归问题中一类常用的融合学习方法，该算法基于训练数据的不同子集构建多棵决策树，从而组合成一个新的模型。它可以处理大量的输入变量，在决定类别时，可以评估变量的重要性。预测结果是所有决策树输出的组合，这样就能减少波动，提高预测的准确度。对于随机森林分类模型，每棵树的预测结果都视为一张投票，获得投票数最多的类别就是预测的类别。图 12-3 是随机森林模型的示意图。

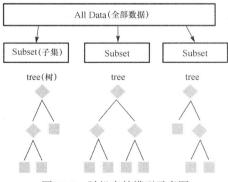

图 12-3   随机森林模型示意图

12.3.2   基于 Spark MLlib 的贷款风险预测

本节使用经典的德国人信用度数据集。该数据集按照一系列特征属性将用户的信用风险标签分为好和坏两类。表 12-2 给出了用户信用数据集的特征，共有 1 个标签和 20 个特征，其中 creditability 是信用标签，取值为 0 或 1，代表不可信和可信两个类别。

表 12-2 用户信用数据集的特征

特征	描述	示例
creditability	信用度（标签）	0 或 1
balance	存款	1
duration	期限	18
history	历史记录	4
purpose	目的	0
amount	数额	1049.00
savings	储蓄	1
employment	是否在职	2
instPercent	分期付款额	1
sexMarried	婚姻	1
guarantors	担保人	2
residenceDuration	居住时间	1
assets	资产	2
age	年龄	20
concCredit	历史信用	1
apartment	居住公寓	2
credits	贷款	1
occupation	职业	1
dependents	监护人	2
hasPhone	是否有电话	1
foreign	是否外籍	1

用户信用度数据集存放在 CSV（Comma-Separated Values）文件中。CSV 是一种文本文件，用于存储表格数据（数字和文本），数值之间通过逗号（也可以用其他符号）分隔。CSV 作为一种通用的简单文件格式，广泛应用于数据科学领域。在安装了 Microsoft Excel 的计算机上，CSV 文件被默认是用 Excel 打开的。在安装了 Linux 的计算机上，用户可以用任何编辑器打开 CSV 文件，图 12-4 是用 gedit 编辑器打开的 germancredit.csv 文件，共有 1000 条记录。

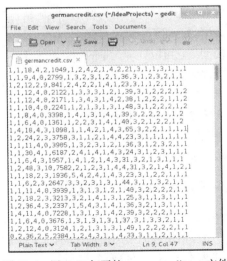

图 12-4　用 gedit 打开的 germancredit.csv 文件

1. 运行环境与程序

基于 Spark MLlib 的 Scala 语言处理上述 germancredit.csv 文件的应用程序如下。

```scala
import org.apache.spark._
import org.apache.spark.rdd.RDD
import org.apache.spark.sql.SQLContext
import org.apache.spark.sql.functions._
import org.apache.spark.sql.types._
import org.apache.spark.sql._
import org.apache.spark.ml.classification.RandomForestClassifier
import org.apache.spark.ml.evaluation.BinaryClassificationEvaluator
import org.apache.spark.ml.feature.StringIndexer
import org.apache.spark.ml.feature.VectorAssembler
import org.apache.spark.ml.tuning.{ ParamGridBuilder, CrossValidator }
import org.apache.spark.ml.{ Pipeline, PipelineStage }
import org.apache.spark.mllib.evaluation.RegressionMetrics
object Credit {
    case class Credit(creditability: Double,balance: Double, duration: Double,
history: Double, purpose: Double, amount: Double, savings: Double, employment: Double,
instPercent: Double, sexMarried: Double, guarantors: Double, residenceDuration: Double,
assets: Double, age: Double, concCredit: Double, apartment: Double, credits: Double,
occupation: Double, dependents: Double, hasPhone: Double, foreign: Double)
        def parseCredit(line: Array[Double]): Credit = {
        df3.show
        val splitSeed = 5043
        val Array(trainingData, testData) = df3.randomSplit(Array(0.7,0.3), splitSeed)
        val classifier = new RandomForestClassifier().
                setImpurity("gini").setMaxDepth(3).setNumTrees(20).
                setFeatureSubsetStrategy("auto").setSeed(5043)
        val model = classifier.fit(trainingData)
        val evaluator = new BinaryClassificationEvaluator().setLabelCol("label")
        val predictions = model.transform(testData)
        model.toDebugString
        val accuracy = evaluator.evaluate(predictions)
        println("accuracy before pipeline fitting" + accuracy)
        val rm = new RegressionMetrics(
            predictions.select("prediction", "label").rdd.map(x =>
            (x(0).asInstanceOf[Double], x(1).asInstanceOf[Double]))
            )
        println("MSE: " + rm.meanSquaredError)
        println("MAE: " + rm.meanAbsoluteError)
        println("RMSE Squared: " + rm.rootMeanSquaredError)
        println("R Squared: " + rm.r2)
        println("Explained Variance: " + rm.explainedVariance + "\n")
        val paramGrid = new ParamGridBuilder()
        .addGrid(classifier.maxBins, Array(25, 31))
        .addGrid(classifier.maxDepth, Array(5, 10))
        .addGrid(classifier.numTrees, Array(20, 60))
        .addGrid(classifier.impurity, Array("entropy", "gini"))
        .build()
        val steps: Array[PipelineStage] = Array(classifier)
        val pipeline = new Pipeline().setStages(steps)
        val cv = new CrossValidator()
```

```
            .setEstimator(pipeline)
            .setEvaluator(evaluator)
            .setEstimatorParamMaps(paramGrid)
            .setNumFolds(20)
            val pipelineFittedModel = cv.fit(trainingData)
            Credit( line(0), line(1) - 1, line(2), line(3), line(4), line(5),line(6) -
  1, line(7) - 1, line(8), line(9) - 1, line(10) - 1, line(11) - 1, line(12) - 1, line(
  13), line(14) - 1, line(15) - 1,line(16) - 1, line(17) - 1, line(18) - 1, line(19) - 1,
  line(20) - 1 )
      }
      def parseRDD(rdd: RDD[String]): RDD[Array[Double]] = {
          rdd.map(_.split(",")).map(_.map(_.toDouble))
      }
      def main(args: Array[String]) {
          val conf = new SparkConf().setAppName("SparkDFebay")
          val sc = new SparkContext(conf)
          val sqlContext = new SQLContext(sc)
          import sqlContext._
          import sqlContext.implicits._
          val creditDF = parseRDD(sc.textFile("germancredit.csv")).map(parseCredit).
  toDF().cache()
          creditDF.registerTempTable("credit")
          creditDF.printSchema
          creditDF.show
          sqlContext.sql("SELECT creditability, avg(balance) as avgbalance, avg(
  amount) as avgamt, avg(duration) as avgdur FROM credit GROUP BY creditability ").show
          creditDF.describe("balance").show
          creditDF.groupBy("creditability").avg("balance").show
          val featureCols = Array("balance", "duration", "history","purpose", "amount",
  "savings", "employment",
                                  "instPercent", "sexMarried", "guarantors",
                                  "residenceDuration", "assets", "age","concCredit",
  "apartment", "credits", "occupation", "dependents", "hasPhone","foreign")
          val assembler = new VectorAssembler().setInputCols(featureCols).setOutputC
  ol("features")
          val df2 = assembler.transform(creditDF)
          df2.show
          val labelIndexer = new StringIndexer().setInputCol("creditability").
      setOutputCol("label")
          val df3 = labelIndexer.fit(df2).transform(df2)
          val predictions2 = pipelineFittedModel.transform(testData)
          val accuracy2 = evaluator.evaluate(predictions2)
          println("accuracy after pipeline fitting" + accuracy2)
          println(pipelineFittedModel.bestModel.asInstanceOf[
                          org.apache.spark.ml.PipelineModel].stages(0))
          pipelineFittedModel
          .bestModel.asInstanceOf[org.apache.spark.ml.PipelineModel]
          .stages(0)
          .extractParamMap
          val rm2 = new RegressionMetrics(
                  predictions2.select("prediction", "label").rdd.map(x =>
                  (x(0).asInstanceOf[Double], x(1).asInstanceOf[Double]))
```

```
    )
    println("MSE: " + rm2.meanSquaredError)
    println("MAE: " + rm2.meanAbsoluteError)
    println("RMSE Squared: " + rm2.rootMeanSquaredError)
    println("R Squared: " + rm2.r2)
    println("Explained Variance: " + rm2.explainedVariance + "\n")
  }
}
```

读者可以从 GitHub 自行下载数据文件（germancredit.CSV），也可以从本书第 12 章提供资料下载。

下面利用上述程序和数据，构建一个由决策树组成的随机森林模型，用来预测用户的信用标签类别。

本书使用 Spark 3.3.2，读者使用该版本以上的 Spark 也可以。读者需要在 master 的用户目录下创建一个工作目录（如使用 IDEA 自动创建的 "/home/swxy/IdeaProjects"），也可以选择不同的路径进行项目的创建，然后把下载的数据文件 germancredit.csv 放在该目录下备用。接着启动 IDEA，系统默认会启动上次创建的项目，如果读者不想每次默认打开上次创建的项目，可以在 IDEA 的设置中进行初始化的设置，然后单击 "Create" 按钮来创建一个 Scala 新工程，用户可自行命名，如 Credit。因为前面已经进行了项目的初始化设置，在加载的时候，会自动显示，读者可以根据变更需要进行修改，如图 12-5 所示。

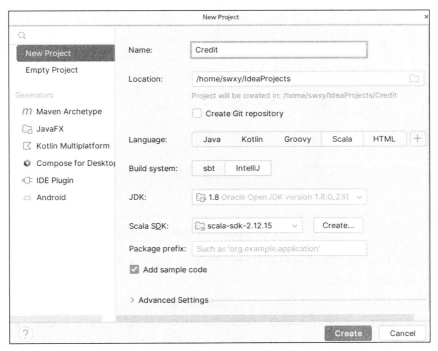

图 12-5　创建一个 Scala 新工程

开发人员需要设置 Name、Location、JDK 和 Scala SDK 等。这里将 "Name" 设置为 "Credit"（读者可以任意取一个名称），"Location" 会自动设置，"JDK" 与 "Scala SDK" 在前面安装 IDEA 时已经设置好，所以会自动显示。单击 "Create" 按钮后，返回图 12-6 所示的开发环境主界面。

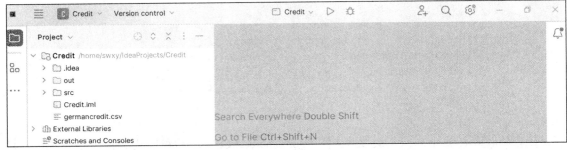

图 12-6　开发环境主界面

将 germancredit.csv 文件复制到目录 "/home/swxy/IdeaProjects/Credit" 下。然后在图 12-6 所示界面中，在左边窗口中展开 "Credit" 工程。用鼠标右键单击 "src"，在弹出的快捷菜单中选择 "New→Package"，如图 12-7 所示，创建一个 Scala 包。

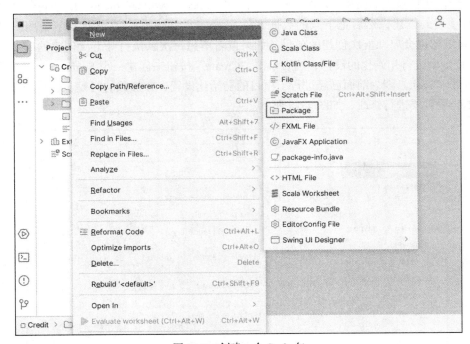

图 12-7　创建一个 Scala 包

这时系统会弹出对话框，要求用户输入新的 Package 名称，用户可自行输入，如输入 com.swxy，输入完成后单击 "OK" 按钮。

接下来配置工程结构（Project Structure），主要目的是导入 Spark 的依赖包。在主菜单中选择 "File→Project Structure"，然后在弹出的 "Project Structure" 对话框中选择 "Libraries→ + →Java"，如图 12-8 所示。此时会弹出 "Select Library Files" 对话框，用户可以开始导入 Spark 的安装目录（如 spark-3.3.2-bin-hadoop3）下 "jars" 内所有的 jar 包，如图 12-9 所示。

单击图 12-9 中的 "OK" 按钮，并在后续弹出的对话框中一直单击 "OK" 按钮，直到返回 IDEA 开发环境主界面。

接下来开始创建 Scala 类。首先用鼠标右键单击包（com.cwxy），在弹出的快捷菜单中选择 "New→Scala class"，然后在弹出的 "Create New Scala Class" 对话框中输入类名称，如 "Credit"，并将"Kind"设置为"Object"，如图 12-10 所示，单击"OK"按钮。

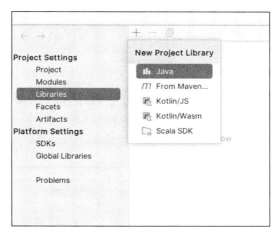

图 12-8　在"Project Structure"对话框中选择"Libraries→+→Java"

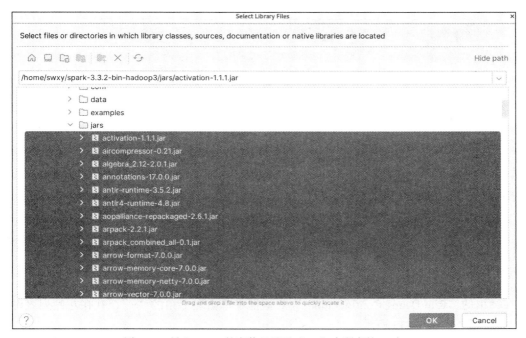

图 12-9　导入 Spark 的安装目录下"jars"内所有的 jar 包

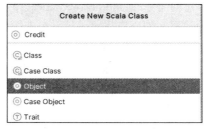

图 12-10　输入类名并将"Kind"设置为"Object"

将前面的 Scala 程序复制到图 12-11 所示的程序编辑区中。注意 IDEA 已自动生成部分代码，如 package com.swxy 等，复制代码时不要重复。

图 12-11　在程序编辑区中复制代码

程序编辑区内若没有错误，就可以准备运行程序了。但在运行程序之前，还需要设置运行参数。在主菜单中选择"Run→Edit Configurations"，如图 12-12 所示。

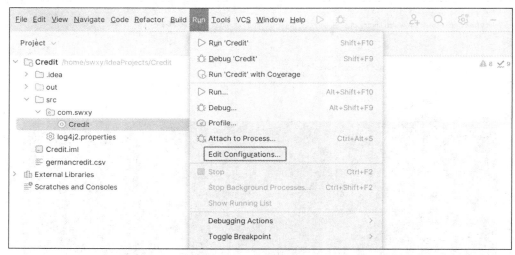

图 12-12　在主菜单中选择"Run→Edit Configurations"来设置运行参数

在弹出的"Run/Debug Configurations"对话框中单击左上角的"+"，并在左侧列表中选择"Application"，如图 12-13 所示。

设置的运行参数如图 12-14 所示，其中，"Name"设置为"Credit"，"Main class"设置为"com.cwxy.Credit"，"Working directory"为事先创建好的"/home/swxy/IdeaProjects/Credit"。特别注意，"Program arguments"的设置要与待处理的数据文件所在目录一致。单击图 12-14 中"Modify options"，会出现"VM options"选项，这里是"-Dspark.master = local -Dspark.app.name = Credit -server -XX:PermSize = 128M -XX:MaxPermSize = 256M"，这表明将在本地执行程序，并控制不发生内存溢出（可以进行一个实验，将"-server -XX:PermSize = 128M -XX:MaxPermSize = 256M"删除，观察会发生什么情况）。

完成上述设置后，用鼠标右键单击程序编辑区中的 Credit 文件（可右击 Credit 文件的任意位置），在弹出的快捷菜单中选择"Run Credit"即可开始运行程序。下面将结合代码分析来展示运行结果。

图 12-13 单击 "+" 并在左侧列表中选择 "Application"

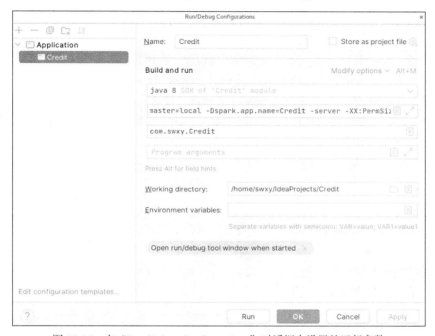

图 12-14 在 "Run/Debug Configurations" 对话框中设置的运行参数

2. 代码分析与运行结果

（1）导入机器学习算法的相关包。

```
import org.apache.spark.ml.classification.RandomForestClassifier
import org.apache.spark.ml.evaluation.BinaryClassificationEvaluator
import org.apache.spark.ml.feature.StringIndexer
import org.apache.spark.ml.feature.VectorAssembler
import sqlContext.implicits._
import sqlContext._
import org.apache.spark.ml.tuning.{ ParamGridBuilder, CrossValidator }
import org.apache.spark.ml.{ Pipeline, PipelineStage }
```

（2）使用 Scala 的 case 类来定义 Credit 的属性。

```
//define the Credit Schema
case class Credit(
creditability: Double,balance: Double, duration: Double, history: Double, purpose:
```

```
       Double, amount: Double, savings: Double, employment: Double, instPercent: Double,
sexMarried: Double, guarantors: Double, residenceDuration: Double, assets: Double,
age: Double, concCredit: Double, apartment: Double, credits: Double, occupation: Double,
dependents: Double, hasPhone: Double, foreign: Double )
```

下面的函数用于解析一行数据文件，将值存入 Credit 类中。类别的索引值减去了 1，因此起始索引值为 0。

```
//function to create a Credit class from an Array of Double
def parseCredit(line: Array[Double]): Credit = {
Credit( line(0), line(1) - 1, line(2), line(3), line(4), line(5),line(6) - 1, line(7)
- 1, line(8), line(9) - 1, line(10) - 1,line(11) - 1, line(12) - 1, line(13), line(14) -
1, line(15) - 1,line(16) - 1, line(17) - 1, line(18) - 1, line(19) - 1, line(20) - 1) }
```

下面的函数用于将字符串类型的 RDD 转换成 Double 类型的 RDD。

```
// function to transform an RDD of Strings into an RDD of Double
def parseRDD(rdd: RDD[String]): RDD[Array[Double]] =
{ rdd.map(_.split(",")).map(_.map(_.toDouble)) }
```

（3）主函数 main()中的设置。除了必要的环境设置，主函数首先导入 germancredit.csv 文件中的数据，并存储为一个 String 类型的 RDD。然后对 RDD 进行 Map 操作，将 RDD 中的字符串经过 parseRDD()函数的映射，转换为一个 Double()类型的数组。接着是另一个 Map 操作，使用 parseCredit() 函数将每个 Double 类型的数值转换为 Credit 对象。toDF()函数可将 Array[[Credit]]类型的数据转换为一个 Credit 类的 DataFrame。

```
//load the data into a RDD
val creditDF= parseRDD(sc.textFile("germancredit.csv")).map(parseCredit).toDF().
cache()
creditDF.registerTempTable("credit")
```

DataFrame 的 printSchema()函数用于将各个字段含义以树状的形式输出到控制台。

```
//Return the schema of this DataFrame
creditDF.printSchema()
```

图 12-15 是在控制台输出的结果。

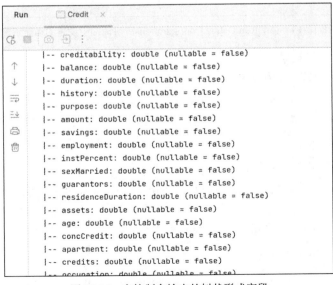

图 12-15　在控制台输出的树状形式字段

（4）运行 creditDF.show，图 12-16 所示为显示前 20 行的 DataFrame。

creditability	balance	duration	history	purpose	amount	savings	employment	instPercent	sexMarried	guarantors
1.0	0.0	18.0	4.0	2.0	1049.0	0.0	1.0	4.0	1.0	0.0
1.0	0.0	9.0	4.0	0.0	2799.0	0.0	2.0	2.0	2.0	0.0
1.0	1.0	12.0	2.0	9.0	841.0	1.0	3.0	2.0	1.0	0.0
1.0	0.0	12.0	4.0	0.0	2122.0	0.0	2.0	3.0	2.0	0.0
1.0	0.0	12.0	4.0	0.0	2171.0	0.0	2.0	4.0	2.0	0.0
1.0	0.0	10.0	4.0	0.0	2241.0	0.0	1.0	1.0	2.0	0.0
1.0	0.0	8.0	4.0	0.0	3398.0	0.0	3.0	1.0	2.0	0.0
1.0	0.0	6.0	4.0	0.0	1361.0	0.0	1.0	2.0	2.0	0.0
1.0	3.0	18.0	4.0	3.0	1098.0	0.0	0.0	4.0	1.0	0.0
1.0	1.0	24.0	2.0	3.0	3758.0	2.0	0.0	1.0	1.0	0.0
1.0	0.0	11.0	4.0	0.0	3905.0	0.0	2.0	2.0	2.0	0.0
1.0	0.0	30.0	4.0	1.0	6187.0	1.0	3.0	1.0	3.0	0.0
1.0	0.0	6.0	4.0	3.0	1957.0	0.0	3.0	1.0	1.0	0.0
1.0	1.0	48.0	3.0	10.0	7582.0	1.0	0.0	2.0	2.0	0.0
1.0	0.0	18.0	2.0	3.0	1936.0	4.0	3.0	2.0	3.0	0.0

图 12-16　显示前 20 行的 DataFrame

在 DataFrame 初始化之后，可以使用 SQL 命令查询数据，包括计数、均值、标准差、最小值和最大值。

开发人员还可以用某个表名将 DataFrame 注册为一张临时表，然后用 SQLContext 提供的方法执行 SQL 命令。例如，sqlContext 查询语句：

```
sqlContext.sql("SELECT creditability, avg(balance) as avgbalance, avg(amount) as avgamt, avg(duration) as avgdur FROM credit GROUP BY creditability ").show
```

其查询结果如图 12-17 所示。

creditability	avgbalance	avgamt	avgdur
0.0	0.9033333333333333	3938.1266666666666	24.86
1.0	1.8657142857142857	2985.442857142857	19.207142857142856

图 12-17　sqlContext 查询结果

（5）提取特征是整个程序的关键。构建一个分类模型，首先需要提取对分类最有帮助的特征。在用户信用度数据集中，每个样本的特征包括 21 个字段，其中包括 1 个标签（表示样本类别，取值为 0（不可信）或者 1 可信）和 20 个特征，即“存款”“期限”“历史记录”“目的”“数额”“储蓄”“是否在职”“分期付款额”“婚姻”“担保人”“居住时间”“资产”“年龄”“历史信用”“居住公寓”“贷款”“职业”“监护人”“是否有电话”“是否外籍”，可通过定义特征数组来存储这些特征。

为了在机器学习算法中使用这些特征，需要将这些特征变换后存入特征数组，即一组表示各个维度特征值的数值数组。使用 VectorAssembler()方法可以将每个维度的特征进行变换，返回一个新的 DataFrame。

```
//define the feature columns to put in the feature vector
val featureCols = Array("balance", "duration", "history", "purpose",
        "amount","savings", "employment", "instPercent", "sexMarried",
        "guarantors", "residenceDuration", "assets", "age", "concCredit",
        "apartment", "credits",  "occupation", "dependents", "hasPhone", "foreign")
        //set the input and output column names
val assembler = new VectorAssembler().setInputCols(featureCols).setOutputCol("
features")
        //return a dataframe with all of the feature columns in a vector
column val df2 = assembler.transform( creditDF)
        //the transform method produced a new column: features
df2.show
```

接着使用 StringIndexer()方法返回一个 DataFrame，增加信用度这一列作为标签。

```
// Create a label column with the StringIndexer
val labelIndexer = new
StringIndexer().setInputCol("creditability").setOutputCol("label")
val df3 = labelIndexer.fit(df2).transform(df2)
//the transform method produced a new column: label
df3.show
```

为了训练模型，数据集可分为训练数据和测试数据两个部分，70%的数据用来训练模型，30%的数据用来测试模型。

```
//split the dataframe into training and test data
val splitSeed = 5043
val Array(trainingData, testData) = df3.randomSplit(Array(0.7, 0.3), splitSeed)
```

（6）程序按照所给参数训练一个随机森林分类器。其中，maxDepth 为每棵树的最大深度，增加树的深度可以提高模型的效果，但是会延长训练时间；numTrees 用于设置树的棵数，例如这里设置最少为 20，增加决策树棵数，有助于提高预测精度；impurity 为计算信息增益的指标；auto 为每个节点在分裂时是否自动选择参与的特征个数；Seed 为随机数生成种子。

模型的训练过程就是将输入特征和这些特征对应的样本标签相关联的过程。

```
//create the classifier, set parameters for training
val classifier =new RandomForestClassifier().setImpurity("gini").
setMaxDepth(3).setNumTrees(20).setFeatureSubsetStrategy("auto").setSeed(5043)
//use the random forest classifier to train (fit) the model
val model = classifier.fit(trainingData)
```

一般而言，模型训练结束后需要测试，也就是用测试数据来检验模型效果，也可以视为预测应用。

```
//run the model on test features to get predictions
val predictions = model.transform(testData)
//As you can see, the previous model transform produced a new columns:
//rawPrediction, probablity and prediction
predictions.show
```

（7）使用 BinaryClassificationEvaluator 评估预测的效果，将预测结果与样本的实际标签进行比较，返回一个预测准确度指标（ROC 曲线所覆盖的面积）。图 12-18 给出了本示例得到的预测准确度，达到80.76%。读者实验可能会有差异。

accuracy before pipeline fitting0.8075659757616955

图 12-18　程序显示的预测准确度

```
//create an Evaluator for binary classification, which expects
//two input columns: rawPrediction and label
val evaluator = new BinaryClassificationEvaluator().setLabelCol("label")
//Evaluates predictions and returns a scalar metric areaUnderROC(larger is better)
val accuracy = evaluator.evaluate(predictions)
```

（8）使用管道方式来训练模型。管道采取一种简单方式来比较各种组合参数的效果，这个方法又称为网格搜索法（Grid Search）。该方法首先设置好待测试的参数，Spark MLlib 会自动完成这些参数的不同组合。管道搭建了一条工作流，一次性完成了整个模型的调优，而不是独立地对每个参数进行调优。

使用 ParamGridBuilder 工具来构建参数网格。其中，maxBins 为连续特征离散化时选用的最大分桶个数，并且决定每个节点如何分裂。

```
// use a ParamGridBuilder to construct a grid of parameters to search over
val paramGrid = new ParamGridBuilder()
    .addGrid(classifier.maxBins, Array(25, 28, 31))
    .addGrid(classifier.maxDepth, Array(4, 6, 8))
    .addGrid(classifier.impurity, Array("entropy", "gini"))
    .build()
```

创建并完成一条管道。

```
val steps: Array[PipelineStage] = Array(classifier)
val pipeline = new Pipeline().setStages(steps)
```

用 CrossValidator 类来完成模型筛选。CrossValidator 类使用一个 Estimator 类、一组 ParamMaps 类和一个 Evaluator 类。需要注意的是，使用 CrossValidator 类开销会很大。

```
//Evaluate model on test instances and compute test error
val evaluator = new BinaryClassificationEvaluator().setLabelCol("label")
val cv = new CrossValidator()
    .setEstimator(pipeline)
    .setEvaluator(evaluator)
    .setEstimatorParamMaps(paramGrid)
    .setNumFolds(10)
```

管道在参数网格上不断地爬行，自动完成模型优化的过程。对于每个 ParamMap 类，CrossValidator 类训练得到一个 Estimator 类，然后用 Evaluator 类来评价结果，最后用效果最好的 ParamMap 类和整个数据集来训练最优的 Estimator 类。图 12-19 给出了训练管道的执行过程。

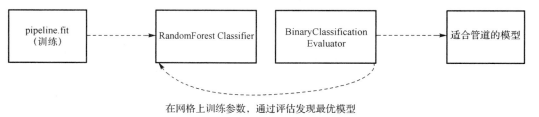

在网格上训练参数，通过评估发现最优模型

图 12-19　训练管道的执行过程

```
//When fit is called, the stages are executed in order
//Fit will run cross-validation, and choose the best set of parameters
//The fitted model from a Pipeline is an PipelineModel, which consists of
//fitted models and transformers
val pipelineFittedModel = cv.fit(trainingData)
```

至此，程序可以用管道训练得到的最优模型进行预测应用。将预测结果与标签进行比较，预测结果取得了 81.67% 的预测准确度，相比之前 80.76% 的准确率有所提高，如图 12-20 所示。

accuracy after pipeline fitting0.8167402876883011
RandomForestClassificationModel with 60 trees

图 12-20　管道训练得到 81.67% 的预测准确度

```
//call transform to make predictions on test data. The fitted model will
//use the best model found
val predictions = pipelineFittedModel.transform(testData)
val accuracy = evaluator.evaluate(predictions)
val rm2 = new RegressionMetrics(
        predictions.select("prediction", "label").rdd.map(x =>
        (x(0).asInstanceOf[Double], x(1).asInstanceOf[Double])))
println("MSE: " + rm2.meanSquaredError)
println("MAE: " + rm2.meanAbsoluteError)
println("RMSE Squared: " + rm2.rootMeanSquaredError)
println("R Squared: " + rm2.r2)
println("Explained Variance: " + rm2.explainedVariance + "\n")
```

以上内容详细描述了如何使用 Spark MLlib 的随机森林算法和管道训练来解决分类问题。开发人员可以参考上述方法实现一个实际的风险预测系统。

12.4　本章小结

本章重点介绍了机器学习算法和基于 Spark 的机器学习库，又介绍了决策树与随机森林模型，通过编写基于 Spark MLlib 的贷款风险预测 Scala 程序，演示了在集成开发环境 IDEA 中编写 Spark 应用程序和进行必要参数设置的方法，读者可以感受到 Spark 对分布式并行计算的支持。

思考与练习

1．选择题

（1）"没有免费的午餐定理"告诉我们（　　）。

    A．对于一个特定的问题，任何算法都是一样好的

    B．没有可以适应一切问题的算法

    C．设计好的算法是徒劳的

    D．不能对问题有先验假设

（2）以下学习策略中，使用的训练数据只有部分存在标签的是（　　）。

    A．半监督学习　　　　　　　　　　B．监督学习

    C．以上都是　　　　　　　　　　　D．无监督学习

（3）机器学习按学习目标的不同可分为（　　）。

    A．人工智能、监督学习、强化学习

    B．有监督学习、无监督学习、强化学习

    C．人工智能、监督学习、无监督学习

    D．人工智能、计算机学习、有监督学习

（4）随机森林中分类树的多样性来自于（　　）。

    A．样本扰动，但没有自变量扰动

    B．自变量扰动，但没有样本扰动

    C．样本扰动和自变量扰动

    D．既没有样本扰动也没有自变量扰动

（5）Action API 完成返回数据集中的前 n 个元素的操作命令是（　　　）。

    A．reduce(func)　　　B．first()　　　　C．count()　　　　D．take(n)

2．简答题

（1）试述机器学习算法按照学习理论分类，可分为哪几类？

（2）详细阐述大数据与机器学习的区别和联系。

（3）试述常用的分类算法有哪些？各自的特点是什么？

（4）试述决策树算法的思想。

第 13 章
基于 Hive 的交互式数据处理

Hive 是一款建立在 Hadoop 基础上的开源数据仓库系统，将存储在 Hadoop 文件中的结构化、半结构化数据文件映射为一张数据库表，基于表提供一种类似 SQL 的查询模型（Hive SQL、HQL），采用类 SQL 语法，提高快速开发能力，降低开发人员的学习成本。借助 ETL 技术可以存储、查询和分析 Hadoop 中的大规模数据。Hive 核心是将 HQL 转换为 MapReduce 程序，然后将程序提交到 Hadoop 集群执行。

本章首先介绍 Hive 系统架构与安装，接着介绍数据预处理，包括数据扩展、数据过滤和数据上传，然后介绍创建数据仓库的基本命令、创建 Hive 分区表，最后通过案例进行数据分析。

13.1 Hive 系统架构与安装

13.1.1 Hive 系统架构

1. 数据仓库概述

数据仓库（Data Warehouse，DW）是一个面向主题的、集成的、随时间变化但信息本身相对稳定的数据集合，用于存储、分析、报告的数据系统，以构建面向分析的集成化数据环境为目的。数据仓库整合多个数据源的历史数据进行分析，为企业提供决策支持。数据仓库的数据来源于不同的外部系统，结果开放给各个外部应用系统，本身不产生任何数据，只做数据分析。数据仓库的数据需要随着时间更新，以适应决策的需要。

2. Hive 和 Hadoop 关系

Hadoop 是一个由 Apache 基金会所开发的能够对海量数据进行分布式处理的框架。Hadoop 框架最核心的设计是 HDFS 和 MapReduce，HDFS 提供海量数据存储，MapReduce 对这些大量数据进行批处理，实现高性能并行计算。Hive 是位于 HDFS 和 MapReduce 之上的，本身不存储和处理数据，HDFS 为 Hive 框架提供数据存储，MapReduce 为 Hive 框架提供分布式并行计算。HQL 语句简单易写，可读性强，通过 Driver 驱动程序最终转换成 MapReduce 任务来运行。

3. Hive 架构简介

Hive 是运行在 Hadoop 基础之上的数据仓库工具，主要由用户接口、驱动程序和元数据存储系统 3 个部分组成。由图 13-1 可知，用户使用 CLI（Command-line Interface，命令行界面）和 HWI（Hive Web Interface）操作 Hive 时，会把 HQL 语句直接发送给驱动程序处理，当用户使用 JDBC/ODBC 操作时，需要通过 ThriftServer 将客户端程序语言转换成 Hive 能处理的语言，再发送给驱动程序处理。接下来，将针对图 13-1 中的 3 个组成部分进行简单说明，具体如下。

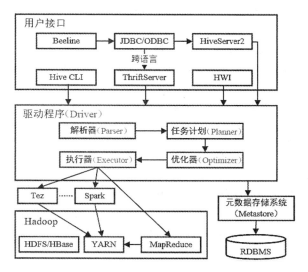

图 13-1　Hive 架构

（1）用户接口。用户接口模块包括 CLI、JDBC/ODBC、ThriftServer 和 HWI。CLI 是 Hive 自带的命令行客户端工具；JDBC/ODBC、ThriftServer 可以向用户提供进行编程访问的接口；HWI 是指通过浏览器访问 Hive。在 Hive 2.1.1 及后续版本中推荐使用 Beeline 客户端，Beeline 比 Hive CLI 功能更强大，支持嵌入模式和远程模式（使用 JDBC 驱动）连接 HiveServer2 服务来操作 Hive。

（2）驱动程序。驱动程序主要包含解析器（Parser）、任务计划（Planner）、优化器（Optimizer）和执行器（Executor），对 HQL 查询语句进行词法分析、语法分析、编译、优化等操作，将生成的查询计划存储到 HDFS 中，随后由 MapReduce 调用执行。驱动程序就是负责把 HQL 语句转换成一系列 MapReduce 作业。

（3）元数据存储系统。元数据（Metadata）是描述数据的数据，主要描述数据属性的信息。Metastore 即元数据服务，作用是管理 Metadata。Hive 中元数据包括表的名称、表的列及其属性、表的分区及其属性、表的属性、表的数据所在目录的位置信息等。元数据默认保存在 Hive 自带的 Derby 数据库中，由于 Derby 数据库不方便管理，通常保存到第三方如 MySQL 数据库中。用户只需要连接 Metastore 服务即可，不需要知道 MySQL 数据库用户名和密码，保证了 Hive 元数据的安全。

13.1.2　Hive 的安装与配置

Hive 需要安装在已成功部署的 Hadoop 平台上，并且 Hadoop 已经正常启动。因此读者需要首先验证自己计算机上的 Hadoop 是否处于正常运行状态，其方法是执行一个 Hadoop 命令，如 "hdfs dfs -ls /"，查看是否能正常显示 HDFS 上的目录列表；同时，通过浏览器查看系统状态，地址是 "http://master:9870" 和 "http://master:8088"，查看结果应当与安装时的情况一致。如果满足上述两个条件，就说明 Hadoop 已经正常启动。

准备就绪后，就可以开始安装 Hive 了。本书将 Hive 安装在 master 上，因此以下的操作均是在 master 上进行的。同时，所有操作都使用 root 用户，所以需要确保已经切换到 root 用户。

1. 下载并解压 Hive 安装包

读者可以从 Hive 官网下载各种版本的 Hive 安装包，本书使用的是 apache-hive-4.0.0-alpha-2-bin.tar.gz 文件。

将该文件上传到 master 的 "/home/swxy" 目录下（为了管理方便，建议读者把所有软件资源都放在一个目录下），并执行解压 Hive 安装包，然后重命名，命令如下。

```
[root@master swxy]# tar -zxvf apache-hive-4.0.0-alpha-2-bin.tar.gz
[root@master swxy]# mv apache-hive-4.0.0-alpha-2-bin hive-4.0.0
```

2. 配置 Hive

完成上述解压缩之后，需要进行相关文件的创建和配置。

（1）创建 hive-site.xml 文件

实际上，在 Hive 安装目录下的配置目录"conf"中，系统给出了一些配置文件模板，如 hive-default.xml.template 等，但是 Hive 需要的配置文件是 hive-site.xml，而它并不存在，所以需要用户自己创建（可以先将 hive-default.xml.template 重命名为 hive-site.xml，然后对其进行编辑，也可以完全重新创建。前者涉及比较复杂的配置修改；为简便起见，我们采用后者）。

进入配置目录 "conf"，执行 "vi hive-site.xml" 命令，开始编辑 hive-site.xml 文件。

将下列代码添加到 hive-site.xml 文件中。

```xml
<configuration>
  <property>
      <name>javax.jdo.option.ConnectionURL</name>
      <value>jdbc:mysql://master:3306/metastore?createDatabaseIfNotExist=true&amp;
characterEncoding=UTF-8&amp;useSSL=false&amp;allowPublicKeyRetrieval=true</value>
  </property>
  <property>
      <name>javax.jdo.option.ConnectionDriverName</name>
      <value>com.mysql.jdbc.Driver</value>
  </property>
  <property>
      <name>javax.jdo.option.ConnectionUserName</name>
      <value>root</value>
  </property>
  <property>
      <name>javax.jdo.option.ConnectionPassword</name>
      <value>123456</value>
  </property>
  <!-- 指定存储元数据要连接的地址 -->
  <property>
      <name>hive.metastore.uris</name>
      <value>thrift://master:9083</value>
      <description>URI for client to connect to metastore server</description>
  </property>
  <!-- 指定 HiveServer2 连接的 host -->
  <property>
      <name>hive.server2.thrift.bind.host</name>
      <value>master</value>
  </property>
  <!-- 指定 HiveServer2 连接的端口号 -->
  <property>
      <name>hive.server2.thrift.port</name>
```

```
        <value>10000</value>
    </property>
    <!-- HiveServer2 的高可用参数如果不开启会导致开启 tez session，从而导致 HiveServer2 无法启动 -->
    <property>
        <name>hive.server2.active.passive.ha.enable</name>
        <value>true</value>
    </property>
    <!--解决 Error initializing notification event poll 问题-->
    <property>
        <name>hive.metastore.event.db.notification.api.auth</name>
        <value>false</value>
    </property>
</configuration>
```

编辑完成后，保存并退出即可。通过 "ls -l" 命令可以看到 "conf" 目录增加了 hive-site.xml 文件。

在上述代码中，"metastore" 正是前面在 MySQL 中创建的数据库，"root" 是前面创建的 MySQL 新用户，"123456" 则是在 MySQL 中创建 root 用户时所设置的密码。特别值得指出的是，在 URL 中采用的 "useSSL = false&allowPublicKeyRetrieval = true" 包含了多个参数，需要仔细分析。第一，多参数的分隔，必须使用 "&" 分隔符，这是 XML 文件的要求。简单采用 "&" 符号会遇到报错，给出的提示是没有找到命令；第二，由于数据库是 MySQL 8.0.18，因此要求显式地设置 SSL（Secure Socket Layer，安全套接层），这里设置为 "false"，即不使用 SSL；第三，"allowPublicKeyRetrieval" 设置为 "true"，以保证公钥解析。

（2）复制 Java Connector 到依赖库

读者将 mysql-connector-java-8.0.18.jar 文件复制到自己计算机 master 中的 "/home/swxy" 目录下（在第 7 章介绍 Sqoop 时已配置过 Java 连接器）。然后进入该目录，执行如下命令将其中的 mysql-connector-java-8.0.18.jar 文件复制到 Hive 安装目录的依赖库目录 "lib" 下。

```
cp mysql-connector-java-8.0.18.jar /home/swxy/hive-4.0.0/lib/
```

（3）配置 profile 文件

在/etc/profile 文件中，将下列环境变量配置代码放在该文件的末尾。

```
export HIVE_HOME=/home/swxy/hive-4.0.0
export PATH=$PATH:$HIVE_HOME/bin
```

编辑完后，保存文件并退出 vi 编辑器即可。注意要用 "source" 命令使上述配置文件生效。

```
source /etc/profile
```

（4）初始化元数据

以下命令只要执行一次，以后不需要再执行。如果出现错误 "-bash: schematool: command not found"，需要进入 "/home/swxy/hive-4.0.0/bin" 目录，再执行如下命令。

```
[root@master~]# schematool -dbType mysql -initSchema
```

至此，就完成了在 master 上安装和配置 Hive。

3. 启动并验证 Hive

要启动 Hive，必须保证 Hadoop 和 MySQL 已经启动。用 "service mysqld status" 命令查看 MySQL 的状态，命令如下。如果提示信息中含有 "active（running）"，表明 MySQL 处于启动状态。

```
[root@master~]# service mysqld status
Redirecting to /bin/systemctl status mysqld.service
● mysqld.service - MySQL Server
   Loaded: loaded (/usr/lib/systemd/system/mysqld.service; enabled; vendor preset:
disabled)
   Active: active (running) since Mon 2023-08-07 05:54:20 CST; 42min ago
     Docs: man:mysqld(8)
           http://dev.*****.com/doc/refman/en/using-systemd.html
  Process: 6782 ExecStartPre=/usr/bin/mysqld_pre_systemd (code=exited, status=0/
SUCCESS)
 Main PID: 6845 (mysqld)
   Status: "Server is operational"
   CGroup: /system.slice/mysqld.service
           └─6845 /usr/sbin/mysqld
```

在 Hadoop 和 MySQL 已经启动的条件下，在 master 上启动 Hive，命令如下，以下两条命令需要打开两个窗口。

```
[root@master~]# hive --service metastore
[root@master~]# hiveserver2
```

在 Hive 4.0.0 中，Hive CLI 已经被弃用，取而代之的是 Beeline。所以当启动 Hive 4.0.0 时，会默认进入 Beeline 命令行界面，而不是 Hive CLI。

执行命令"bin/beeline -u jdbc:hive2://master:10000 -n root"，然后继续输入"show tables;"，显示结果如下，表示启动成功。

```
[root@master hive-4.0.0]# bin/beeline -u jdbc:hive2://master:10000 -n root
Connecting to jdbc:hive2://master:10000
Connected to: Apache Hive (version 4.0.0-alpha-2)
Driver: Hive JDBC (version 4.0.0-alpha-2)
Transaction isolation: TRANSACTION_REPEATABLE_READ
Beeline version 4.0.0-alpha-2 by Apache Hive
0: jdbc:hive2://master:10000> show tables;
+-----------+
| tab_name  |
+-----------+
+-----------+
No rows selected (2.228 seconds)
0: jdbc:hive2://master:10000>
```

4. Hive 可视化客户端的使用

Hive 自带的命令行客户端有 Hive CLI、Beeline CLI，虽然不需要额外安装，但编写 SQL 效率不高，无提示，无语法高亮显示。

在 Windows、MAC 平台通过 JDBC 连接 HiveServer2 的图形界面工具有 IntelliJ IDEA、DataGrip、DBeaver、SQuirrel SQL Client 等。本节使用可视化工具 IntelliJ IDEA，该工具具有界面美观、智能提示补全、查询结果智能等优点，有丰富的插件，内置集成了 Database 插件，支持 MySQL、Oracle 等各种主流数据库、数据仓库。IDEA 配置 Hive 数据源具体步骤如下。

（1）在 IDEA 中创建任意工程，以 Java 项目为例，选择菜单"File→New Project→Java"，创建项目后选择 Database 标签配置 Hive Driver 驱动。其具体步骤是：单击"Database→+→Driver"，在跳出的窗口中单击"Driver Files"中的"+"，接着单击"Custom JARs…"后选中 hive-jdbc-3.1.2-standalone.jar，如图 13-2 所示。

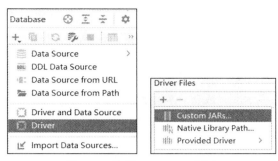

图 13-2　选择 Hive Driver 驱动

（2）配置 Hive 数据源。其具体步骤是："Data Source→Apache Hive"，设置 Host（master）、Port（10000）、User（root）、Password（123456）、URL（默认为 jdbc:hive2://master:10000），单击下面的 "Test Connection"，如果打勾表示连接成功，如图 13-3、图 13-4 所示。

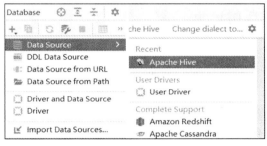

图 13-3　选择 Hive 数据源

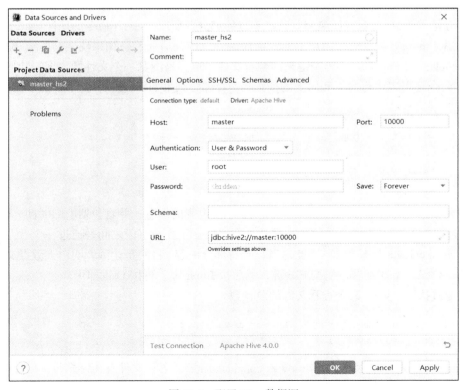

图 13-4　配置 Hive 数据源

（3）编写 HQL。在项目的 src 下新建文件，命名为 hive.sql，编写语句（例如 show databases; ），选中语句后右击 execute，第一次运行时创建一个新的 Session，Result 面板会显示结果。读者也可以单击代码区上方的工具栏 In-Editor Results，这样结果就会显示在 SQL 窗口文件中，更方便查看。显示图 13-5 所示结果表示配置成功。本章后续内容使用 IDEA 工具操作。

图 13-5　show databases 的结果

13.2　数据预处理

本节主要介绍如何在 Hadoop 平台上进行交互式数据处理，并主要以 Hive 组件为基本工具，介绍相关方法的运用。

13.2.1　数据查看与扩展

1．查看数据

在虚拟机 master 上创建目录 "/root/hivedata"。读者直接在本书第 13 章软件资源中找到 movies_metadata.csv 文件，将其复制到 master 的 "/root/hivedata" 目录（或者读者自己创建的任意目录）下。以下的大部分操作均围绕该数据文件进行。

首先通过执行 "cd /root/hivedata" 命令进入数据文件所在文件夹，然后执行 "less" 命令查看 movies_metadata.csv 文件内容。

Linux 中的 "less" 命令主要用来浏览文件内容，与 "more" 命令的用法相似。不同于 "more" 命令的地方是 "less" 命令可回滚浏览已经看过的部分，所以 "less" 命令的用法比 "more" 更灵活。在使用 "more" 命令时，用户不能向前面翻，只能往后看；如果使用 "less" 命令，就可以配合 PageUp 和 PageDown 等按键来回翻看文件，更容易浏览一个文件的内容。除此之外，利用 "less" 命令还可以进行向上和向下的搜索。查看部分结果如下，读者可以运用刚才介绍的方法浏览文件。

```
release_date,title,popularity,runtime,vote_average,vote_count
2017-09-14,Leatherface,9.742082,90,5.7,62
2017-09-14,Porto,2.152189,75,7.8,5
2017-09-01,God's Own Country,2.595488,105,5.4,8
```

电影元数据文件 movies_metadata 包含 45000 部电影的信息，并且包括上映时间、电影名称、受欢迎程序、时长、平均评分、评分次数共 6 个字段。字段与字段之间是通过一个 "," 分隔的。由于 movies_metadata 记录较多，因此这里只查看部分内容，目的是让读者明白大数据文件到底是什么样子。要终止上述查看，先按 Esc 键，然后按 Enter 键，再按 Q 键即可。

下面通过执行 "wc" 命令查看文件的总行数。

```
[root@master hivedata]# wc -l movies_metadata.csv
45367 movies_metadata.csv
```

按 Enter 键后系统显示 "45367 movies_metadata.csv"，可见文件有 4 万多行。Linux 中 "wc" 命令的功能是统计指定文件中的行数、字数、字节数，并将统计结果显示输出。参数 "-l" 表示统计行数，"-w"表示统计字数，"-c"表示统计字节数。

另一个常用的命令是"head"。用户如果希望截取文件的部分数据，就可以用"head"命令来完成，命令如下。

```
[root@master hivedata]# head -200 movies_metadata.csv > movies_metadata_200.csv
```

按 Enter 键后可得到一个有 200 行数据的文件 movies_metadata_200.csv。读者可自行查看新文件的内容或行数。

2. 扩展数据

很多时候用户希望扩展现有文件，例如增加新的字段，以便容纳更多的内容。下面我们就来扩展 movies_metadata.csv 文件，增加年、月、日 3 个新字段，扩展后的文件共有 9 个字段。

读者可将本章软件资源文件夹中名为 movies_metadata_extend.sh 的文件复制到 master 的"/root/ hivedata"目录下。该文件是一个 Linux 的脚本文件，里面的内容是扩展文件字段的命令。movies_metadata_extend.sh 的文件内容如下，其中，$1 和$2 分别表示 Shell 脚本所传入的第 1 个和第 2 个参数。awk 语法中-F 指定分隔符为","（有些文件使用"\t"隔开），$表示显示第几列，$1 表示第 1 列，print 表示输出信息。

```
#!/bin/bash
#infile=/root/hivedata/movies_metadata.csv
infile=$1
#outfile=/root/hivedata/movies_metadata_ext.csv
outfile=$2
awk -F "," '{print $0,"substr($1,1,4)","substr($1,6,2)","substr($1,9,2)}' $infile
> $outfile
```

movies_metadata_extend.sh 文件复制成功后，在/home/swxy 目录下执行以下数据扩展命令。

```
bash movies_metadata_extend.sh movies_metadata.csv  movies_metadata_ext.csv
```

提示"for reading(No such file or directory)"表示找不到目录，此时需要设置 movies_metadata_extend.sh 文件的格式，具体设置命令如下。

```
[root@master hivedata]# vi movies_metadata_extend.sh
```

查看格式的命令如下。

```
:set ff
```

使用以下命令设置格式为 unix。

```
:set ff=unix
```

使用命令"less movies_metadata_ext.csv"查看结果，出现字符"^M"，使用 sed 命令可以去掉^M 符号。sed 是文本编辑器，可以对文件进行增、删、改、查等操作，这里的 s 表示替换(substitute)，把"\r"替换成空格，g 表示全局替换参数 global。下面命令的作用是删除文本的换行符。

```
[root@master hivedata]# sed -i "s/\r//g"  movies_metadata_ext.csv
```

再次执行命令"less movies-metadata-ext.csv"，部分结果如下所示。

```
release_date,title,popularity,runtime,vote_average,vote_count,rele,se,da
2017-09-14,Leatherface,9.742082,90,5.7,62,2017,09,14
2017-09-14,Porto,2.152189,75,7.8,5,2017,09,14
2017-09-01,God's Own Country,2.595488,105,5.4,8,2017,09,01
```

可以看到，每一行都增加了 3 个新字段，分别是年、月、日，其内容是从第一个字段分离出来的。例如，第一个字段值是"2017-09-01"，则新增加的 3 个字段值就是"2017""09""01"。显然，数据扩展的目的是在进行统计分析时，让操作更加方便、快捷。

13.2.2　数据过滤

有时需要过滤数据文件。例如，对于某些字段为空的行，可能要将这些行过滤掉，即从文件中删除掉。以 movies_metadata_ext.csv 文件为例，同样需要一个用于过滤处理的 Bash Shell 的文件 movies_metadata_filter.sh，读者在本章软件资源文件夹中可以找到该文件，将其复制到 master 的"/root/hivedata"目录下。注意，movies_metadata_filter.sh 是有特定目标的，其作用是将第 1 个或第 2 个字段为空的行过滤掉。读者可以用编辑器打开 movies_metadata_filter.sh 文件进行研究。文件 movies_metadata_filter.sh 的内容如下，Shell 命令最后一行表示如果第 1 列和第 2 列数据不为空则输出所有内容到 movies_metadata_ext_flt.csv 文件。

```
#!/bin/bash
#infile=/root/hivedata/movies_metadata_ext.csv
infile=$1
#outfile=/root/hivedata/movies_metadata_ext_flt.csv
outfile=$2
awk -F "," '{if($1 != "" && $2 != "") print $0}' $infile > $outfile
```

同上，设置 movies_metadata_filter.sh 文件格式为 unix，执行如下命令。

```
:set ff=unix
```

把 movies_metadata_filter.sh 文件复制后，执行如下命令。

```
[root@master hivedata]# bash movies_metadata_filter.sh movies_metadata_ext.csv
movies_metadata_ext_flt.csv
```

按 Enter 键后，系统开始进行数据过滤。执行如下命令，显示"45277 movies_metadata_ext_flt.csv"，表示 movies_metadata_ext.csv 文件有 90 行字段为空。

```
[root@master hivedata]# wc -l movies_metadata_ext_flt.csv
45277 movies_metadata_ext_flt.csv
```

13.2.3　数据上传

由于要在 Hadoop 大数据平台上工作，因此需要将上述数据文件上传到 HDFS 中。首先确保已经启动了 Hadoop，接下来在 HDFS 上创建"/movies"目录，执行"hadoop fs -mkdir /movies"命令；最后创建"20231015"子目录，命令是"hadoop fs -mkdir /movies/20231015"。

注意：如果想创建"/movies/20231015"这样的两级目录，必须先创建"/movies"。换言之，在没有创建上级目录之前，不能使用"hadoop fs -mkdir /movies/20231015"这样的命令创建下一级目录。有了"movies/20231015"目录，就可以将 movies_metadata.csv 上传到 HDFS 中了。我们可以在 Web 界面上传文件（打开浏览器并输入 master:9870）。

同理，把过滤后得到的 movies_metadata_ext_flt.csv 文件上传到 HDFS 中，分别执行以下 3 条命令即可。

```
hadoop fs -mkdir /movies
hadoop fs -mkdir /movies/20231015
hadoop fs -put /root/hivedata/movies_metadata_ext_flt.csv /movies/20231015
```

13.3　创建数据仓库

13.3.1　基本命令

执行 "create database jyphive" 命令来创建一个数据仓库，执行 "use jyphive" 命令打开创建的数据仓库，执行 "show tables" 查看数据仓库中的表。由于尚未创建任何表，因此查看结果是空的。接下来介绍如何创建表。

创建表的语法树如下。其中[]语法是可选的，|表示二选一，建表语句的顺序要与语法树顺序保持一致。

```
CREATE [TEMPORARY] [EXTERNAL] TABLE [IF NOT EXISTS] [db_name.]table_name
[(col_name data_type [COMMENT col_comment],...)]
[COMMENT table_comment]
[PARTITIONED BY(col_name data_type [COMMENT col_comment],...)]
[CLUSTERED BY (col_name, col_name,...)[SORTED BY(col_name[ASC|DESC],...)] INTO num_
buckets BUCKETS]
[ROW FORMAT DELIMITED|SERDE serde_name WITH SERDEPROPERTIES(property_name=property_
value,...)]
[STORED AS file_format]
[LOCATION hdfs_path]
[TBLPROPERTIES(property_name=property_value,...)];
```

1. 内部表

默认创建的表就是内部表，也称为托管表（Managed Table）。Hive 拥有该表的结构和文件，并完全管理表的生命周期。删除内部表时，里面的数据和元数据都会被删除。使用 DESCRIBE FORMATTED tablename 可以获取表的元数据信息。

```
create table if not exists movie(
    id int,
    year string,
    name string
)
    row format delimited fields terminated by ',';
```

上面语句执行后在 HDFS 的/user/hive/warehouse/jyphive.db 路径下就创建了 movie 目录。

2. 外部表

创建表时被 external 修饰，只管理表元数据的生命周期。删除外部表只会从 Metastore 删除元数据，实际数据会保留在 HDFS 上。

```
create external table if not exists movie_ext(
    id int,
    year string,
    name string
)
    row format delimited fields terminated by ','
    location '/movies/20231015';
```

上面语句指定了存储位置为/movies，即执行语句后在根目录/下创建目录 movies。如果不指定存储位置，默认在/user/hive/warehouse/jyphive.db 目录下。

从本机上传文件 movie_titles.csv 到虚拟机 master 目录/root/hivedata，然后通过命令 hadoop fs -put movie_titles.csv /movies/20231015 和 hadoop fs -put movie_titles.csv /user/hive/warehouse/jyphive.db/movie 分别上传到外部表和内部表对应的 HDFS 目录下。通过以下语句测试是否成功。

```
select * from movie_ext;
select * from movie;
show tables;
```

13.3.2　创建 Hive 分区表

通过以下命令上传文件到 HDFS 上，准备电影数据。

```
hadoop fs -put movie_titles_2017.csv movie_titles_2018.csv movie_titles_2019.csv
movie_titles_2020.csv movie_titles_2021.csv movie_titles_2022.csv /user/hive/warehouse
/jyphive.db/movie
```

本次上传的 6 个文件是将 movie_titles 文件按年份拆分出来的。为了查看测试结果，我们需要先删除/hive/warehouse/jyphive.db/movie 中的 movie_titles.csv 文件，然后使用 select * from movie;查询。

查询 2022 年上映的电影，执行语句如下。

```
select * from movie where year = 2022;
```

上面语句的背后需要进行全表扫描，对于 Hive 来说则需要扫描每一个文件，如果数据文件个数特别多，扫描效率会很慢。然而在本需求中只需扫描 movie_titles_2022.csv 文件即可。如何优化查询，避免全表扫描呢？使用分区表就可以解决这个问题，即把所有电影信息根据年份进行划分，共 6 年的数据，就被划分为 6 个分区，查询指定年份的数据（文件），即可避免全表扫描查询。

1. 分区表数据加载—静态分区

静态分区是指分区的属性值是由用户在加载数据的时候手动指定的。其语法格式如下。

```
load data [local] inpath 'filepath' into table tablename partition(分区字段='分区值'…)
```

local 参数指定待加载的数据是位于本地文件系统还是位于 HDFS 文件系统。分区表原理如下。

（1）分区提供了一种将 Hive 表数据分离为多个文件/目录的方法。

（2）不同分区对应着不同的文件夹，同一分区的数据存储在同一个文件夹下。

（3）查询过滤的时候只需要根据分区值找到对应的文件夹，扫描本文件夹下本分区中的文件，即可避免全表数据扫描。

使用分区表的方法如下。

（1）通过 partitioned by 创建分区表。

```
create table if not exists movie_part(
    id int,
    year string,
    name string
)
partitioned by (y string) --这里是分区字段，不能与表中字段相同
row format delimited fields terminated by ',';
```

（2）加载本地文件到分区目录下。

```
load data local inpath '/root/hivedata/movie_titles_2017.csv' into table movie_part
partition(y = 2017);
```

```
    load data local inpath '/root/hivedata/movie_titles_2018.csv' into table movie_part
partition(y = 2018);
    load data local inpath '/root/hivedata/movie_titles_2019.csv' into table movie_part
partition(y = 2019);
    load data local inpath '/root/hivedata/movie_titles_2020.csv' into table movie_part
partition(y = 2020);
    load data local inpath '/root/hivedata/movie_titles_2021.csv' into table movie_part
partition(y = 2021);
    load data local inpath '/root/hivedata/movie_titles_2022.csv' into table movie_part
partition(y = 2022);
```

（3）通过分区表查询数据，则效果明显提高。（注意这里的条件是 y = 2022，如果写成 year = 2022 表示还是使用非分区表查询数据）

```
select * from movie_part where y=2022;
```

（4）通过 WebUI 查看分区表 movie_part 的数据。打开 http://master:9870/explorer.html#/user/hive/warehouse/jyphive.db/movie_part，查看分区表 movie_part 在 HDFS 上对应的文件，如图 13-6 所示。

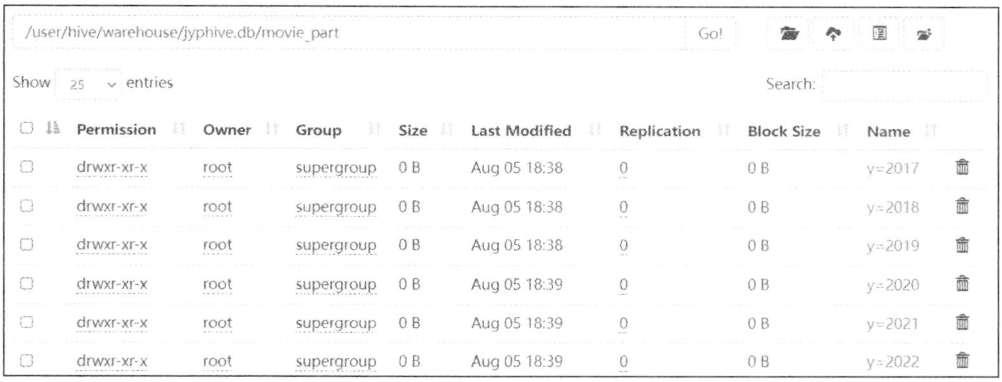

图 13-6　分区表 movie-part 在 HDFS 上对应的文件

2. 多重分区表

多重分区表的语法格式如下。

```
PARTITIONED BY (partition1 data_type,partition2 data_type,...)
```

多重分区下，分区之间是一种递进关系，我们可以将其理解为在前一个分区的基础上继续分区。从 HDFS 的角度来看就是文件夹下继续划分子文件夹。比如，把全国人口数据首先根据省份进行分区，然后根据市进行划分，甚至可以继续根据区县再划分，此时就是 3 分区表。

使用多重分区表解决需求：一个文件中包含编号、企业名称、地址、省份名称、城市名称等企业信息，现需要根据省份和城市名称查询企业数据。

（1）上传 company_gd_gz.txt、company_gd_zs.txt、company_hn_cs.txt、company_hn_yy.txt 文件到虚拟机/root/hivedata 目录下。

（2）创建表并加载上述 4 个文件到 HDFS 中。

```
create table company_part(
    id int,
    name string,
    address string
```

```
)
partitioned by (province string,city string)
row format delimited fields terminated by ',';

load data local inpath '/root/hivedata/company_gd_gz.txt' into table company_part
partition (province='guangdong',city='guangzhou');
load data local inpath '/root/hivedata/company_gd_zs.txt' into table company_part
partition (province='guangdong',city='zhongshan');
load data local inpath '/root/hivedata/company_hn_cs.txt' into table company_part
partition (province='hunan',city='changsha');
load data local inpath '/root/hivedata/company_hn_yy.txt' into table company_part
partition (province='hunan',city='yueyang');
```

（3）测试以上内容是否正确。

```
select * from company_part where province = 'guangdong' and city = 'zhongshan';
```

（4）通过 WebUI 查看分桶表 company_part 的数据。打开 http://master:9870/explorer.html#/user/hive/ warehouse/jyphive. db/company_part，查看 company_part 在 HDFS 上对应的文件，如图 13-7 所示。

Permission	Owner	Group	Size	Last Modified	Replication	Block Size	Name
drwxr-xr-x	root	supergroup	0 B	Aug 19 21:11	0	0 B	province=guangdong
drwxr-xr-x	root	supergroup	0 B	Aug 19 21:12	0	0 B	province=hunan

图 13-7　按省份进行分区

单击 "province = Guangdong"，进入的界面如图 13-8 所示，本页面是广东省按城市分区情况。

Permission	Owner	Group	Size	Last Modified	Replication	Block Size	Name
drwxr-xr-x	root	supergroup	0 B	Aug 19 21:11	0	0 B	city=guangzhou
drwxr-xr-x	root	supergroup	0 B	Aug 19 21:11	0	0 B	city=zhongshan

图 13-8　按城市进行分区

3. 分区表数据加载—动态分区

动态分区是指分区字段值是基于查询结果自动推断出来的。使用动态分区，需要设置以下两个参数。

```
set hive.exec.dynamic.partition=true;    --是否开启动态分区功能

set hive.exec.dynamic.partition.mode=nonstrict;
```

--指定动态分区模式：strict 代表严格模式要求至少有一个分区为静态分区，nonstrict 代表非严格模式

（1）创建表 company_all，通过命令 hadoop fs -put /root/hivedata/company_all.txt /user/hive/warehouse/jyphive.db/company_all 上传文件 company_all.txt 到/root/hivedata 目录。

```
create table company_all(
    id int,
    name string,
    address string,
    province string,
    city string
)
```

```
row format delimited fields terminated by ',';
```

（2）创建表 company_part_dynamic。

```
create table company_part_dynamic(
    id int,
    name string,
    address string,
    province string,
    city string
)
partitioned by (pro string)
row format delimited fields terminated by ',';
```

（3）使用 insert select 语句添加数据，将数据加载到分区表中。

```
insert into table company_part_dynamic partition(pro)
select tmp.*,tmp.province from company_all tmp;
```

（4）通过 WebUI 查看表 company_part_dynamic 的数据。打开 http://master:9870/explorer.html#/user/hive/warehouse/jyphive.db/company_part_dynamic，查看表 company_part_dynamic 在 HDFS 上对应的文件。

13.3.3　创建 Hive 分桶表

分桶表是一种用于优化查询而设计的表类型，对应的数据文件在底层被分解为若干个部分，通俗来说就是被拆分成若干个独立的小文件。在分桶时，要指定根据哪个字段将数据分为几桶。语法如下。

```
[clustered by (col_name,col_name,...)[sorted by(col_name[asc|desc],...)] into num_buckets buckets]
```

使用分桶表解决需求：最近 6 年电影累计案例信息，包括编号、年份、电影名称，数据格式分别为 id（编号）、year（上映年份）、name（电影名称），要求根据年份分桶。本章前面部分已创建电影表，这里的第（2）步和第（3）步不用执行。

（1）开启分桶的功能，从 Hive 2.0 开始不再需要设置。

```
set hive_enforce.bucketing=true;
```

（2）创建电影表。

```
create table movie(
    id int,
    year int,
    name string
)
row format delimited  fields terminated by ',';
```

（3）上传源数据文件 movie_titles.csv 到 HDFS 的/hive/warehouse/jypdb.db/movie 目录下。

（4）创建分桶表，根据年份 year 把数据分为 5 桶，并按 name 排序。

```
create table movie_bucket(
    id int,
    year int,
    name string
)
clustered by (year)   --分桶字段 year 一定要是表中的字段
```

```
sorted by (name) into 5 buckets; --指定分桶内的数据排序规则
```

（5）使用 insert 和 select 语法将数据加载到分桶表中。

```
insert into movie_bucket select * from movie;
```

（6）测试以上内容是否正确。

```
select * from movie_bucket where year = 2022;
```

（7）通过 WebUI 查看分桶表 movie_bucket 的数据。打开 http://master:9870/explorer.html#/user/hive/warehouse/jyphive.db/movie_bucket，查看分桶表 movie_bucket 在 HDFS 上对应的文件。

分桶表有以下 3 个好处。

（1）基于分桶字段查询时，可以减少全表扫描。

（2）join 时可以提高 MapReduce 程序效率，减少笛卡儿乘积数量（两张表按照关联字段分桶）。

（3）分桶表数据可以进行高效抽样。

13.3.4　Hive 内置函数

1．查看函数

（1）查看系统自带函数。

```
show functions;
```

（2）显示自带函数的用法。

```
desc function ceiling;
```

（3）详细显示自带函数的用法。

```
desc function extended ceiling;
```

2．Hive 的窗口函数

普通的聚合函数每组只返回一个值，而窗口函数（又名开窗函数）可以为窗口中的每行都返回一个值。窗口函数一般是指 over()函数，其窗口是由一个 over 子句定义的多行记录。窗口函数一般分为聚合开窗函数和排序开窗函数。

准备数据。首先创建学生表 student。

```
create table student(
    name string,
    subject string,
    score int
)
row format delimited fields terminated by ','
lines terminated by '\n'
```

然后加载数据。

```
load data local inpath '/root/hivedata/student.txt' into table student;
```

（1）聚合开窗函数。

聚合开窗函数主要包括 sum（求和）、min（最小）、max（最大）、avg（平均值）和 count（计数）。学生表中相同科目作为一个分区，按照分区求平均分，同一分区的分数进行降序显示，执行语句如下。

```
select name,subject,score,avg(score) over(partition by subject order by score desc )
```

```
as avg from student;
```

over()指定分析函数工作的数据窗口大小，这个数据窗口大小可能会随着行的变化而变化。

测试当前行和后面一行的窗口聚合，执行语句如下。

```
select name,subject,score,avg(score) over(partition by subject order by score desc
rows between current row and 1 following) as avg from student;
```

rows 必须跟在 order by 子句之后，对排序的结果进行限制，使用固定的行数来限制分区中的数据行数量。

current row：当前行。

n preceding：往前 n 行数据。

n following：往后 n 行数据。

unbounded preceding：从最前面的起点。

unbounded following：到后面的终点。

查询部分结果如图 13-9 所示，蒋亚平的平均值是蒋亚平和刘馨的平均成绩，刘馨的平均值是刘馨和黄颖的平均成绩。

name	subject	score	avg
蒋亚平	大数据技术	100	99
刘馨	大数据技术	98	98
黄颖	大数据技术	98	93.5
廖强	大数据技术	89	89
杨华	高数	90	90

图 13-9　聚合开窗函数

（2）排序开窗函数。

rank()：排序相同时会重复，总数不会变。

dense_rank()：排序相同时会重复，总数会减少。

row_number()：其会根据顺序计算。

执行如下语句，结果如图 13-10 所示。

```
select name,subject,score,
    rank() over(partition by subject order by score desc) rp,
    dense_rank() over(partition by subject order by score desc) drp,
    row_number() over(partition by subject order by score desc) rnp from student;
```

name	subject	score	rp	drp	rnp
蒋亚平	大数据技术	100	1	1	1
刘馨	大数据技术	98	2	2	2
黄颖	大数据技术	98	2	2	3
廖强	大数据技术	89	4	3	4
杨华	高数	90	1	1	1

图 13-10　执行排序开窗函数结果

13.4　数据分析

本节以"移动用户行为分析"项目为例学习数据分析。现在是互联网的时代，每个人的生活中都会使用到各种互联网应用，我们会进行网络购物、新闻浏览、视频浏览、微信聊天等。在使用互联网的时候，我们的所有数据都需要通过运营商（电信、移动、联通）进行数据的发送和接收。对于每一个访问，运营商都可以获取到对应的请求信息，通过对网络请求的信息分析，便能及时掌握互联网的动态和行业前沿，并且根据用户的请求访问数据，可以分析互联网行业的发展现状和每个城市的互联网发展程度等。通过分析脱敏后的用户行为数据，我们可以让数据产生价值，让数据为企业发展、行业建设提供一些辅助决策的建设性依据和支撑。通过用户行为的分析，还可以增强网络安全和信息数据安全的建设。

本书首先通过 Flume 采集业务系统用户行为日志，使用 Hive 数据仓库进行分析。项目中主要有 client_ip、device_type、time、type、device 和 url 字段，具体如表 13-1 所示。

表 13-1　　　　　　　　　用户行为分析相关字段

字段名	字段值	示例值
client_ip	请求客户端 IP 地址	192.168.1.66
device_type	设备类型，如手机、计算机	mobile
time	请求的时间戳	1697376534000
type	上网类型，如 4G、5G	5G
device	设备的唯一标记	e127212bc58046a18fe8df0423775597
url	请求的目标地址	https://www.****.com/teaching

13.4.1　数据仓库分层

数据仓库分层是结合业务场景、实际数据、使用系统的综合分析，对数据模型进行的整体架构设计及层级划分。数据仓库分层保障了数据在进入数仓之前经过清洗，使原始数据不再杂乱无章，优化了查询过程，有效地提高了数据获取、统计和分析的效率。

1. 数据库建模

（1）关系建模是通过准确的业务规则来描述业务运作的过程。关系建模将复杂的数据抽象为而且两个概念——实体和关系，并使用规范化的方式表示出来。关系模型严格遵循第三范式（3NF），数据冗余程度低，数据的一致性容易得到保证。由于数据分布于众多的表中，查询会相对复杂，而且在大数据的场景下，查询效率相对较低。

（2）维度模型以数据分析作为出发点，不遵循三范式，故数据存在一定的冗余。维度模型面向业务，将业务用事实表和维度表呈现出来。表结构简单，故查询简单，查询效率较高。在 OLAP 的数据仓库设计中，为了方便查询，通常采用的是维度建模。

① 事实表。事实表是指存储有事实记录的表，如系统日志、销售记录等。事实表的记录在不断地动态增长，所以它的体积通常远大于其他表。事实表作为数据仓库建模的核心，需要根据业务过程来设计。

② 维度表。维度表又称为维表，有时也称查找表，是与事实表相对应的一种表。它保存了维度的属性值，可以与事实表做关联，相当于将事实表上经常重复出现的属性抽取、规范出来用一张表进行管理。常见的维度表有日期表（存储与日期对应的周、月、季度等属性）、 地点表 （包含国家、省/州、城市等属性）等。

2. 数据仓库分层结构与好处

（1）数据仓库分层结构。

数据仓库分为数据引入层（Operational Data Store，ODS）、明细数据层（Data Warehouse Detail，DWD）、汇总数据层（Data Warehouse Summary，DWS）、公共维度层（Dimension，DIM）和应用数据层（Application Data Service，ADS）5 层，各个分层的功能如下。

ODS 层是存放业务系统采集过来的原始数据，直接加载的业务数据，不做处理，其数据表的结构与原始数据所在的数据系统中的表结构一致，是数据仓库的数据准备区。

DWD 层是通过企业的业务活动事件构建数据模型，对 ODS 层的数据做基本的处理，并且进行业务事实的分析和定位（不合法的数据处理、空值的处理）。

DWS 层是通过分析的主题对象构建数据模型，对 DWD 层的业务数据进行按天或者按照一定的周期统计与分析，其结果是一个轻度聚合的结果。

DIM 层是使用维度构建数据模型，对于需要统计与分析的相关条件进行统一的设计和规范，例如时间、地区、用户等。

ADS 层是用于存放数据产品个性化的统计指标数据，输出各种报表。例如，统计 10 月 10 日至 10 月 20 日各类电影的票房，一般会把 ADS 层的数据抽取到业务数据库 MySQL 中。

（2）数据仓库分层好处。

① 把复杂问题简单化。将一个复杂的任务分解成多个步骤来完成，每层只处理单一的一个步骤。

② 减少重复开发。数据在每一层进行特定的处理，保留了大量的中间层数据，将来业务变更的时候可以从已有的中间层数据重新计算而不需要从头再来，大大地减少了重复开发。

③ 便于管理使用。通过分层可以看到数据在整个仓库中的流转，方便掌握数据的生命周期。每一层负责特定的职责，便于使用者理解与使用。

④ 隔离原始数据。ODS 层是原始数据，可以对统计结果进行回溯，方便问题的定位。

13.4.2　准备数据

1. Redis 存放业务系统的基础数据

先在 master 节点下载并上传 redis-stable.tar.gz，解压为 redis-stable。安装 gcc 编译库，命令如下。

```
[root@master redis-stable]# yum install -y gcc g++ gcc-c++ make
```

编译并安装，创建 redis 目录，命令如下。

```
[root@master redis-stable]# make MALLOC=libc
[root@master redis-stable]# mkdir -p /home/swxy/redis-stable/redis
[root@master redis-stable]# make PREFIX=/home/swxy/redis-stable/redis install
```

创建 redis 的子目录 conf（配置文件目录）、data（数据存放目录），复制配置文件 redis.conf 并进行修改。

```
cd /home/swxy/redis-stable/redis
mkdir {conf,data}
cd /home/swxy/redis-stable
cp redis.conf /home/swxy/redis-stable/redis/conf/
cd /home/swxy/redis-stable/redis/conf/
vi redis.conf
```

配置所有的地址都可以访问 Redis，命令如下。下面几个命令可以在只读模式下，输入"/"，再输入"bind、protected"等进行搜索，一定要注释掉，否则其他程序访问报错"Caused by:

redis.clients.jedis.exceptions.JedisConnectionException: Failed connecting to 192.168.88. 101:6379",
127.0.0.1 表示只有本机可以连接 Redis 服务。

```
bind 0.0.0.0                                    #允许任意计算机都可以连接 redis 服务
protected-mode no                               #关闭保护模式
daemonize yes                                   #后台启动运行
dir /home/swxy/redis-stable/redis/data/         #相关的数据和日志文件的存放目录
dbfilename dump.rdb                             #数据文件存放
logfile "redis.log"                             #指定 logfile 的文件名，默认没有日志文件
```

启动 Redis，执行命令 "netstat -ntlp"，存在 6379 端口表示启动成功。

```
[root@master conf]# cd ../
[root@master redis]# bin/redis-server conf/redis.conf
[root@master redis]# netstat -ntlp
```

使用下面命令关闭 Redis。

```
[root@master redis]# bin/redis-cli shutdown
[root@master redis]# netstat -ntlp
```

删除 dump.rdb，重新上传用户行为分析数据 dump.rdb。

```
cd /home/swxy/redis-stable/redis/data
rm -fr dump.rdb

#重新上传 dump.rdb

rz
```

启动 Redis，查看数据。

```
cd /home/swxy/redis-stable/redis
bin/redis-server conf/redis.conf
bin/redis-cli
keys *          #查看所有键
type urls       #查看 urls 类型
scard urls      #获取集合的成员数量
SRANDMEMBER device   #随机取设备
SRANDMEMBER device 10                    #随机取设备 10 台
quit                                     #退出 Redis
mkdir -p /home/swxy/log_app              #创建 log_app 目录
cd /home/swxy/log_app
```

上传 application.properties、behavior-0.0.1-SNAPSHOT.jar 和 dump.rdb 到/home/swxy/log_app。

```
rz
```

执行命令 "vi application.properties"，编辑文件 application.properties，注意 logPath 没有盘符。

```
#生成日志的存放路径
logPath=/home/swxy/data/log/behavior
#Redis 数据库的连接地址、端口、密码
spring.redis.host=localhost
spring.redis.port=6379
spring.redis.password=
```

```
#Web 应用服务器的启动端口一般设置为 8080，以避免与其他进程冲突，这里设置为 8000
server.port=8000
#创建目录
mkdir -p /home/swxy/data/log/behavior
```

注意：配置文件 application.properties 和 behavior-0.0.1-SNAPSHOT.jar 是在同一目录下，在 behavior-0.0.1-SNAPSHOT.jar 目录启动。如果启动不成功，则可以查看 application.properties 文件的 logPath 属性是否正确。

```
#启动
java -jar behavior-0.0.1-SNAPSHOT.jar
```

执行命令 "netstat -ntlp" 查看启动情况，Redis 默认端口是 6379。在浏览器地址栏中输入 "http://192.168. 88.101:8000/create/log?date = 2023-10-15&count = 1000"，批量生成日志。date 表示具体生成哪一天的数据，count 表示具体生成的数据，通过 "ip addr" 来看虚拟机 master 的 IP 地址，代替上面的 192.168.88.101。浏览器显示 OK，并且在虚拟机 master 测试结果如下，表示生成日志成功。

```
[root@master~]# cd /home/swxy/data/log/behavior/
[root@master behavior]# ls
behavior2023-10-15.log
```

执行命令 "less behavior2023-10-15.log" 查看文件信息。接下来修改上面 url 的 date 部分，把 15 改成 16，则生成 2023-10-16 日的数据。本节共生成 5 个文件即可。

2. 使用 Flume 采集业务系统日志信息

（1）安装 Hadoop 集群客户端。

第 2 章搭建了 3 台服务器 master、slave0、slave1，第 4 章在 master、slave0、slave1 这 3 台服务器上搭建了 Hadoop 集群。

（2）安装 Flume 数据采集软件。

第 7 章已安装 Flume。具体步骤请参考第 7 章。

（3）配置 Flume 采集数据。

① 在 lib 目录下添加一个 ETL 拦截器。ETL 拦截器可以处理标准的。json 格式的数据（如果格式不符合条件则会过滤掉该信息），也可以处理时间漂移的问题（不加拦截器，就是采集时间，而不是业务时间），方便把对应的日志存放到具体的分区数据中。在服务器 master 中 Flume 的 lib 目录下添加 intercepter-1.0-SNAPSHOT.jar。

```
cd /home/swxy/flume-1.9.0/lib
rz
```

② 配置采集数据到 HDFS 文件。在 Flume 的家目录创建文件 jobs/log_file_to_hdfs.conf。

```
cd /home/swxy/flume-1.9.0
cd jobs
vi log_file_to_hdfs.conf
```

文件 log_file_to_hdfs.conf 内容如下，第一次启动时会自动创建 taildir_position.json 文件。第 7 章 sink 的 type 属性设置为 logger，表示直接输出采集数据。本章 sink 的 type 属性设置为 hdfs，表示采集数据存储到 HDFS；source 的 type 属性设置为 TAILDIR；如果需要采集多个文件夹中的数据，例如增加 f2，使用 "a1.sources.r1.filegroups = f1 f2" 格式，同时设置 "al.sources.r1.

filegroups.f2"属性。

```
a1.sources = r1
a1.channels = c1
a1.sinks = k1
a1.sources.r1.type = TAILDIR
a1.sources.r1.filegroups = f1
a1.sources.r1.filegroups.f1 = /home/swxy/data/log/behavior/.*
a1.sources.r1.positionFile = /home/swxy/flume-1.9.0/taildir_position.json
a1.sources.r1.interceptors = i1
a1.sources.r1.interceptors.i1.type = cn.swxy.flume.interceptor.ETLInterceptor$Builder
a1.sources.r1.interceptors = i2
a1.sources.r1.interceptors.i2.type = cn.swxy.flume.interceptor.TimeStampInterceptor$Builder
a1.channels.c1.type = memory
a1.channels.c1.capacity = 1000
a1.channels.c1.transactionCapacity = 100
a1.sinks.k1.type = hdfs
a1.sinks.k1.hdfs.path = /behavior/origin/log/%Y-%m-%d
a1.sinks.k1.hdfs.filePrefix = log-
a1.sinks.k1.hdfs.round = false
a1.sinks.k1.hdfs.rollInterval = 10
a1.sinks.k1.hdfs.rollSize = 134217728
a1.sinks.k1.hdfs.rollCount = 0
a1.sinks.k1.hdfs.fileType = DataStream
a1.sources.r1.channels = c1
a1.sinks.k1.channel= c1
```

③ 运行数据采集命令。执行"cd /home/swxy/flume-1.9.0"进入 Flume 的目录，再执行以下命令。

```
bin/flume-ng agent --conf conf/ --name a1 --conf-file jobs/log_file_to_hdfs.conf -Dflume.root.logger=INFO,console
```

④ 浏览器访问"http://master:9870"查看日志采集效果，如图 13-11 所示，说明采集数据正确。

注意：若出现错误"Error: Could not find or load main class org.apache.flume.node.Application"，可能是修改了 Flume 文件夹的名称，环境变量没修改或者没有执行"source /etc/profile"加载配置文件。

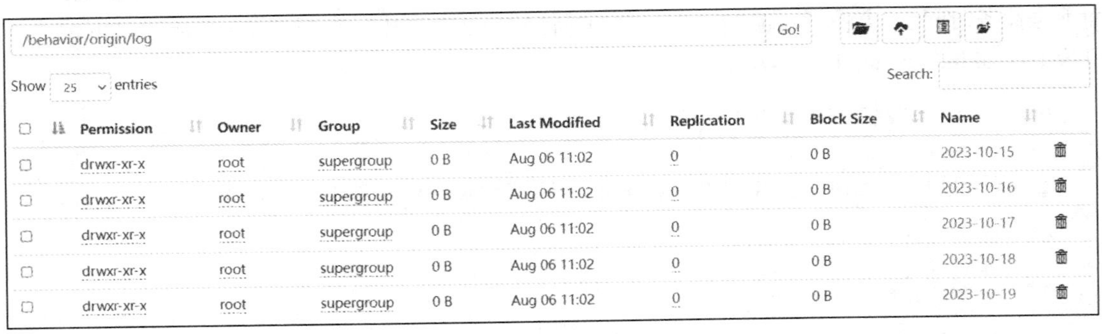

/behavior/origin/log						Go!				

Show 25 entries   Search:

	Permission	Owner	Group	Size	Last Modified	Replication	Block Size	Name	
☐	drwxr-xr-x	root	supergroup	0 B	Aug 06 11:02	0	0 B	2023-10-15	🗑
☐	drwxr-xr-x	root	supergroup	0 B	Aug 06 11:02	0	0 B	2023-10-16	🗑
☐	drwxr-xr-x	root	supergroup	0 B	Aug 06 11:02	0	0 B	2023-10-17	🗑
☐	drwxr-xr-x	root	supergroup	0 B	Aug 06 11:02	0	0 B	2023-10-18	🗑
☐	drwxr-xr-x	root	supergroup	0 B	Aug 06 11:02	0	0 B	2023-10-19	🗑

图 13-11　采集数据结果

13.4.3　用户行为分析

13.1 节已经在 IDEA 配置好 Hive，接下来在 IDEA 写 HQL 语句。

1．ODS 数据源层

创建数据库 jypbehavior，并使用它。

```
create database jypbehavior;
use jypbehavior;
```

（1）创建移动用户行为日志表。

① 创建表。

```
drop table if exists ods_behavior_log;
create external table ods_behavior_log(
    line string
)
partitioned by (dt string)
location '/behavior/ods/ods_behavior_log';
```

② 加载数据并进行测试。

```
load data inpath '/behavior/origin/log/2023-10-15' into table ods_behavior_log
partition (dt = '2023-10-15');
select * from ods_behavior_log limit 10;
```

修改上面日期，一起导入 5 天数据。

（2）自定义 udf 函数。

自定义 udf 函数 get_city_by_ip()可以通过 IP 获取城市信息；自定义 udf 函数 url_trans_udf()，可以通过对 URL 进行处理。http 和 https 统一为 http，将 url 后面的查询参数过滤掉。

① 定义 udf 函数。

hive_udf_custom 中 Ip2Loc 的 host 须改成配置了 Redis 的服务器 IP，如 192.168.88.101，需要重新 clear，再打包，相关依赖（commons-pool2-2.6.2.jar、fastjson2-2.0.1.jar、jedis-3.3.0.jar）和修改后的 hive_udf_custom-1.0.0.jar 需要上传到 HDFS 的 spark/jars 中，这 4 个依赖也需要上传到 master 节点的/home/swxy/hive-4.0.0/lib 目录下，增加依赖包后需要重新启动 Hive。

② 注册全局函数。

```
create function get_city_by_ip
    as 'cn.swxy.udf.Ip2Loc' using jar
'hdfs://master:8020//spark/jars/hive_udf_custom-1.0.0.jar';

create function url_trans_udf
as 'cn.swxy.udf.UrlHandlerUdf' using jar
'hdfs://master:8020//spark/jars/hive_udf_custom-1.0.0.jar';
```

③ 测试函数。

本示例只是随机生成城市。

```
select get_city_by_ip("192.168.108.11");
select url_trans_udf("https://www.*****.com?name=jyp");
```

注意：创建函数 get_city_by_ip()时，若出现错误 "Current user: root is not allowed to list roles. User has to belong to ADMIN role and have it as current role, for this action."，配置 hive-site.xml 文件如下，就可以解决这个问题。

```
<property>
    <name>hive.users.in.admin.role</name>
    <value>root</value>
```

```
</property>
```

执行如下语句，调用函数时出现错误信息"java.net.ConnectException: Call From master/192.168. 88.101 to master:10020 failed on connection exception."

```
select get_json_object(line, '$.client_ip'),
    get_json_object(line, '$.device_type'),
    get_json_object(line, '$.type'),
    get_json_object(line, '$.device'),
    url_trans_udf(get_json_object(line, '$.url')),
    get_city_by_ip(get_json_object(line, '$.client_ip')),
    get_json_object(line, '$.time'),
    dt
  from ods_behavior_log;
```

报错信息提示在访问端口 10020 的时候出错，这表示 DataNode 需要访问 MapReduce JobHistory Server，执行如下命令打开。

```
[root@master]mr -jobhistory-daemon.sh start historyserver
http://master:19888/jobhistory
```

2. DWD 数据明细层

① 创建临时表结构，语句如下。

```
create external table tmp_behavior_log(
    `client_ip` string comment '客户端ip',
    `device_type` string comment '设备类型',
    `type` string comment '上网类型 4g 5g wi-fi',
    `device` string comment '设备id',
    `url` string comment '访问的资源路径',
    `area` string comment '地区信息',
    `ts` bigint comment "时间戳"
) comment '页面启动日志临时表'
partitioned by (`dt` string)
stored as orc
location '/behavior/tmp/tmp_behavior_log';
```

② 加载临时表数据，首先执行以下命令。

```
cd /home/swxy/hive-4.0.0/lib
hdfs dfs -put hive-exec-4.0.0-alpha-2.jar /spark/jars/
```

然后设置动态分区，开启允许所有分区都是动态的，否则必须要有一个静态分区才能使用。查询 ODS 层 ods_behavior_log 数据，插入 DWD 数据明细层临时表 tmp_behavior_log 中，语句如下。

```
set hive.exec.dynamic.partition.mode=nonstrict;
insert overwrite table tmp_behavior_log partition (dt)
select get_json_object(line, '$.client_ip'),
    get_json_object(line, '$.device_type'),
    get_json_object(line, '$.type'),
    get_json_object(line, '$.device'),
    url_trans_udf(get_json_object(line, '$.url')),
    get_city_by_ip(get_json_object(line, '$.client_ip')),
    get_json_object(line, '$.time'),
    dt
  from ods_behavior_log;
```

③ 创建 DWD 明细表数据，定义表如下。

```
drop table if exists dwd_behavior_log;
create external table dwd_behavior_log(
    `client_ip` string comment '客户端ip',
    `device_type` string comment '设备类型',
    `type` string comment '上网类型 4g 5g wi-fi',
    `device` string comment '设备id',
    `url` string comment '访问的资源路径',
    `area` string comment '地区信息',
    `city` string comment '城市',
    `province` string comment '省份',
    `ts` bigint comment "时间戳"
) comment '页面启动日志表'
partitioned by (`dt` string)
stored as orc
location '/behavior/dwd/dwd_behavior_log'
tblproperties ("orc.compress" = "snappy");
```

④ 从数据明细层临时表 tmp_behavior_log 查询数据，插入 DWD 明细表 dwd_behavior_log，语句如下。

```
insert overwrite table dwd_behavior_log partition (dt)
select client_ip,device_type,type,device,url,area, split(area, '\\_')[0],split(area,
'\\_')[1],ts,dt
from tmp_behavior_log;
```

3. DWS 宽表汇总层

① 创建表 dws_behavior_log，这张表的字段与 DWD 明细表 dwd_behavior_log 字段一致，只是简单模拟 DWS 层，语句如下。

```
drop table if exists dws_behavior_log;
create external table dws_behavior_log(
    `client_ip` string comment '客户端ip',
    `device_type` string comment '设备类型',
    `type` string comment '上网类型 4g 5g wi-fi',
    `device` string comment '设备id',
    `url` string comment '访问的资源路径',
    `area` string comment '地区信息',
    `city` string comment '城市',
    `province` string comment '省份',
    `ts` bigint comment "时间戳"
) comment '页面启动日志表'
partitioned by (`dt` string)
stored as orc
location '/behavior/dws/dws_behavior_log'
tblproperties ("orc.compress" = "snappy");
```

② 从 DwD 明细表 dwd_behavior_log 查询数据，插入 DWD 汇总层 dws_behavior_log，语句如下。

```
insert overwrite table dws_behavior_log partition (dt)
select client_ip, device_type, type, device, url,area, city,province, ts, dt
```

```
from dwd_behavior_log;
```

4. ADS 层统计数据

① 创建用户城市分布表，语句如下。

```
drop table if exists ads_user_city;
create external table ads_user_city (
    city string comment "城市",
    province STRING comment "省份",
    count bigint comment "访问数量"
) comment '用户城市分布'
partitioned by (dt string)
row format delimited fields terminated by '\t'
location '/behavior/ads/ads_user_city';
```

② 插入统计数据，语句如下。

```
insert overwrite table ads_user_city partition (dt)
select city, province, count(*),dt
from dws_behavior_log
group by city, province,dt;
```

③ 每个网站的上网类型，语句如下。

```
drop table if exists ads_visit_type;
create external table ads_visit_type (
    url string comment "访问地址",
    type string comment "访问模式 4G 5G Wi-Fi",
    count bigint comment "统计数量"
)comment "网站访问的上网模式分布"
partitioned by (dt string)
row format delimited fields terminated by '\t'
location "/behavior/ads/ads_visit_type"
```

④ 插入数据，语句如下。

```
insert overwrite table ads_visit_type partition (dt)
select url, type, count(1),dt
from dws_behavior_log
group by url, type, dt;
```

⑤ 每个网站的访问模式，建表语句如下。

```
drop table if exists ads_visit_mode;
create external table ads_visit_mode(
    url string comment "访问地址",
    device_type string comment "上网模式 移动 PC",
    count bigint comment "统计数量"
) comment "网站的上网模式分布"
partitioned by (dt string)
row format delimited fields terminated by '\t'
location "/behavior/ads/ads_visit_mode";
```

⑥ 插入数据，语句如下。

```
insert overwrite table ads_visit_mode partition (dt)
select url, device_type, count(1),dt
```

```
from dws_behavior_log
group by url, device_type,dt;
```

13.4.4　实时数据

在实际应用中，为了实时地显示当天用户城市分布情况，首先需要创建一些临时表，然后在一天结束后对数据进行处理，并将数据插入临时表中。

1．创建临时表

创建临时表的语句如下。

```
drop table if exists tmp_behavior_city;
create external table tmp_behavior_city(
    city string comment "城市",
    count bigint comment "访问数量"
) comment '用户城市分布'
row format delimited fields terminated by '\t'
stored as textfile
LOCATION '/behavior/tmp/ads_user_city';
```

2．插入数据

插入数据的语句如下。

```
insert overwrite table tmp_behavior_city
select get_city_by_ip(get_json_object(line, '$.client_ip')),count(*) as cnt
from ods_behavior_log where dt='2023-10-18'
group by get_city_by_ip(get_json_object(line, '$.client_ip'));
```

这样前端开发人员就可以访问该临时表，并将数据显示出来，显示方式可以根据实际需要来进行设计，如表格、统计图等。

13.5　本章小结

本章主要对 Hive 的架构、安装与配置、数据预处理、创建分区表与分桶表进行了讲解。通过对 Hive 数据库和表的操作，读者可以深刻体会 SQL 语句的易用性。本章通过"电影数据"分析案例学习了数据预处理，最后通过"移动用户行为分析"案例加深读者对 Hive 的理解，让读者体会一个完整的大数据项目开发流程，提升读者大数据应用能力。

思考与练习

1．填空题

（1）Hive 处理的数据存储在＿＿＿＿＿＿＿上，使用＿＿＿＿＿＿＿关键字来限制返回的行数，使用＿＿＿＿＿＿关键字创建一个外部表。

（2）select 语句中分组操作的子句是＿＿＿＿＿＿ by。

（3）Hive 是基于＿＿＿＿＿＿＿的一个数据仓库工具。

（4）查询"蒋"姓老师的数量，select count(*) FROM teacher where name＿＿＿＿＿＿＿'蒋%'。

（5）Hive 建表时，如果没有显示声明表的类型，默认为_____（内部/外部）表。

2. 选择题

（1）下列关于 Hive 特点总结正确的选项是（   ）。

    A. Hive SQL 执行时，需要避免节点出现问题

    B. Hive 适合处理小批量数据

    C. Hive 支持自定义函数，用户可以根据自己的需求去定义函数

    D. 数据仓库是以业务流程来划分应用程序和数据库

（2）下列关于 Hive 和传统数据库的比较描述正确的是（   ）。

    A. Hive 是针对数据仓库设计，针对的是读多写少的场景

    B. Hive 和传统数据库除了拥有类似的查询语言，再无类似之处

    C. Hive 的数据存储在 HDFS 中，而数据库可以将数据保存在本地文件系统中

    D. HQL 与 SQL 没有任何关系

3. 简答题

（1）试述数据仓库分层的源数据层、数据仓库层和数据应用层的执行流程。

（2）请阐述什么是分区表和分桶表，以及它们的作用。

第14章
数据同步工具与数据可视化

面对复杂多样的大数据,人们需要一种高效的、容易理解的方式来呈现数据,以便直观了解数据描述的事实。数据可视化就可以解决这个问题,它将抽象的数据通过图形化的方式直观地呈现出来,人们可以更容易地发现数据中的模式和趋势,发现数据的规律和异常,以帮助做出更好的决策和预测。

本章首先介绍数据同步工具 DataX 的使用,然后介绍数据可视化的概念,最后分别以阿里云RDB、本地文件作为数据源介绍了可视化分析工具 QuickBI 的使用。

14.1 数据同步工具 DataX

14.1.1 DataX 的原理

1. DataX 概述

DataX 是阿里巴巴开源的一个异构数据源离线同步工具,致力于实现包括关系型数据库(MySQL、Oracle 等)、NoSQL 数据存储(HBase、Hive 等)、无结构化数据存储(HDFS、Elasticsearch等)和时间序列数据库(TSDB 等)等各种异构数据源之间稳定、高效的数据同步功能。

2. DataX 架构原理

(1)设计理念。

DataX 的设计理念是一种星形数据链路,如图 14-1 所示。为了解决异构数据源同步问题,DataX作为中间传输载体负责连接各种数据源,当需要接入一个新的数据源的时候,只需要将此数据源对接到 DataX,便能跟已有的数据源做到无缝数据同步。通过 Reader 插件从一个数据源读取数据,再通过 Writer 插件将数据写入另一个数据源。这样可以以一种插件的方式拓展其他数据源。

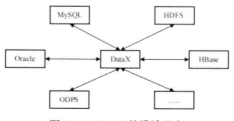

图 14-1 DataX 的设计理念

（2）框架设计。

DataX 本身作为离线数据同步框架，采用 Framework+Plugin 架构构建。将数据源读取和写入抽象成为 Reader/Writer 插件，加入整个同步框架中，如图 14-2 所示。

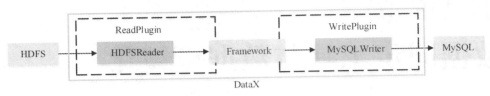

图 14-2　DataX 框架设计

① Reader：数据采集模块，负责采集数据源的数据，将数据发给 Framework。

② Writer：数据写入模块，负责不断地向 Framework 取数据，并将数据写入目的端。

③ Framework：用于连接 Reader 和 Writer，作为两者的数据传输通道，并处理缓存、流控、并发、数据转换等核心问题。

14.1.2　DataX 的基本安装和使用

参考 GitHub 文档进行相关操作，打开 GitHub，查找 alibaba/DataX，单击第一项进入。

1. 下载和安装 DataX 工具

下载 DataX 后上传到服务器 master，并解压到/home/swxy/，进入 bin 目录，即可运行同步作业。

```
[root@master swxy]# rz
[root@master swxy]# tar -zxvf datax.tar.gz -C /home/swxy
```

执行如下命令，运行示例程序。运行结果若如图 14-3 所示，则表示安装成功。

```
[root@master swxy]# cd /home/swxy/datax/
[root@master datax]# python bin/datax.py job/job.json
```

图 14-3　DataX 安装成功界面

2. 编写数据脚本

进入 DataX 页面后，参考 Support Data Channels 表格，编写数据脚本。例如，从 HDFS 读取数据，单击表格中 HDFS 对应文档列的文本"读"入页面，可以参考脚本修改成自己的内容。这里主要修改 HDFS 的 path、defaultFS，MySQL 的服务器 IP、端口、数据库名、用户名、密码和表名，要注意的是 HDFS 数据项和表的列数需要保持一致。

3. 使用 DataX 同步移动用户行为分析数据

接下来要实现的功能是同步 HDFS "/behavior/ads/ads_user_city"中的数据到 MySQL。

（1）在节点 master 创建 MySQL 数据库 behavior 和用户城市分布表，使用本地 Navicat 工具操作。

```
create table `ads_user_city` (
    city varchar(80) default null comment '城市',
    province varchar(80) default null comment '省份',
    count bigint default null comment '统计数量'
) engine=innodb default charset=utf8 comment='用户城市分布'
```

（2）执行命令"mkdir –p /home/swxy/datax/job"创建目录，进入目录"job"，执行命令"vi ads_user_city.json"创建文件。该文件内容如下。

```
{
    "job": {
        "setting": {
            "speed": {
                "channel": 1
            }
        },
        "content": [
            {
                "reader": {
                    "name": "hdfsreader",
                    "parameter": {
                        "path": "/behavior/ads/ads_user_city/*",
                        "defaultFS": "hdfs://master:8020",
                        "column": [
                            {
                                "index": 0,
                                "type": "string"
                            },
                            {
                                "index": 1,
                                "type": "string"
                            },
                            {
                                "index": 2,
                                "type": "long"
                            }
                        ],
                        "fileType": "text",
                        "encoding": "UTF-8",
                        "fieldDelimiter": "\t"
                    }
                },
                "writer": {
                    "name": "mysqlwriter",
                    "parameter": {
                        "writeMode": "insert",
                        "username": "root",
                        "password": "123456",
                        "column": [
                            "city",
                            "province",
                            "count"
```

```
            ],
            "session": [
                "set session sql_mode='ANSI'"
            ],
            "preSql": [
                "delete from ads_user_city"
            ],
            "connection": [
                {
                    "jdbcUrl": "jdbc:mysql://192.168.88.101:3306/behavior?
useUnicode=true&characterEncoding=utf-8&useSSL=false",
                    "table": [
                        "ads_user_city"
                    ]
                }
            ]
        }
    }
}
```

（3）执行下面命令进行数据同步。

```
cd /home/swxy/datax/
python bin/datax.py job/ads_user_city.json
```

（4）在 MySQL 中执行 "select * from ads_user_city" 测试同步是否成功。

14.2 数据可视化

14.2.1 数据可视化概述

1. 什么是数据可视化

数据可视化是关于数据视觉表现形式的科学技术研究。这种数据的视觉表现形式被定义为，一种以某种概要形式抽提出来的信息，包括相应信息单位的各种属性和变量。它是一个处于不断演变之中的概念，其边界在不断地扩大。数据可视化是在技术上较为高级的技术方法，而这些技术方法允许利用图形图像处理、计算机视觉以及用户界面，对数据加以可视化解释。

简而言之，数据可视化就是使用抽象的方法表达数据的变化、联系或者趋势，将数据转换为图形图像显示出来，其目的是让用户更好地使用数据。

2. 数据可视化的发展历史

从 17 世纪前早期地图和图表的出现到 17 世纪中叶，测量和理论使数据可视化逐渐广泛应用于天文分析、制作地图等科学研究领域。随后数据可视化进一步发展，时间线图、条形图、饼图和时序图等相继萌芽于 18 世纪并沿用至今。

19 世纪可以说是数据制图的黄金时期，欧洲开始着力发展数据分析技术。数据可视化在社会、工业、商业和交通规划等领域大放异彩。例如，1864 年一名叫作约翰·斯诺（John Snow）的医生使用散点在地图上标注了伦敦的霍乱发病案例，从而判断出百老大街（Broad Street）的水井污染是疫情爆发的根源。

20 世纪 50 年代，计算机的发明使得数据可视化得以迅速发展，人们可以利用计算机技术绘制各种图形、图表。表格是最先进入可视化领域的，表格可视化主要包括即席报表和 OLAP。柱状图、饼图比较容易实现，比较难的是独立图表控件。早期在 Java 平台国内用得最多的是 JFreeChart。到了 Flash 时代，用得最多的是 FusionCharts。进入 HTML5 时期后，国内出现了 ECharts。

随着"大数据时代"的到来，各行各业对数据分析的关注度也越来越高，通过数据分析而获得的知识和信息对企业的日常经营活动有积极的促进作用，也能全面提升政府治理的智能化、自动化水平。这样就更需要可视化技术帮助我们更好地理解和分析数据。可视化是大数据分析的最后环节，也是重要的一环。

3. 大数据可视化的作用

（1）信息提示。通过图表和图形的形式展示数据，可以更直观地看出数据中的趋势和异常，帮助人们在大量的数据中快速发现重要的信息。

（2）数据对比。数据可视化可以帮助人们更容易地对比数据之间的差异和相似之处。例如，通过柱状图和饼图来对比销售额，通过折线图和趋势图来对比销售趋势。

（3）数据模型。数据可视化可以帮助人们更好地理解数据之间的关系和规律。例如，通过散点图可以更直观地看出两个变量之间的关系，通过热图可以更直观地看出数据中的密度和分布。

（4）数据交互。数据可视化可以帮助人们通过交互来探索数据，并得出结论。例如，可以使用交互式地图来查看不同地区的数据，通过滑块和筛选器来筛选数据。交互式数据可视化可以帮助用户更好地理解数据，并进行探索和分析。

（5）数据共享。数据可视化可以帮助人们更便捷地与他人分享数据。例如，可以通过互联网平台分享数据图表，或者将数据图表导出成文件分享给他人。这样可以帮助他人理解数据，并基于数据进行更好的决策。

14.2.2 搭建数据库

本节使用 QuickBI 做数据可视化分析，要求数据库有独立 IP。上一小节同步数据到虚拟机 master，因为不是独立 IP，QuickBI 不能连接，所以这里使用阿里云数据库 RDB 作为数据源，把上一小节数据表数据导入阿里云 RDB。阿里云新用户免费使用 3 个月。通过阿里云官网注册并登录后，在最上面搜索框输入"云数据库 MySQL 版"，根据提示进行操作。注意需要设置白名单，白名单可以设置为 0.0.0.0/0。为了安全，在生产环境需要设置具体的 IP 地址。创建实例成功后如图 14-4 所示。

实例ID/名称	》	监控	运行状态 ▽	创建时间	实例类型 ▽	数据库类型 ▽	操作
rm-cn-pe33a0zfv00128 🗌 rm-cn-pe33a0zfv00128		ᴍ	✓ 运行中	2023年6月26日 10:50:40	常规实例	MySQL 8.0	管理

图 14-4 阿里云 RDB 实例

单击"管理"后，再单击登录数据库就可以操作云数据库，如图 14-5 所示，最上面的 behavior 是数据库名，"rm-cn-pe33a0zfv001280.rwlb.rds.aliyuncs.com"表示数据库地址，3306 是端口号。此外，也可以通过本地 Navicat 操作阿里云 RDB。

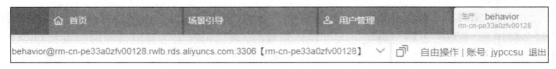

生产 behavior
rm-cn-pe33a0zfv00128

图 14-5　阿里云 RDB 操作界面

14.2.3　数据可视化分析

进入阿里云后,单击"产品控制台",进入 QuickBI 主界面,QuickBI 的使用主要包括数据源、数据集、仪表板 3 个阶段。

1. 阿里云 RDB 作为数据源

(1)新建数据源。配置连接选择 MySQL,配置阿里云数据库 behavior,勾选 VPC 数据源,从阿里云 RDB 复制 AccessId、AccessKey、实例 ID,并设置区域,配置好的数据源如图 14-6 所示。

数据表 上传文件		当前页共1个文件	SQL创建数据集	上传文件
名称 ◆	备注 ◆			操作
ads_user_city	用户城市分布			📦 ⓘ

图 14-6　用户行为分析数据源

(2)新建数据集。单击新建数据集,双击左边数据表 ads_user_city,右边数据预览显示信息,用户也可以进行维度和度量转换,类型切换成日期、地理、数字等类型,创建后的数据集如图 14-7 所示。

名称	创建者	修改人	修改时间	数据源	操作
📦 behavior_user_city_ds	169871167...	169871167...	2023/07/23 14:30:17	behavior_d...	✎

图 14-7　用户城市分布数据集

(3)新建仪表板。单击新建仪表板,然后单击添加图表,右边选择数据集,根据需求拖动维度数据字段到类别轴/维度,拖动度量数据字段到值轴/度量。设置好后单击"更新",最后单击"保存"并发布,用户城市分布可视化如图 14-8 所示。

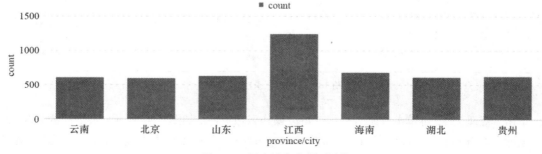

图 14-8　用户城市分布可视化

2．本地文件作为数据源

接下来以 9.3.2 小节案例中的"三一重工成长能力指标数据"作为数据源，进行数据可视化，读者可以从第 14 章提供资料中下载文件"manufacturing.xls"。进入新建数据源后，上传文件"manufacturing.xls"，这些是 2016 年至 2022 年的数据，包括年份、营业总收入、毛利润、归属净利润和扣非净利润。

新建数据集时，年份转换为维度，其他可以保持不变，如图 14-9 所示。

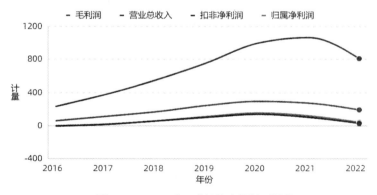

图 14-9　年份转换为维度

在仪表板页面，拖动年份到类别轴/维度，其他拖动到值轴/度量，设置图表为线图，可视化效果如图 14-10 所示。

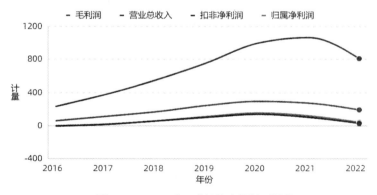

图 14-10　三一重工成长能力指标可视化

14.3　本章小结

本章首先介绍了数据同步工具 DataX 的原理、基本安装，使用 DataX 同步移动用户行为分析数据；接着介绍了数据可视化的相关知识。数据通过图形呈现，可以更直观地表示数据趋势和模式，有助于人们快速理解数据所传达的信息，在大数据分析中具有非常重要的作用。本章介绍了以"用户城市分布""三一重工成长能力指标"为数据源的可视化案例，从中可以深刻感受到数据可视化的魅力和重要作用。

思考与练习

1．选择题

（1）以下哪一个选项为数据同步工具？（　　　）

    A．MySQL 数据库　B．DataX　　　　　C．Flume　　　　　D．Spark

（2）使用以下哪种可视化工具不需要编程基础？（　　　）

    A．Tableau　　　　B．D3.js　　　　　C．Vega　　　　　D．Processing

（3）使用 QuickBI 进行可视化分析的步骤不包括（　　　）。

    A．新建数据源　　B．新建文件　　　C．新建数据集　　D．新建仪表板

2．简答题

（1）试述 DataX 架构原理。

（2）试述数据可视化的步骤。

（3）试述数据可视化的重要作用。

第 **15** 章
推荐算法与应用

随着互联网技术和社会化网络的发展，每天大量的信息被发布到网上，使得信息资源呈几何级速度增长。在这样的情形下，搜索引擎（谷歌、百度、微软必应等）成为大家快速找到目标信息的最好途径。在用户对自己需求相对明确的时候，用搜索引擎通过关键字搜索能很快地找到自己需要的信息，但搜索引擎并不能完全满足用户对信息发现的需求，因为在很多情况下，用户并不明确自己的需要，或者他们的需求很难用简单的关键字来表述，又或者他们想要更加符合个人口味和喜好的结果。正是由于这种信息的爆炸式增长，以及对信息获取的有效性、有针对性的需求，推荐系统应运而生。

本章首先介绍常见的推荐算法，然后深入分析协同过滤推荐算法的基本原理，重点介绍交替最小二乘算法（Alternating Least Squares，ALS），最后介绍一个用 Scala 语言编写的 ALS 算法应用程序。

15.1　推荐算法概述

15.1.1　基于人口统计学的推荐算法

基于人口统计学的推荐算法（Demographic-Based Recommendation）是最为简单的一种推荐算法，它根据系统用户的基本信息来发现用户之间的相关程度，然后将相似用户喜爱的其他物品推荐给当前用户，如图 15-1 所示。

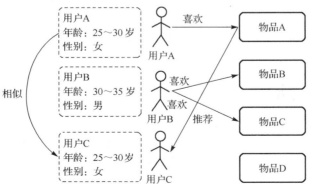

图 15-1　基于人口统计学的推荐算法原理

系统首先会根据用户的属性，如年龄、性别、兴趣等进行建模，然后根据这些属性计算用户间的相似度。例如，系统通过计算，发现用户 A 和用户 C 比较相似，于是就把用户 A 喜欢的物品推荐给用户 C。

这种方法的优点是不依赖于物品的属性，因此其他领域的问题都可无缝接入；同时，该方法并不一定需要用户对物品的历史评价信息（即没有新用户冷启动问题）。该算法的主要挑战是获取用户的个人信息，如显性地请用户直接提供年龄、性别、住址等的信息。对于无法直接获取的信息，通过分析技术，间接地提取用户留在系统中的交互信息，建立用户的人口统计学数据库。

15.1.2　基于内容的推荐算法

基于内容的推荐算法是一种既依赖于物品属性，也依赖于用户对物品的历史评价（偏好）信息的推荐算法。换言之，基于内容的推荐，其信息来源有两个方面：一方面是物品属性；另一方面是用户的历史评价信息。基于人口统计学的推荐不需要用户的历史评价信息，只依赖于物品属性。

系统首先对物品属性进行建模，如图 15-2 所示，该图中用类型作为属性。当然，在实际应用中，不仅需要考虑电影的类型，还需要考虑演员、导演等更多信息。接着，系统通过相似度计算，发现电影 A 和电影 C 的相似度较高，因为它们都属于爱情类。系统同时还发现用户 A 喜欢电影 A，由此得出结论，用户 A 很可能对电影 C 也感兴趣，于是将电影 C 推荐给用户 A。

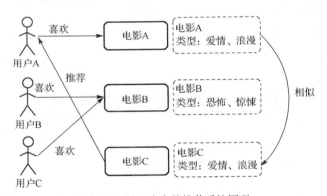

图 15-2　基于内容的推荐系统原理

基于内容的推荐方法的优点是通过增加物品属性的维度，可以获得更好的推荐精度，同时，系统还可以对用户的兴趣进行建模；缺点是由于物品属性是有限的，因此很难进一步扩展更多的属性数据，而且物品相似度的衡量标准只考虑到了物品本身，具有一定的片面性。此外，该方法还需要用户对物品的历史评价信息，这就会因为新用户没有历史评价信息，导致系统无法获知其与某物品的联系，出现新用户冷启动的问题。

15.1.3　协同过滤推荐算法

协同过滤（Collaborative Filtering，CF）推荐算法是利用集体智慧进行推荐的一种典型算法。

如果你现在想去看电影，但不知道具体看哪一部电影，你会怎么做？大部分人会询问周围的朋友，关键是，我们一般会向兴趣比较类似的朋友咨询，从而获得比较精准的推荐。这就是协同过滤的基本思想。

协同过滤推荐又称为社会关系过滤推荐，是指利用某个兴趣相投、拥有共同经验之群体的喜好来推荐感兴趣物品的方法，并允许用户通过合作机制对推荐结果进行反馈（如评分）且记录下来，以达到过滤的目的。

协同过滤推荐算法的优势在于，不需要对物品或者用户进行严格的建模（这是与前两种算法的主要区别），而且不要求物品的描述是机器可理解的；只要建立用户与物品的某种关系（如评价关系）矩阵，就足以支撑推荐系统的运行，所以这种方法也是与领域无关的。另外，这种方法计算出来的推荐是开放的，可共用他人的经验，往往能够向用户推荐新颖的物品，支持用户发现自己潜在的兴趣偏好。

协同过滤推荐算法的缺点是，该方法的核心是基于历史数据的，所以对新物品和新用户都有冷启动的问题，而且推荐的效果依赖于用户历史评价信息的多少和准确性。此外，在大部分的实现中，用户历史评价信息是用稀疏矩阵存储的，而稀疏矩阵的计算是一个挑战，可能出现少部分人的错误偏好对推荐的准确度有很大的影响，导致无法为一些有特殊偏好的用户提供很好的推荐。

以上介绍的是推荐领域最常见的几种方法。每种方法都不是完美的，因此，实际应用中大都采用组合推荐算法，即把多种方法结合起来使用，各取所长，实现优势互补。

15.2　协同过滤推荐算法分析

由于协同过滤推荐算法的应用最为广泛，因此本节将深入研究该推荐算法的原理。协同过滤推荐算法可分为基于用户的协同过滤推荐算法和基于物品的协同过滤推荐算法，下面分别予以介绍。

15.2.1　基于用户的协同过滤推荐算法

假设有一组用户，通过评分表现出他们对一组图书的喜好，用户对一本图书的喜好程度越高，就会给其越高的评分，评分范围是 1～5。用一个矩阵来表示这种用户与物品的评价关系（用户评分矩阵），如图 15-3 所示。为了说明方便，我们把用户记为 $User_1$、$User_2$、$User_3$……，图书记为 $Item_1$、$Item_2$、$Item_3$……。行代表用户，列代表图书，矩阵的元素表示评分。例如，$User_1$（行 1）对第 1 本图书（列 1）的评分是 4 分，对第 2 本图书的评分是 3 分，空的单元格表示用户未给该图书评价。

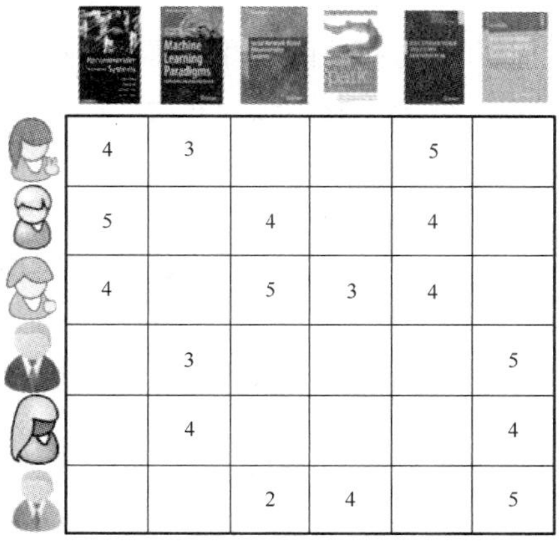

4	3			5	
5		4		4	
4		5	3	4	
	3				5
	4				4
		2	4		5

图 15-3　用户与物品的评价关系（用户评分矩阵）

采用基于用户的协同过滤推荐，关键是要从原始的用户与物品的评价关系计算出用户之间的相似度。

仔细观察图 15-3 给出的关系矩阵，不难发现，$User_1$ 对 $Item_1$、$Item_2$、$Item_5$ 给出了评价，$User_2$ 对 $Item_1$、$Item_3$、$Item_5$ 给出了评价，他们都对 $Item_1$ 和 $Item_5$ 有兴趣，有两本共同的图书，可以认为 $User_1$ 和 $User_2$ 有比较大的相似度。同理，我们发现 $User_2$ 与 $User_3$ 之间的相似度更高，因为他们都对第 1 本、第 3 本和第 5 本图书感兴趣，不同点只有第 4 本书。显然，$User_1$ 与 $User_4$、$User_5$ 的相似度则低一些，因为只有一本共同书籍；$User_1$ 与最后一名用户完全不相似，因为他们之间没有一本共同书籍。

在数学上，常见的做法是把用户的评分看成一个代表特征的向量，例如 User$_1$ 对应的特征向量是(4,3,0,0,5,0)，User$_2$ 对应的特征向量是(5,0,4,0,4,0)。于是，只要计算向量之间的相似度，就可以得到用户之间的相似度，这种做法非常直接。

有很多计算向量之间相似度的方法，本例使用了余弦相似度（Cosine Similarity，CS）计算方法，如式（15-1）所示。当然，还有其他一些计算相似度的公式，读者可以参考相关文献。

$$CS(X,Y) = \frac{\sum x_i y_i}{\sqrt{\sum x_i^2 \times \sum y_i^2}} \tag{15-1}$$

把(4,3,0,0,5,0)和(5,0,4,0,4,0)代入式（15-1），即可得到 0.75，即 User$_1$ 与 User$_2$ 之间的相似度是 0.75。

当计算出所有用户之间的相似度之后，就能够得到一个用户相似度矩阵，如图 15-4 所示，它是一个对称矩阵。为了便于观察，单元格的背景颜色表明用户相似度的高低，颜色越深表示他们之间越相似。

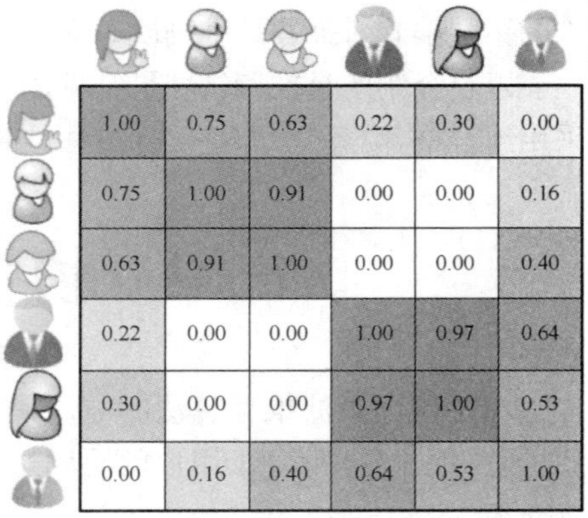

为基于用户的协同过滤推荐准备好数据后，接下来就可为用户生成推荐。在一般情况下，对于一个给定的用户，要找到最相似的用户，并推荐这些类似用户欣赏的物品，还需要根据用户相似度对这些物品进行加权处理。

对于 User$_1$，我们为其生成一些推荐。首先，找到与 User$_1$ 最相似的其他用户，这需要设定一个阈值

1.00	0.75	0.63	0.22	0.30	0.00
0.75	1.00	0.91	0.00	0.00	0.16
0.63	0.91	1.00	0.00	0.00	0.40
0.22	0.00	0.00	1.00	0.97	0.64
0.30	0.00	0.00	0.97	1.00	0.53
0.00	0.16	0.40	0.64	0.53	1.00

图 15-4　用户相似度矩阵

（threshold），规定相似度大于该阈值才被认为有效，如确定 0.60 是阈值，这样就能够为 User$_1$ 找到两名最相似的用户，即 User$_2$ 和 User$_3$，即 $N=2$。然后，需要删除 User$_1$ 已经评价过的书籍，再给最相似的用户正在阅读的书籍加权，最后计算出评分。由于 User$_1$ 已经评价了第 1 本、第 2 本和第 5 本图书，因此候选的推荐图书是第 3 本、第 4 本和第 6 本。其中，第 3 本图书的推荐值可以这样计算：(0.75×4+0.63×5)/(0.75+0.63)，结果是 4.5 分。同理，对第 4 本图书的推荐值是 3 分，对第 6 本图书的推荐值是 0 分。最后将这个结果排序后呈现给 User$_1$，即完成了推荐。

推荐值的计算表达式如式（15-2）所示。

$$Rcom_t^i = \frac{\sum (Sim_{ij} \times Rank_t^j)}{\sum Sim_{ij}}, i \neq j \tag{15-2}$$

式中，$Rcom_t^i$ 表示给用户 User$_i$ 的推荐物品 t 的推荐值，Sim_{ij} 表示 User$_i$ 与 User$_j$ 之间的相似度，$Rank_t^i$ 是 User$_j$ 给物品 t 的评价。

基于用户的协同过滤推荐算法在用户数量不多的情况下有一定效果，但是实际应用中用户数往往非常多，例如主要电子商务网站的用户数达到了上亿的数量级，这时基于用户的协同过滤推荐算法将难以实用化，特别是不能进行实时推荐。

15.2.2　基于物品的协同过滤推荐算法

与用户数相比，物品的数量会少很多，因此业界比较倾向于采用基于物品的协同过滤推荐算法。同样地，我们仍然以用户与物品之间的评价关系为基础。类似于基于用户的协同过滤推荐，

在基于物品的协同过滤推荐中，要做的第一件事是计算物品与物品之间的相似度矩阵，而不是用户之间的相似度。要计算出一本书和其他书的相似度，可以将评价同一本图书的所有用户评分看成这本图书的特征向量，然后比较它们之间的余弦相似度。有关具体过程，读者可以自己练习，这里不再重复计算。

图 15-5 给出了所有图书之间相似度的对称矩阵。同样，单元格背景颜色的深浅表示相似度的高低，颜色越深表明相似度越高。

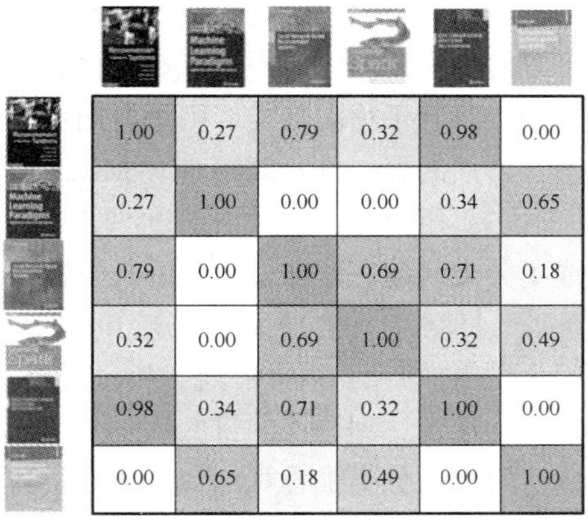

1.00	0.27	0.79	0.32	0.98	0.00
0.27	1.00	0.00	0.00	0.34	0.65
0.79	0.00	1.00	0.69	0.71	0.18
0.32	0.00	0.69	1.00	0.32	0.49
0.98	0.34	0.71	0.32	1.00	0.00
0.00	0.65	0.18	0.49	0.00	1.00

图 15-5　所有图书之间相似度的对称矩阵

得到图书之间的相似度后，就可以为用户进行推荐。在基于物品的协同过滤推荐中，向某用户推荐的物品是该用户没有用过的其他最相似的物品。

下面让我们来为 User_1 进行推荐。

在本例中，因为 User_1 已经评价过第 1 本、第 2 本和第 5 本图书，所以将被推荐第 3 本、第 4 本和第 6 本图书。但是，需要给出一个推荐排序。由于 User_1 对第 5 本书给出的评分最高（5 分），因此，可以简单比较一下第 3 本、第 4 本和第 6 本图书与第 5 本书的相似度。能够看出，第 3 本图书与第 5 本图书的相似度为 0.71，第 4 本图书与第 5 本图书的相似度是 0.32，第 6 本图书与第 5 本图书的相似度是 0，所以推荐第 3 本和第 4 本。

同理，还可以再比较一下第 3 本、第 4 本和第 6 本图书与第 1 本书的相似度，因为第 1 本图书是 User_1 给出的第二高评分的书，结果分别是 0.79、0.32 和 0，所以还是推荐第 3 和第 4 本图书给 User_1。

实际上，需要综合考虑第 3 本、第 4 本和第 6 本图书与第 1 本和第 5 本图书的比较结果。显然，可以得到式（15-3）的综合评价表达式。

$$\text{Rcom}_t^i = \frac{\sum(\text{Sim}_t^{\text{top}N} \times \text{Rank}_{\text{top}N}^i)}{\sum \text{Rank}_{\text{top}N}^i}，\ i \neq j \qquad (15\text{-}3)$$

式中，Rcom_t^i 表示给用户 User_i 推荐物品 t 的推荐值，$\text{Sim}_t^{\text{top}N}$ 表示物品 t 与 User_i 评价过的最高评分的前 N 名物品之间的相似度，$\text{Rank}_{\text{top}N}^i$ 是 User_i 给出的对物品评分的前 N 名。

依据式（15-3），假设 N 取 2，于是对第 3 本图书的综合推荐值等于（0.79×4+0.71×5）/(4+5) = 0.75；对第 4 本图书的推荐值等于(0.32×4+0.32×5)/(4+5) = 0.32；进一步计算第 6 本书的推荐值，等于(0×4+0×5)/(4+5) = 0，所以最后推荐第 3 本和第 4 本图书。

15.2.3　基于模型的协同过滤推荐算法

基于模型的协同过滤作为主流的协同过滤类型，例如，对于 m 个物品，m 个用户的数据，只有部分用户与部分数据之间是有评分数据的，其他部分评分是空白，此时要用已有的部分稀疏数据来预测那些空白的物品与数据之间的评分关系，找到最高评分的物品推荐给用户。对于这个问题，用机器学习的思想来建模解决，主流的方法可以分为关联算法、聚类算法、分类算法、回归算法、矩阵分解、神经网络、图模型以及隐语义模型。下面分别加以介绍。

（1）用关联算法做协同过滤。一般可以找出用户购买的所有物品数据里频繁出现的项集活序列，来做频繁集挖掘，找到满足支持度阈值的关联物品的频繁 N 项集或者序列。如果用户购买了频繁 N 项集或者序列里的部分物品，那么可以将频繁项集或序列里的其他物品按一定的评分准则推荐给用户，这个评分准则可以包括支持度、置信度和提升度等。

常用的关联推荐算法有 Apriori、FP Tree 和 PrefixSpan。

（2）用聚类算法做协同过滤。用聚类算法做协同过滤与前面的基于用户或者项目的协同过滤有些类似，可以按照用户或者按照物品基于一定的距离度量来进行聚类。如果基于用户聚类，则可以将用户按照一定距离度量方式分成不同的目标人群，将同样目标人群评分高的物品推荐给目标用户。基于物品聚类，则是将用户评分高物品的相似同类物品推荐给用户。

常用的聚类推荐算法有 K-Means、BIRCH、DBSCAN 和谱聚类。

（3）用分类算法做协同过滤。如果根据用户评分的高低，将分数分成几段，则这个问题就变成了分类问题。比如最直接的，设置一份评分阈值，评分高于阈值的就推荐，评分低于阈值就不推荐，将问题变成了一个二分类问题。虽然分类问题的算法很多，但是使用最广泛的是逻辑回归。因为逻辑回归的解释性比较强，每个物品是否推荐都有一个明确的概率，同时可以对数据的特征做工程化，达到调优的目的。

常见的分类推荐算法有逻辑回归和朴素贝叶斯，两者的特点是解释性很强。

（4）用回归算法做协同过滤。用回归算法做协同过滤比分类算法看起来更加自然。评分可以是一个连续的值而不是离散的值，通过回归模型可以得到目标用户对某商品的预测打分。

常用的回归推荐算法有岭回归、回归树和支持向量回归。

（5）用矩阵分解做协同过滤。用矩阵分解做协同过滤是使用很广泛的一种方法。由于传统的奇异值分解（Singular Value Decomposition，SVD）要求矩阵不能有缺失数据，必须是稠密的，而用户物品评分矩阵是一个很典型的稀疏矩阵，直接使用传统的 SVD 到协同过滤是比较复杂的。

（6）用神经网络做协同过滤。用神经网络做协同过滤是以后的一个趋势。目前比较主流的用两层神经网络来做推荐算法的是限制玻尔兹曼机（Restricted Boltzmann Machine，RBM）。

（7）用图模型做协同过滤。用图模型做协同过滤，则将用户之间的相似度放到了一个图模型里面去考虑，常用的算法是 SimRank 系列算法和马尔科夫模型算法。对于 SimRank 系列算法，它的基本思想是被相似对象引用的两个对象也具有相似性，算法思想有点类似于 PageRank。马尔科夫模型算法基于马尔科夫链，它的基本思想是基于传导性来找出普通距离度量算法难以找出的相似性。

（8）用隐语义模型做协同过滤。隐语义模型主要是基于自然语言处理的，涉及对用户行为的语义分析来做评分推荐，主要方法有隐性语义分析和隐含狄利克雷分布。

15.3 Spark MLlib 推荐算法应用

前面介绍的基于用户的协同过滤推荐和基于物品的协同过滤推荐又称为基于记忆（Memory Based）的协同过滤推荐，因为都是单纯地以系统存储的用户评分矩阵为基础的。然而，仅仅以用户评分矩阵为计算基础，往往会导致抗数据稀疏的能力较差，因此研究人员又发展出了基于模型的协同过滤推荐。ALS 算法就是一个基于模型的协同过滤算法。

15.3.1 ALS 算法原理

通常，产品的用户评分矩阵是庞大且稀疏的，因此在非常稀疏的数据集上采用简单的用户（或物品）相似度比较进行推荐，直观上给人的感觉是缺少依据。基于记忆的协同过滤推荐实际上并没有充分挖掘数据集中的潜在因素。

　　交替最小二乘法算法核心思想是要进一步挖掘通过观察得到的所有用户给产品的评分，并通过引入用户特征矩阵（User Features Matrix）和物品特征矩阵（Item Features Matrix）来建立一个机器学习模型，然后利用采集的数据对这个模型进行训练（反复迭代），最后得到用于推荐计算的用户特征矩阵和物品特征矩阵，从而来推断每个用户的喜好并向用户推荐适合的物品。

　　ALS 算法解决了用户评分矩阵中的缺失因子问题，实现了用预测得到的缺失因子进行推荐。

　　用于反映用户偏好的稀疏评分矩阵（Rating Matrix）如图 15-6 所示。矩阵的每一行代表一个用户（$u1$，$u2,\cdots,u7$），每一列代表一个产品（$v1, v2,\cdots,v9$）。用户的评分为 1～9。矩阵中只显示了观察到的评分，大部分元素都是缺失的（稀疏性）。

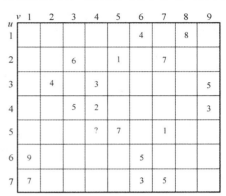

图 15-6　稀疏评分矩阵

　　对于问题用户 $u5$ 给产品 $v4$ 的评分大概会是多少，按照传统的基于用户或物品的推荐进行计算，效果并不理想，而且计算量也非常大。

　　ALS 算法基于下面这个假设：评分矩阵是近似低秩（Low-Rank）矩阵；换句话说，评分矩阵 A（$m\times n$）可以用两个小矩阵 U（$m\times k$）和 V（$n\times k$）来近似表示，如式（15-4）所示。

$$A \approx U(m,k)V(n,k)^{\mathrm{T}} \tag{15-4}$$

式中，k 远小于 m 和 n，这样就把整个系统的自由度从 $O(mn)$ 降到了 $O((m+n)k)$。ALS 算法的低秩假设是建立在客观存在的合理性基础上的。例如，用户特征有很多，如年龄、性别、职业、身高、学历、婚姻、地区、存款等，但没有必要把用户的所有特征都用起来，因为并不是所有特征都起同样的作用。

　　总之，ALS 算法的巧妙之处就在于，引入了两个特征矩阵：一个是用户特征矩阵，用 U 表示；另一个是物品特征矩阵，用 V 表示。这两个矩阵的秩都比较低。

　　接下来的问题是怎样得到这两个抽象的低秩序阵。既然已经假设评分矩阵 A 可以通过 UV^{T} 来近似，那么一个最直接的可量化的东西就是通过 U 和 V 重构 A 时产生的误差。在 ALS 算法中，使用式（15-5）给出的 Frobenius 范数（又称为 Euclid 范数）来表示重构误差。

$$\left\| A - UV^{\mathrm{T}} \right\|_F^2 \tag{15-5}$$

　　也就是每个元素的重构误差的平方和，如式（15-6）所示。

$$\sum_{i,j\in R}(a_{ij}-u_iv_j)^2 \tag{15-6}$$

　　由于只观察到部分评分，A 中有大量的未知元素是需要推断的，因此这个重构误差包含了未知数。解决方案很简单，就是只计算对已知评分的重构误差。我们也可以先用一个简单的方法把评分矩阵填满，再进行重构误差计算，但是这样做缺少理论支撑。

　　总之，ALS 算法就是求解下面的优化问题。

$$\arg\min \sum_{i,j\in R}(a_{ij}-u_iv_j)^2 \tag{15-7}$$

经过上面的处理，一个协同推荐问题就通过低秩假设被成功地转换成了一个优化问题。但是，这个优化问题怎么解呢？不要忘记，我们的目标是求出 U 和 V 这两个矩阵。

答案就在 ALS 算法的名字里，即交替最小二乘。由于 ALS 算法的目标函数不是凸的，而且变量互相耦合在一起，因此它并不容易求解。但如果把用户特征矩阵 U 和物品特征矩阵 V 固定其一，其目标函数就立刻变成了一个凸的且是可拆分的。例如，固定 U 求 V，这个问题就是经典的最小二乘问题。所谓交替，就是指先随机生成 $U(0)$，然后固定它，去求解 $V(0)$；再固定 $V(0)$，然后求解 $U(1)$，这样交替进行下去。因为每一次迭代都会降低重构误差，并且误差是有下界的，所以 ALS 算法一定会收敛。但由于目标函数是非凸的，因此 ALS 算法并不保证会收敛到全局最优解。然而在实际应用中，ALS 算法对初始点不是很敏感，且是不是全局最优解也不会有大的影响。

ALS 算法大体描述如下。

第 1 步，用小于 1 的数随机初始化 V。

第 2 步，在训练数据集上反复迭代、交替计算 U 和 V，直到 RMSE（Root Mean Squared Error，均方根误差）值收敛或迭代次数足够多。

第 3 步，返回 UV^T，进行预测推荐。

之所以说上述算法是一个大体描述，是因为第 2 步中还包含了如何计算 U 和 V 的表达式，它们是通过求偏导推出的。

15.3.2 ALS 算法应用设计

MovieLens 是历史最悠久的推荐系统。它由美国明尼苏达大学计算机科学与工程学院的 GroupLens 项目组创办，是一个非商业性质的、以研究为目的的实验性站点。读者可以从 GroupLens 创建的网站下载实验数据 ml-100k.zip。本节使用 ALS 算法对这些数据进行学习并推荐。下面先来看看待处理的电影评价数据，再给出应用程序并进行分析。

1. 输入数据

（1）评分数据保存在评分文件（u.data）中，该评分数据有 4 个字段，分别为用户编号、电影编号、评分、评分时间戳，电影评分的范围为 0～5，评分时间戳单位为 s。

u.data 文件中的数据样本如下所示。

```
196 242 3 881250949
186 302 3 891717742
22 377 1 878887116
244 51 2 880606923
166 346 1 886397596
......
```

（2）电影信息数据保存在电影信息（u.item）中，该数据主要有 3 个字段，分别为电影编号、电影名、发行日期。

u.item 的数据样本如下所示。

```
1|Toy Story (1995)|01-Jan-1995||http://us.imdb.com/M/title-exact?Toy%20Story%20(19
95)|0|0|0|1|1|1|0|0|0|0|0|0|0|0|0|0|0|0|0
2|GoldenEye (1995)|01-Jan-1995||http://us.imdb.com/M/title-exact?GoldenEye%20(1995)
|0|1|1|0|0|0|0|0|0|0|0|0|0|0|0|0|0|1|0|0
3|Four Rooms (1995)|01-Jan-1995||http://us.imdb.com/M/title-exact?Four%20Rooms%20(
1995)|0|0|0|0|0|0|0|0|0|0|0|0|0|0|0|0|0|1|0|0
......
```

（3）上传 u.data、u.item 到目录 "/home/swxy/spark-3.3.2-bin-hadoop3/data/mldata/m1-100k"。

2. 程序分析

下面给出了完整的 ALS 算法应用程序，并通过在程序中添加注释语句来说明程序各个部分的功能。读者也可以结合 Scala 语法进行更加细致的分析。

```scala
package com.swxy
import jodd.io.FileUtil.params
import org.apache.spark.{SparkConf, SparkContext}
import org.apache.spark.mllib.recommendation.ALS        //导入 MLlib 实现的 ALS 算法模型库
import org.apache.spark.mllib.recommendation.Rating //导入 Rating 包
object moviesAlS{
  def main(args: Array[String]): Unit = {
  //本地运行模式，读取本地的 Spark 主目录
  var conf = new SparkConf().setAppName("Moive Recommendation ALS")
    .setSparkHome("file:///home/swxy/spark-3.3.2-bin-hadoop3")
  conf.setMaster("local[*]")
  val sc = new SparkContext(conf)
  //加载数据
  val dataRDD = sc.textFile("file:///home/swxy/spark-3.3.2-bin-hadoop3/data/
mldata/ml-100k/u.data")
  println(dataRDD.first()) //结果为 196 242 3 881250949

  //1. 训练模型
  val dataRdds = dataRDD.map(_.split("\t").take(3))
  dataRdds.foreach(array => println(array.mkString(", ")))
  /* 输出结果如下
  115, 32, 5
  250, 223, 4
  186, 988, 4
  ……
  */

  //训练模型需要 Rating 格式的数据，可以将 dataRdds 使用 map()方法进行转换，得到 Rating 格式数
  //据，传入 train()函数
  //case 语句提取各属性对应的变量名，dataRdds 是从 u.data 文本文件中转换的数据，因此需要把
  //String 类型转换成对应的数据类型
  val ratings = dataRdds.map { case Array(user, movie, rating) =>
    Rating(user.toInt, movie.toInt, rating.toDouble)
  }
  println(ratings.first())        //结果为 Rating(196,242,3.0)

  //提取简单特征后，调用 train()函数训练模型
  val model = ALS.train(ratings, 50, 10, 0.01)
  //调用 predict(user: Int, product: Int)函数，生成相应的预测得分
  val predictedRating = model.predict(100, 32)
  //模型预测 id 为 100 的用户对 id 为 32 的电影评分为 2.36
  println(f"${predictedRating}%2.2f")

  //2. 为用户推荐电影
  val userid = 100 //用户 id
```

```
val num = 5 //推荐数量
val recommendPro = model.recommendProducts(userid, num)
//结果中 Rating(100, 22, 5.410133776445438)数据表示预测 id 为 100 的用户对 id 为 22 的
//电影评分为 5.4
for(i <- recommendPro) println(i)
/* 输出结果如下
Rating(100,22,5.410133776445438)
Rating(100,516,5.370457065656513)
Rating(100,241,5.16223956740564)
Rating(100,307,5.110150348837345)
Rating(100,662,5.08513627622771)
*/


//为了更直观地查看效果，将电影 id 与电影名称进行映射
val moviesRdd = sc.textFile("file:///home/swxy/spark-3.3.2-bin-hadoop3/data/
mldata/ml-100k/u.item")
//提取前两个数据，电影 id 和电影名称产生映射关系
val titles = moviesRdd.map(line => line.split("\\|").take(2)).map(array
=> (array(0).toInt,array(1))).collectAsMap()
//推荐电影
val movies = recommendPro.map(rating => (titles(rating.product), rating.rating
)).foreach(println)
/* 输出结果如下
(Grifters, The (1990),4.943506203357675)
(Apt Pupil (1998),4.933713305483208)
(Eat Drink Man Woman (1994),4.896928559627053)
(Titanic (1997),4.840032008827622)
(As Good As It Gets (1997),4.821795504228178)
*/


//3. 将物品推荐给用户
//调用 recommendUsers(product: Int, num: Int)函数为某物品推荐多名用户
val users = model.recommendUsers(100, 5)
//从结果可以看出，编号为 100 的电影推荐给用户编号为 8、48、173、503、744 的用户
users.foreach(x => println(x))
/* 输出结果如下
Rating(8, 100, 6.381321702476342)
Rating(48, 100, 6.024089950092797)
Rating(173, 100, 5.850076250700178)
Rating(503, 100, 5.831405793696777)
Rating(744, 100, 5.713126555467432)
*/
  }
}
```

3. 运行程序

首先进入目录"/home/swxy/idea-IC-232.8660.185"，执行命令"bin/idea.sh"启动 IDEA，命令如下。

```
[swxy@master idea-IC-232.8660.185]$ bin/idea.sh
```

单击"File→New→Project"，在弹出对话框中输入 Name 为"moviesALS"，单击"Create"按钮，创建一个 Scala 新工程，如图 15-7 所示。

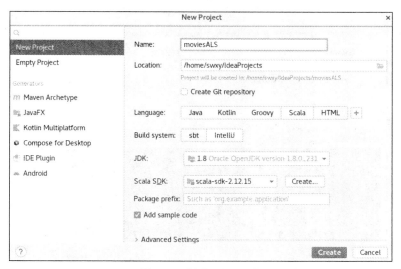

图 15-7　新建 Scala 工程

在开发环境主界面中，用鼠标右键单击"src"，在弹出的快捷菜单中选择"New→Package"，可创建一个 Scala 包。这时系统会弹出"New Package"对话框，要求输入新的 Package 名称，用户可自行输入，例如输入 com.swxy，输入完成后按 Enter 键。

接下来配置工程结构（Project Structure），主要目的是导入 Spark 依赖包。在主菜单中选择"File→Project Structure"，在弹出的"Project Structure"对话框中选择"Libraries→+→Java"，如图 15-8 所示。

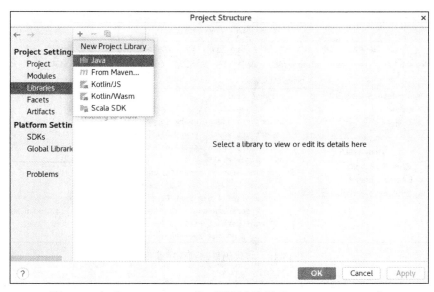

图 15-8　在"Project Structure"对话框中选择"Libraries→+→Java"

系统会弹出"Select Library Files"对话框，用户可以开始导入 Spark 的安装目录（如 spark-3.3.2-bin-hadoop3）下"jars"内所有的 jar 包，如图 15-9 所示。

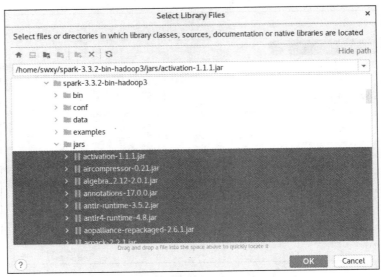

图 15-9　导入 "jars" 内所有的 jar 包

单击图 15-9 的 "OK" 按钮，并在后续弹出的对话框中一直单击 "OK" 按钮，直到返回 IDEA 开发环境主界面。

接下来创建 Scala 类。首先用鼠标右键单击包名（如 com.swxy），在弹出的快捷菜单中选择 "New→Scala Class"，在弹出的 "Create New Scala Class" 对话框中输入类名称（name），如 "moviesALS"，并将 "Kind" 设置为 "Object"。

将前面的代码复制到图 15-10 所示的程序编辑区，请注意 IDEA 自动生成的部分代码，如 package com.swxy 等，在复制代码时不要重复。

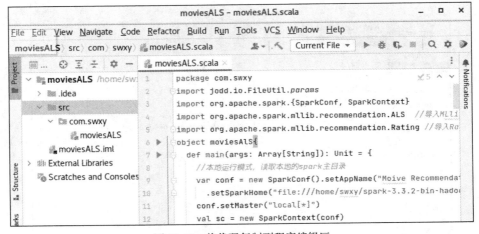

图 15-10　将代码复制到程序编辑区

在程序运行之前，还需要设置运行参数。在主菜单中选择 "Run→Edit Configurations"，在弹出的 "Run/Debug Configurations" 对话框中单击左上角的 "+"，并在左边的列表中选择 "Application"，设置的运行参数如图 15-11 所示，其中，"Name" 设置为 "moviesALS"，"Main class" 设置为 "com.swxy. moviesALS"，"Working directory" 设置为事先创建好的 "/root/swxy/IdeaProjects/ moviesALS"。

图 15-11　设置的运行参数

完成运行参数的设置后，用鼠标右键单击程序编辑区中的 moviesALS 文件的任意位置，在弹出的快捷菜单中选择 "Run moviesALS"，即可开始运行程序。为用户推荐多个电影的运行结果如图 15-12 所示。

图 15-12　程序运行的结果

15.4　本章小结

本章首先介绍了推荐算法的基本概念。推荐算法总体上可以分为基于人口统计学的推荐算法、基于内容的推荐算法、基于协同过滤的推荐算法。协同过滤又可分为基于用户的协同过滤推荐、基于物品的协同过滤推荐以及基于模型的协同过滤推荐。

Spark MLlib 实现了协同过滤推荐算法，其中 ALS 算法主要用于解决在稀疏评分矩阵中如何快速回填缺少评分项的问题。通过将评分矩阵 A 近似表示成两个小矩阵的乘积 UV^{T}，ALS 算法实现了快速预测缺少的评分项。这些通过预测得到的评分项可以用来进行推荐。

思考与练习

1.　选择题

（1）基于用户的协同推荐算法的特点是（　　）。

　　A.　找出用户的特征　　　　　　　B.　基于用户行为计算用户相似度

　　C.　找出物品的特征　　　　　　　D.　计算物品的相似度

（2）下列哪类算法不属于个性化推荐?（　　　）

    A.　协同推荐　　　　　　　　　　B.　基于内容的推荐

    C.　关联规则推荐　　　　　　　　D.　分类推荐

（3）以下哪一项不是协同过滤算法的优点?（　　　）

    A.　能够处理大量数据　　　　　　B.　能够处理稀疏数据

    C.　能够处理非结构化数据　　　　D.　能够处理结构化数据

（4）以下哪一种数据最适用于基于模型的协同过滤算法?（　　　）

    A.　具有大量用户评分的电影数据　　　B.　具有大量物品信息的商品数据

    C.　具有丰富用户行为数据的电商数据

（5）以下哪一种数据类型最适用于基于模型的协同过滤算法?（　　　）

    A.　文本数据　　　　B.　图像数据　　　　C.　结构化数据

2. 简答题

（1）试述协同过滤的优缺点。

（2）请简述基于用户的协同过滤推荐思想。

（3）试述基于模型和基于用户的协同过滤的不同。

（4）试述推荐系统的应用范围。